21世纪计算机系列教材

计算机辅助几何设计

郑忠俊 谢红兵 编

上海交通大学出版社

内 容 提 要

本书详细介绍了计算机辅助几何设计的原理和方法。本书以 AutoCAD 软件为研究开发工具，讨论了微机上常用二维三维图形基本绘图操作、常用二维三维图形基本编辑操作、计算机图形的精确作图技术、计算机图形数据库技术、计算机图形的特殊处理技术、在线计算技术、二三维图形转换技术、计算机工程图解法设计、参数化图形开发技术等计算机图形处理方法和相关技术。

本书主要面向大专院校学生、研究生以及从事 CAD 工作的各专业工程技术人员。

图书在版编目（CIP）数据

计算机辅助几何设计 / 郑忠俊，谢红兵编．—上海：上海交通大学出版社，2006
（21世纪计算机系列教材）
ISBN 7-313-04452-6

Ⅰ. 计... Ⅱ.①郑... ②谢... Ⅲ. 几何—计算机辅助设计—高等学校—教材 Ⅳ. TP391.72

中国版本图书馆 CIP 数据核字（2006）第 060183 号

计算机辅助几何设计

郑忠俊　谢红兵　编

上海交通大学出版社出版发行

（上海市番禺路 877 号　邮政编码 200030）

电话：64071208　出版人：张天蔚

上海颛辉印刷厂印刷　全国新华书店经销

开本：787mm × 1092mm　1/16　印张：16　字数：394 千字

2006 年 7 月第 1 版　2006 年 7 月第 1 次印刷

印数：1 — 3050

ISBN7-313-04452-6/TP·648　定价：26.00 元

前　言

计算机辅助几何设计 CAGD（Computer Aided Geometrical Design）是以计算几何为理论基础，以计算机软件为载体，进行几何图形的表达、分析、编辑和求解等工作的一种技术方法。当今计算机软件的技术已经发展到相当高的水平，在计算机上进行几何设计能绘制出手工难以绘制或根本就不能绘制的图形；更重要的是，CAGD 技术可以在图纸上实现完全的精确设计，设计信息可以传递到制造系统中，真正实现 CAD（Computer Aided Design）与 CAM（Computer Aided Manufacturing）的有机集成，从而实现设计及制造的自动化。随着计算机软件技术的迅猛发展，CAGD 技术已日趋完善，在工程设计领域具有十分广阔的应用前景。本书着重介绍如何在微机上进行计算机辅助几何设计的原理和方法。

研究计算机辅助几何设计必须以某个计算机软件为工具，这样的工具软件很多，比如：AutoCAD，Pro/Engineering，UG，Solidworks，MDT 等，由于 AutoCAD 软件成本低，开放性好，可使用的二次开发工具丰富，它当之无愧地成为绝大多数工程技术人员在微机上进行 CAD 开发工作的首选软件，成为国内外公认的在微机上进行 CAD 工作的最受欢迎的软件之一。鉴于以上原因，本书以 AutoCAD 软件为平台，研究在 AutoCAD 上如何进行计算机辅助几何设计的原理和方法。

本书力求在介绍 AutoCAD 常规作图方法的同时，更注重探讨那些鲜为人知的设计及绘图方法，书中介绍的计算机图形的精确作图技术、计算机图形数据库技术、计算机图形的特殊处理技术、在线计算技术、二三维图形转换技术、计算机工程图解法设计、参数化图形开发技术等计算机图形处理方法和相关技术是编者长期从事 CAD 教学工作经验的总结，对热心学习计算机辅助几何设计的大专院校学生，研究生以及从事 CAD 工作的各专业工程技术人员将有帮助和启发作用。

本书由四川大学制造科学与工程学院郑忠俊和西南民族大学电气信息工程学院谢红兵合作完成。

本书在编写过程中得到四川大学 CAD 中心，工程设计中心同行们的大力协助，在此深表谢意！

由于作者水平有限，书中不当之处，恳请读者及同行批评指正。

编　者

目　录

1 绪 论

在工程设计领域中产品设计通常包含两个方面的工作：功能设计及结构设计。功能设计是通过一定的理论设计及计算或几何设计，使设计产品达到相应的功能；结构设计的目的是按功能设计的结果，根据理论计算或几何设计的数据，对产品进行尺寸及几何设计，最终设计出在可靠性、安全性、经济性、舒适性、观赏性等方面达到设计要求的产品(结构或零部件)。可以看出，无论是功能设计还是结构设计都离不开几何设计，几何设计在工程设计领域中占有十分重要的地位。

传统的几何设计是设计人员利用设计手册，或类比设计样本，根据设计经验，使用绘图仪器，在绘图板上进行设计的过程。这样的设计方法，对设计人员的技术要求较高，设计出的产品，往往要把它制造出来以后，经过反复的实验和改进设计，才能达到设计要求。传统的几何设计不可能在图纸上进行精确的几何设计，设计出的数据不可能由图纸直接传递到数控设备中，因而无法实现设计及加工的自动化。

计算机辅助几何设计 CAGD(Computer Aided Geometrical Design)是以计算几何为理论基础，以计算机软件为载体，进行几何图形的表达、分析、编辑和求解等工作的一种技术方法。当今计算机软件技术已经发展到相当高的水平，在计算机上进行几何设计，能绘制出手工难以绘制或根本就不能绘制的图形；更重要的是，CAGD 技术可以在图纸上实现完全的精确设计，真正实现了 CAD(Computer Aided Design)与 CAM(Computer Aided Manufacturing)的有机集成，从而实现设计及制造的自动化。随着计算机软件技术的迅猛发展，CAGD 技术已日趋完善，在工程设计领域具有十分广阔的应用前景。

1.1 计算机辅助几何设计能实现的图形处理功能

计算机辅助几何设计能实现的图形处理功能有：

(1) 能绘制手工绘图所能绘制的一切图形。

(2) 绘图的精度可以根据用户要求，要多高有多高。

(3) 绘制手工绘图不能绘制的图形，如精确的曲线、曲面、三维实体，对实体进行渲染等。

(4) 能进行手工绘图不能完成的高级编辑工作，如旋转、复制、阵列、镜像、拉伸、夹点操作等。

(5) 能建立图形数据库，并可以对数据库进行查询和修改，以达到修改图形的目的，实现“数”与“形”的转换。

(6) 进行几何设计时，能进行在线计算和查询功能，实现设计数据的自动检索。

(7) 能实现用精确的图解法完成解析法难以完成的工作。工程设计的许多实际问题，很难建立起符合实际的精确数学模型，而精确的图解法常常可以得到非常精确的数值解。

(8) 能进行高效率的参数化绘图，实现绘图的自动化。

(9) 能实现设计数据的传递和共享，实现 CAD 与 CAM 的有机集成。

(10) 借助网络能实现远程的网络化设计。

1.2 本书所采用的计算机软件平台

进行计算机辅助几何设计必须以一个或多个软件平台为依托，这样的软件很多，比如：AutoCAD，Pro/Engineering，UG，Solidworks，MDT，等等。由于 AutoCAD 软件成本最低，开放性最好，可使用的二次开发工具最丰富，它当之无愧地成为绝大多数工程技术人员在微机上进行 CAD 开发工作的首选软件。用户利用 AutoCAD 软件不仅可以方便地进行常规的 CAD 工作，还可以利用它为用户提供的开发工具(VLISP，VBA，ObjectARX)进行程序设计，开发出专用 CAD 软件或只有 Pro/Engineering，UG，Solidworks 这样的高级软件才能实现的特殊功能软件模块(如复盖消隐模块)，甚至可以开发出更加专业化和自动化的智能 CAD 软件(如专家系统)。鉴于以上原因，本书以 AutoCAD 软件为平台，研究在 AutoCAD 上如何进行计算机辅助几何设计的原理和方法。

1.3 本书涉及的计算机辅助几何设计的主要问题

计算机辅助几何设计的内容十分丰富，鉴于本书的篇幅有限，仅讨论以下主要问题：

(1) 计算机图形建模的基本环境。

① 计算机图形的坐标系系统。包括世界坐标系 WCS(Wold Coordinate System)及用户坐标系 UCS(User Coordinate System)。

② 计算机图形的坐标输入方法。包括二维坐标表示方法及三维坐标表示方法。

③ 计算机图形的坐标变换。

④ 图层管理器及对象特性管理器。

⑤ 计算机图形的观察方法。

(2) 常用二维绘图基本操作。

(3) 常用二维图形编辑操作。

(4) 文字及尺寸标注方法。

(5) 块和属性方法。

(6) 计算机图形的精确作图技术。

① 计算机中的精密绘图仪：目标捕捉功能。

② 正交与极轴绘图。

③ 设置当前点。

④ 目标跟踪。

⑤ 精确作图方法。

(7) 计算机图形数据的获取技术。包括直(曲)线特定点的坐标、任意曲线的长度、任意封闭图形最外层边界及面积、图形的其他信息等。

(8) 计算机图形的特殊处理技术。包括角度的任意等分、曲线的任意等分、旋转拷贝技术、比例拷贝技术、图形的拉伸、图形消隐技术、在图形上的开窗操作、图形局部拷贝及放缩，以及图形的交、并、差运算等。

(9) 图形数据库技术。包括检索任意图形数据库、图形数据表的获取与修改及通过修改图形数据库实现修改图形技术。

(10) 实体选择集技术。包括构造选择集、实体数据操作、利用实体选择集修改复杂图形。

(11) 在线计算技术。包括在线计算表达式、在线计算函数及在线计算的应用。

(12) 常用三维图形制作基本操作。

(13) 常用三维图形编辑操作。

(14) 二维、三维图形转换技术。包括模型空间、图纸空间、浮动模型空间，以及如何由二维工作图生成三维图，由三维图生成二维三视图。

(15) 计算机工程图解法设计。包括图解法结构设计、图解法参数设计及图解法程序设计。

(16) 参数化图形开发技术。包括工程数据库建立及检索，以及参数化图形编程技术。

1.4 计算机辅助几何设计的实现方法

在计算机上进行几何设计通常采用以下方法：

(1) 命令输入法。由用户在命令行输入 CAD 的各种绘图及编辑命令进行几何设计，这种方法要求用户对所用软件要非常熟悉，设计效率较低。

(2) 程序设计法。由用户通过一种或多种程序设计语言进行程序设计，当执行程序时自动实现计算机辅助几何设计。这种方法执行效率高，对用户的计算机水平要求不高，但要求开发者要具备较高的软件设计能力。

(3) 综合设计法。这种方法是综合运用前两种方法，通过输入命令，辅助工具，在线计算，编程等，实现高层次的计算机辅助几何设计。

2　计算机图形的坐标系系统

AutoCAD 为用户提供了强大的二维绘图功能同时三维功能也越来越强大。要掌握二维及三维图形的建模方法及绘制技术，首先要熟悉 AutoCAD 为用户提供的坐标系统，本章将以 AutoCAD R2004 为样本，讨论计算机图形的坐标系统。

2.1　二维坐标及表示方法

计算机图形的二维坐标系统，常用直角坐标系统。点的坐标有以下三种表示方法：

(1) 绝对坐标。键入方式为：

X，Y

键入 X 和 Y 的实际值(不能是变量)，中间用逗号隔开，它们分别表示点的 X 坐标和 Y 坐标之值。例如："2，3"表示该点的 X 坐标为 2，Y 坐标为 3。

(2) 相对坐标。键入方式为：

@△X，△Y

其中，@表示相对坐标，△X 与△Y 值则是相对于前一点在 X 和 Y 方向的增量。例如："@2，−3"表示该点相对于前一点的 X 坐标增量为 2，Y 坐标增量为−3。

(3) 极坐标。键入方式为：

@距离<方位角

它是指相对于前一点的距离和方位角(与 X 轴正向的夹角)。例如："@50<35"表示该点相对于前一点的距离为 50，方位角为 35°。

2.2　三维坐标及表示方法

所谓三维坐标，就是在二维坐标的基础上，再增加一个 Z 坐标，三维对象的每一个实体上的每一个点的位置均是用三维坐标表示。AutoCAD 可以采用三种坐标表示方法来确定三维空间中的坐标点，即直角坐标、柱面坐标或球面坐标。

2.2.1　直角坐标

在进行三维绘图时，用户最常使用的是笛卡儿直角坐标。此时，如果要输入三维坐标，则需要指定 X、Y、Z 三个方向上的值。其格式如下：

(1) 绝对坐标形式。键入方式为：

X，Y，Z

键入 X、Y 和 Z 的实际值(不能是变量)，中间用逗号隔开，它们分别表示点的 X 坐标，Y 坐标和 Z 坐标之值。例如："2，3，4"表示该点的 X 坐标为 2，Y 坐标为 3，Z 坐标为 4。

(2) 相对坐标形式。键入方式为：

@△X，△Y，△Z

例如：“@2，3，4”表示该点相对于前一点的 X 坐标增量为 2，Y 坐标增量为 3，Z 坐标增量为 4。

2.2.2 柱面坐标

三维绘图时，在某些情况下使用柱面坐标会很方便，相对于二维极坐标，柱面坐标增加了从所要确定的点到 XOY 平面的距离值.实际上柱面坐标是二维极坐标与 Z 坐标的组合，其格式为：

(1) 绝对坐标形式：

该点在 XOY 平面内的投影到原点的距离<该距离矢量与 X 轴的夹角，该点的 Z 坐标

例如：

50<35，40

(2) 相对坐标形式：

@该点在 XOY 平面内的投影相对于前一点的距离<该距离矢量与 X 轴的夹角，该点相对于前一点的 Z 坐标增量

例如：

@ 50<35，40

2.2.3 球面坐标

三维空间的球面坐标与二维空间的极坐标也很类似，其格式如下：

(1) 绝对坐标形式：

该点与 UCS 原点的距离<该点与坐标原点的连线在 XOY 平面内的投影与 X 轴的角度<该点与坐标原点的连线与 XOY 平面的角度

例如：

50<35<40

(2) 相对坐标形式：

@该点与前一点的距离<该点与前一点的连线在 XOY 平面内的投影与 X 轴的角度<该点与前一点的连线与 XOY 平面的角度

例如：

@ 50<35<40

2.3 用户坐标系(UCS)

2.3.1 WCS 与 UCS

AutoCAD 常用两套坐标系统：世界坐标系 WCS(Wold Coordinate System)及用户坐标系

UCS(User Coordinate System)。AutoCAD 默认使用世界坐标系进行绘图。使用世界坐标系时，坐标是固定的，这个坐标系统对于二维绘图是能满足要求的，但对于三维立体绘图来说，固定的坐标系统会有许多不方便之处，计算和输入坐标都比较烦琐，为此，AutoCAD 允许用户建立自己的专用坐标系，即用户坐标系。在三维空间，用户可在任何位置定位和定向 UCS，也可随时定义、保存和重用多个用户坐标系，使坐标的计算和输入十分方便，可以这样说，UCS 在三维绘图中是至关重要、必不可少的。

2.3.2 用户坐标系图标(UCSICON)

在 AutoCAD 屏幕左下角有如图 2.1 所示图标，称为坐标系图标。“W”表示当前处在 AutoCAD 的世界坐标系下。当使用 UCS 命令改变坐标系时，图标就变成如图 2.2 所示。

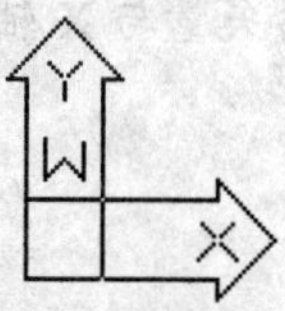

图 2.1 世界坐标系

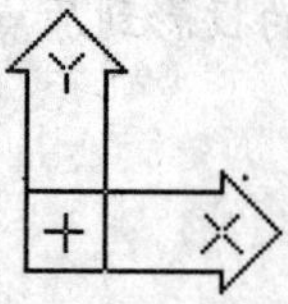

图 2.2 用户坐标系

我们可以通过 UCSICON 命令来控制图标的使用：

命令：UCSICON

输入选项[开(ON)/关(OFF)/全部(A)/非原点(N)/原点(OR)/特性(P)]<开>: OFF

各选项的作用如下：

ON：打开图标。

OFF：关闭图标。

A：多视图时，对所有视图都起作用。

N：图标回到左下角。

OR：图标显示在原点。

P：该选项，将出现如图 2.3 所示的 UCS 图标对话框，在该对话框内可以选择 UCS 图标的各种特性。

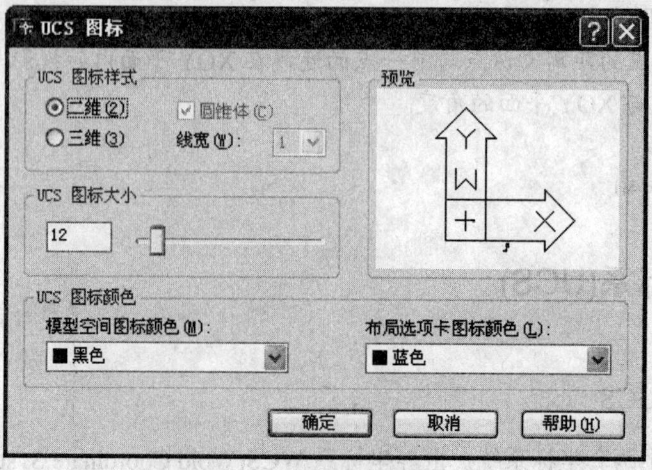

图 2.3 UCS 图标对话框

2.3.3 建立新的用户坐标系(UCS)

可以通过以下任一种方法建立新的用户坐标系：

- 命令：UCS
- 菜单→工具→新建 UCS→进行选项
- 光标在任一工具栏处击右键出现工具栏选项→UCS

假如采用第一种方法：

命令：UCS

当前 UCS 名称：*世界*

输入选项[新建(N)/移动(M)/正交(G)/上一个(P)/恢复(R)/保存(S)/删除(D)/应用(A)/?/世界(W)]<世界>：N

键入 N 建立新的用户坐标系，出现下列提示：

指定新 UCS 的原点或[Z 轴(ZA)/三点(3)/对象(OB)/面(F)/视图(V)/X/Y/Z]<0，0，0>：

输入不同选项，即可建立新的用户坐标系。

(1) 建立由新原点决定的新坐标系(默认选项)。上列提示的默认值即为输入原点，输入一个新的原点后，用户可以得到一个新的坐标系统，图 2.4 所示把新的原点设到棱柱体的一个顶点处。

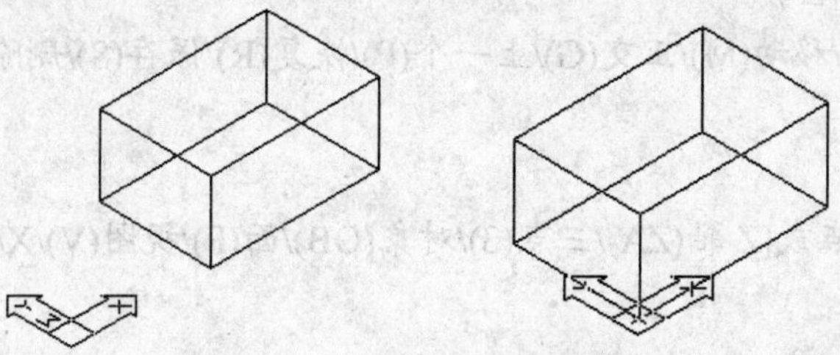

图 2.4 UCS 原点改变前后状态

(2) 建立 Z 轴决定的新坐标系(ZA 选项)。UCS 的 ZA 选项，要求选择两点来决定新的 UCS 坐标系的 Z 轴。用户拾取的第一点作为新的原点(0，0，0)，第二点决定 Z 轴的正方向，具体操作如下(如图 2.5 所示)：

命令：UCS

当前 UCS 名称：*世界*

输入选项[新建(N)/移动(M)/正交(G)/上一个(P)/恢复(R)/保存(S)/删除(D)/应用(A)/?/世界(W)]<世界>：N

建立新的坐标系。

指定新 UCS 的原点或[Z 轴(ZA)/三点(3)/对象(OB)/面(F)/视图(V)/X/Y/Z]<0，0，0>：ZA

选 Z 轴矢量，建立新的坐标系。

指定新原点<0，0，0>：end

于 (通过端点捕捉方式，捕捉新的原点 *a*)

在正 Z 轴范围上指定点<718.5042，742.6755，1.0000>：end

于 (通过端点捕捉方式，捕捉 *b* 点，确定 Z 轴的正方向)

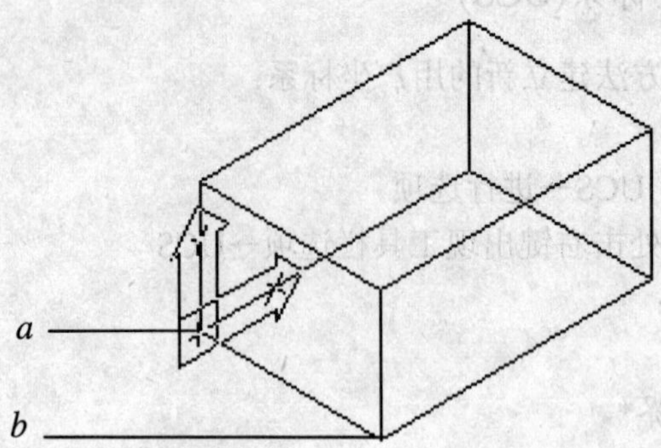

图 2.5　选 Z 轴，建立新的坐标系

(3) 建立 3 点决定的新坐标系(3P 选项)。UCS 的 3P 选项可以把三维空间中的任意平面作为新建立坐标系的 XOY 平面，通过选择三点来建立。用户拾取的第一点作为新的原点(0，0，0)，第二点确定 X 轴的正方向，第三点确定 Y 轴的正方向，具体操作如下(如图 2.6 所示)：

命令：UCS

当前 UCS 名称：*世界*

输入选项[新建(N)/移动(M)/正交(G)/上一个(P)/恢复(R)/保存(S)/删除(D)/应用(A)/?/世界(W)]<世界>：N

建立新的坐标系。

指定新 UCS 的原点或[Z 轴(ZA)/三点(3)/对象(OB)/面(F)/视图(V)/X/Y/Z]<0，0，0>：3

指定三点方式。

指定新原点<0，0，0>：end

于　(通过端点捕捉方式，捕捉新的原点 *a*)

在正 X 轴范围上指定点<1.0000，0.0000，203.0380>：end

于　(通过端点捕捉方式，捕捉 *b* 点，确定 X 轴的正方向)

在 UCS XY 平面的正 Y 轴范围上指定点<0.0000，1.0000，203.0380>：end

于　(通过端点捕捉方式，捕捉 *c* 点，确定 Y 轴的正方向)

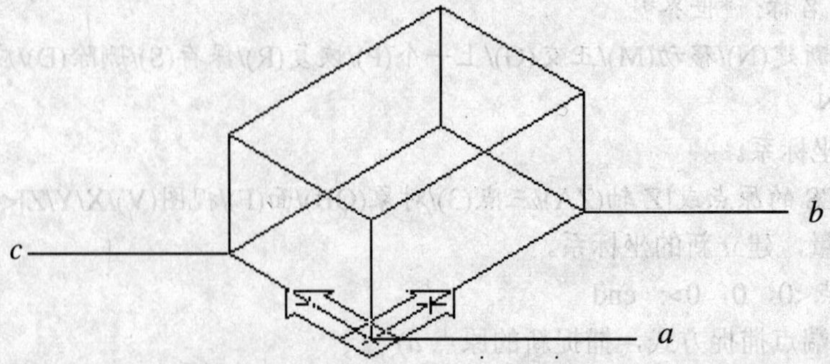

图 2.6　建立 3 点决定的新坐标系

(4) 通过选对象建立的新坐标系(OB 选项)。UCS 命令的对象(OB)选项能简单快速地建立当前 UCS 坐标系，新建的 UCS 坐标系将选取的对象置于 XOY 平面上。选取此选项时，用户需选择对象，然后 AutoCAD 以一定规则确定 X、Y 轴的方向，此规则取决于用户选择对象的类型，见表 2.1 所示。

表 2.1 对象选项依据 X、Y 坐标轴方向的规则

对象类型	UCS 坐标系
圆　　弧	圆弧中心为新的原点，X 轴通过离选择点最近的圆弧端点
圆	圆心为新的原点，X 轴通过选择点
二维多义线	多义线起点为新的原点，X 轴正方向通过多义线的第二点
线	离选择点最近的线的端点为新的原点，该线位于新的 UCS 的 XOZ 平面上
块	块的插入点为新的原点，块的旋转角度确定 X 轴

以下是通过选择圆建立的新坐标系的操作(如图 2.7 所示)：

命令：UCS

当前 UCS 名称：*世界*

输入选项[新建(N)/移动(M)/正交(G)/上一个(P)/恢复(R)/保存(S)/删除(D)/应用(A)/?/世界(W)]<世界>：N

建立新的坐标系。

指定新 UCS 的原点或[Z 轴(ZA)/三点(3)/对象(OB)/面(F)/视图(V)/X/Y/Z]<0，0，0>：OB

指定对象选项。

选择对齐 UCS 的对象：A

通过 A 点选择圆。

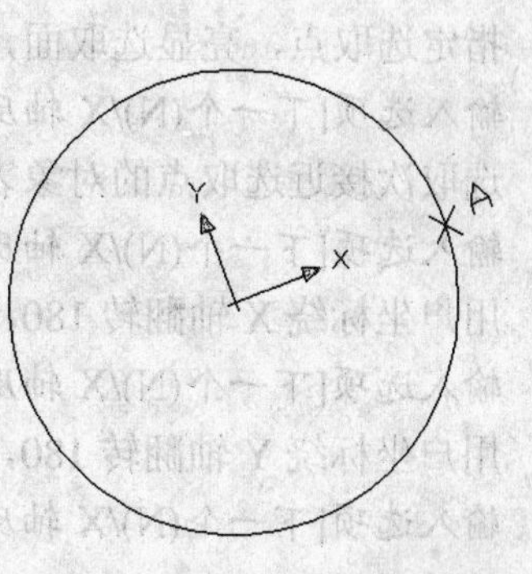

图 2.7 通过选对象建立的新坐标系

(5) 通过选旋转轴建立的新坐标系。UCS 命令中的 X、Y、Z 选项通过旋转当前 UCS 坐标系的轴来建立新的 UCS 坐标系。例如用户想使原 UCS 坐标系绕 Z 轴旋转得到新的 UCS 坐标系，可选 UCS 命令中的 Z 选项。输入旋转角度时，可以用右手法则来确定角度的正方向(拇指指向所绕轴的正方向，其余四指绕拇指的旋转方向即为转角的正向)。图 2.8 所示将 UCS 坐标系绕 Y 轴旋转－90° 所得结果。

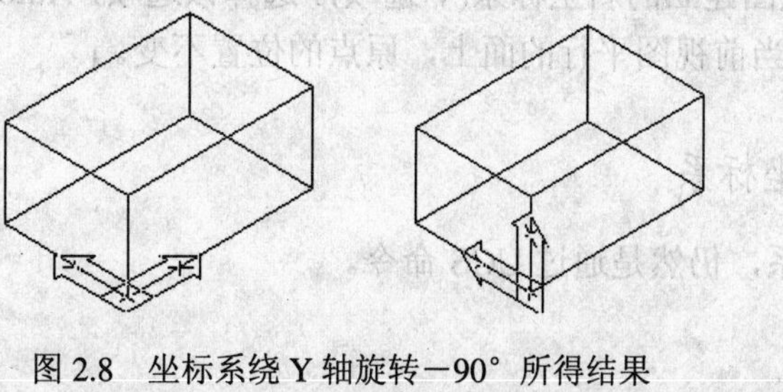

图 2.8 坐标系绕 Y 轴旋转－90° 所得结果

(6) 通过选择面建立的新坐标系(F 选项)。通过指定三维实体的一个面来定义一个新的用户坐标系，这是 AutoCAD 新增的一个较好的功能。使用鼠标在需要的面内拾取一点后，AutoCAD 将该面亮显，并且所选面即是新的用户坐标系的 XOY 平面，所选面上离选取点最近的边缘线定义为 X 轴，它离选取点近的端点为新用户坐标系的原点。如果拾取到的亮显面，不是自己所需的面，可通过命令行的下一级提示，输入选项“N”选其次接近选取点的对象表面；如果拾取到的亮显面的 X 或 Y 轴的方向，不是自己所需要的，可通过命令行的下一级提示，输入“X”选项(坐标系绕 X 轴翻转 180°)，或输入“Y”选项(坐标轴绕 Y 轴翻 180°)。

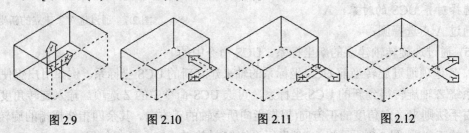

完成以下操作后，可建立如图 2.9，图 2.10，图 2.11，图 2.12 所示的四个用户坐标系。

命令：UCS

当前 UCS 名称:

输入选项[新建(N)/移动(M)/正交(G)/上一个(P)/恢复(R)/保存(S)/删除(D)/应用(A)/?/世界(W)]<世界>：N

新建用户坐标系。

指定新 UCS 的原点或[Z 轴(ZA)/三点(3)/对象(OB)/面(F)/视图(V)/X/Y/Z]<0，0，0>：F

指定三维实体的一个面来定义新用户坐标系。

选择实体对象的面:

指定选取点，亮显选取面，图 2.9 所示。

输入选项[下一个(N)/X 轴反向(X)/Y 轴反向(Y)]<接受>：N

选取次接近选取点的对象表面，如图 2.10 所示。

输入选项[下一个(N)/X 轴反向(X)/Y 轴反向(Y)]<接受>：X

用户坐标绕 X 轴翻转 180，如图 2.11 所示。

输入选项[下一个(N)/X 轴反向(X)/Y 轴反向(Y)]<接受>：Y

用户坐标绕 Y 轴翻转 180，如图 2.12 所示。

输入选项[下一个(N)/X 轴反向(X)/Y 轴反向(Y)]<接受>：回车

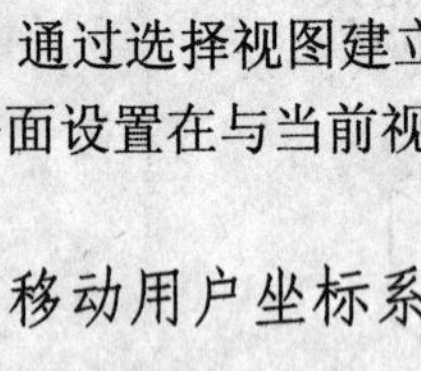

图 2.9

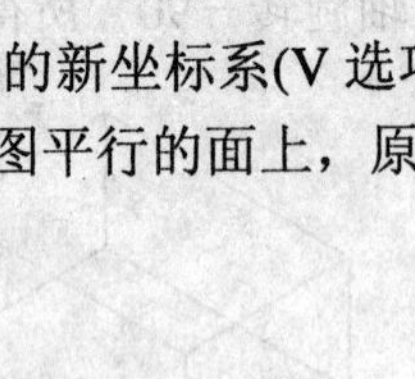

图 2.10

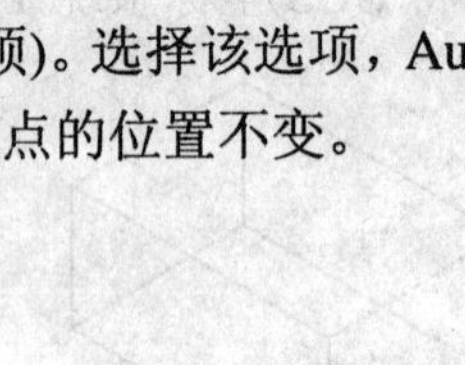

图 2.11

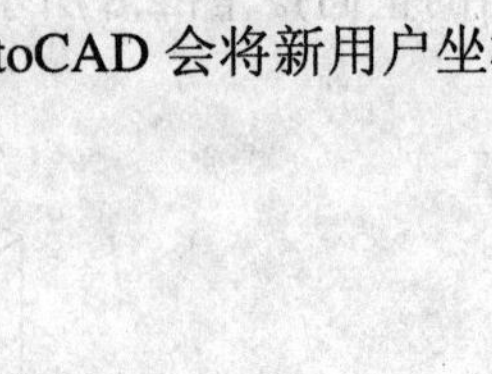

图 2.12

(7) 通过选择视图建立的新坐标系(V 选项)。选择该选项，AutoCAD 会将新用户坐标系的 XOY 平面设置在与当前视图平行的面上，原点的位置不变。

2.3.4 移动用户坐标系

移动用户坐标系，仍然是通过 UCS 命令。

命令：UCS

当前 UCS 名称:

输入选项[新建(N)/移动(M)/正交(G)/上一个(P)/恢复(R)/保存(S)/删除(D)/应用(A)/?/世界(W)]<世界>：M

移动用户坐标系。

指定新原点或[Z 向深度(Z)]<0，0，0>:

在上面的提示中，用户可以通过在三维空间中任意移动坐标原点或沿 Z 轴移动坐标原点来移动当前的用户坐标系，移动后的 XOY 平面的方向不会发生变化。

2.3.5 使用正交的 UCS

通过 UCS 命令的正交(G)选项，可以指定 AutoCAD 提供的 6 个正交 UCS 之一。这些 UCS 设置通常用于查看和编辑三维模型，便于用户从不同的方向和角度观察三维模型。

命令：UCS

当前 UCS 名称：*没有名称*

输入选项[新建(N)/移动(M)/正交(G)/上一个(P)/恢复(R)/保存(S)/删除(D)/应用(A)/?/世界(W)]<世界>：G

指定正交 UCS。

输入选项[俯视(T)/仰视(B)/主视(F)/后视(BA)/左视(L)/右视(R)]<当前>:

输入选项或按回车键。

2.3.6 恢复最近使用过的 UCS

在命令行输入 UCS 后，输入选项 P，AutoCAD 将自动恢复最近一次使用过的 UCS。AutoCAD 保存在图纸空间中创建的最后 10 个坐标系和在模型空间中创建的最后 10 个坐标系，也就是说，用户最多只能连续使用该操作 10 次。

2.3.7 恢复使用保存过的 UCS

命令：UCS

当前 UCS 名称：*没有名称*

输入选项[新建(N)/移动(M)/正交(G)/上一个(P)/恢复(R)/保存(S)/删除(D)/应用(A)/?/世界(W)]<世界>：R

恢复使用保存过的 UCS。

输入要恢复的 UCS 名称或[?]:

输入要恢复的 UCS 名称后，AutoCAD 恢复已保存的 UCS 使它成为当前 UCS。恢复已保存的 UCS 并不重新建立在保存 UCS 时生效的观察方向。

2.3.8 保存 UCS

命令：UCS

当前 UCS 名称：*没有名称*

输入选项[新建(N)/移动(M)/正交(G)/上一个(P)/恢复(R)/保存(S)/删除(D)/应用(A)/?/世界(W)]<世界>：S

保存当前 UCS。

输入保存当前 UCS 的名称或[?]：ucs 示例 1

执行以上操作后即把当前 UCS 坐标系统保存为名为 ucs 示例 1 的坐标系统。

2.4 使用 UCS 对话框

AutoCAD 为用户提供了一个 UCSMAN 命令用于打开一个 UCS 对话框，方便用户管理已定义(或保存)的用户坐标系。

2.4.1 启动 UCS 对话框

启动 UCSMAN 命令的方法有：

- 命令行：UCSMAN
- 菜单：工具→命名 UCS
- 工具栏：“UCS 工具栏”→“显示 UCS 对话框”(如图 2.13 所示)

打开的 UCS 对话框如图 2.14 所示。

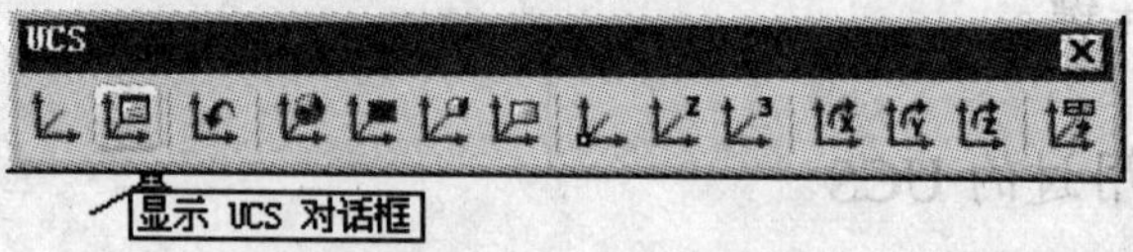

图 2.13 UCS 工具栏

2.4.2 使用方法

(1) 命名 UCS 操作：在图 2.14 的 UCS 对话框中单击“命名 UCS”标签，切换到“命名 UCS”标签页。如果选中“UCS 示例 1”并击右键，出现右键菜单，如图 2.15 所示。通过右键菜单，用户可以设置当前 UCS，重命名 UCS 名称，删除 UCS 或查看 UCS 的详细信息。

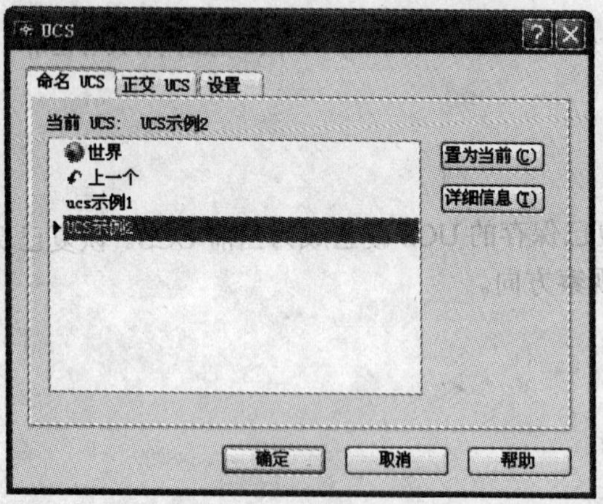

图 2.14 “UCS”对话框

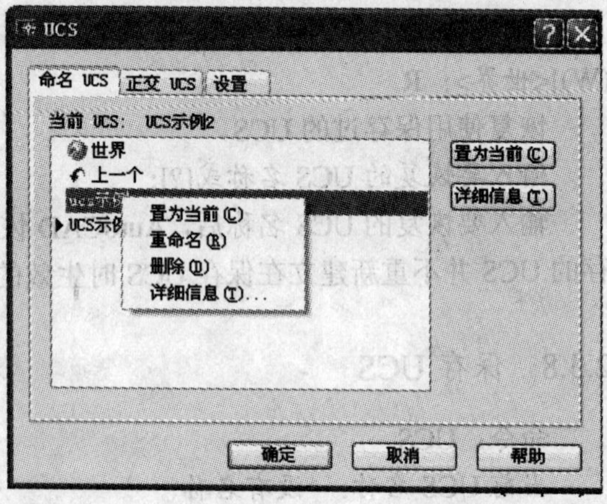

图 2.15 UCS 右键菜单

(2) 使用 AutoCAD 预置的正交 UCS。在图 2.14 的 UCS 对话框中单击“正交 UCS”标签，切换到“正交 UCS”标签页，如图 2.16 所示。AutoCAD 在列表框中列出了 AutoCAD 所提供的 6 种预置的 UCS。如果要使用某一个预置的 UCS，只需在列表中选中某项，再单击“置为当前”按钮即可。

(3) 设置 UCS 与图标。在图 2.14 的 UCS 对话框中单击“设置”标签，切换到“设置”标签页，如图 2.17 所示。在该标签页内可以对 UCS 图标的状态及 UCS 设置进行操作。

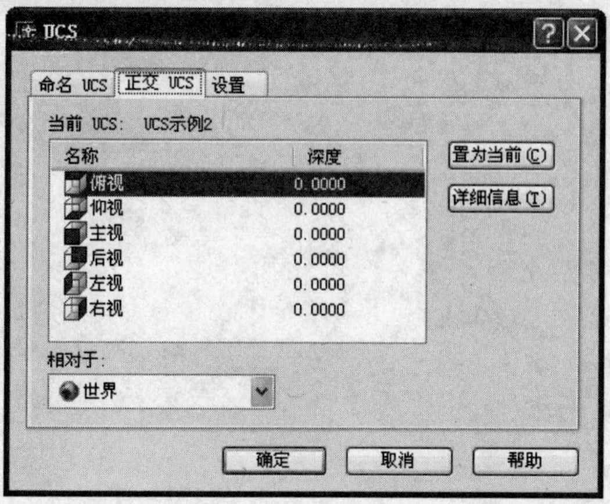

图 2.16　正交 UCS

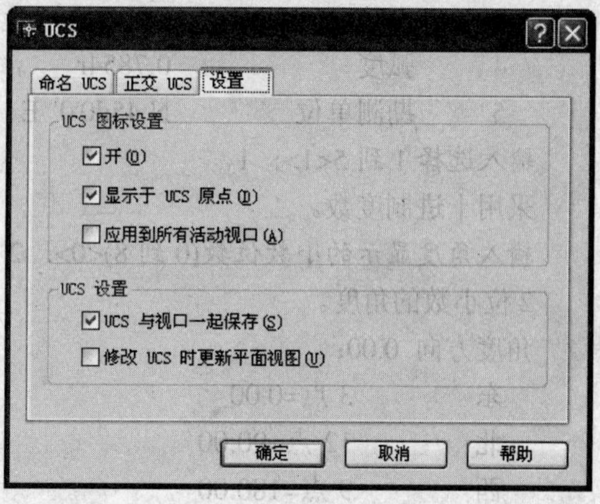

图 2.17　设置标签页

2.5　计算机图形中的坐标变换

计算机图形中的坐标变换，通常通过以下两种方式实现：

(1) 通过新建 UCS 或正交绘图实现坐标的平移。

(2) 在 UCS 中旋转坐标轴实现坐标的旋转。

2.6　绘图精度的设置

绘图精度的设置是通过 UNITS 命令实现的，以下的操作是将绘图长度精度设置为 mm 级的 4 位小数，角度设置为十进制的 2 位小数的角度。

命令：-UNITS　(“-”号可以回避出现对话框)

报告格式：　　　　(样例)

1	科学	1.55E+01
2	小数	15.50
3	工程	1'－3.50"
4	建筑	1'－3 1/2"
5	分数	15 1/2

除了工程和建筑以外，这些格式都可以与任何基本测量单位一起使用。例如，小数模式既可使用英制单位，也可使用公制单位。

输入选择 1 到 5<2>: 2

选择十进制小数模式。

输入小数位数(0 到 8)<4>: 4

绘图精度设置为 4 位小数。

角度测量系统：　　　　(样例)

1	十进制度数	45.0000
2	度/分/秒	45d0'0"
3	百分度	50.0000g
4	弧度	0.7854r
5	勘测单位	N 45d0'0" E

输入选择 1 到 5<1>: 1

采用十进制度数。

输入角度显示的小数位数(0 到 8)<0>: 2

2 位小数的角度。

角度方向 0.00:

东	3 点=0.00
北	12 点=90.00
西	9 点=180.00
南	6 点=270.00

输入角度的起始方向 0<0>: 0

X 轴的正向为角度的起始方向。

顺时针测量角度? [是(Y)/否(N)]<N>: 回车

采用默认值。

2.7 计算机图形的观察方法

绘制好的计算机图形可以采用以下方式进行观察:

(1) 视口。

(2) 三维视图及动态观察器。

(3) 消隐。

(4) 着色。

(5) 渲染。

■ 练习

(1) 利用绝对坐标，相对坐标，极坐标和找当前点技术画 4 号图幅的图框。

(2) 如图 2.18 所示，已知当前点 P 的绝对坐标为(80，60)，请按以下几种方式，输入以 ABCD 为序的各点的坐标。

绝对坐标格式:	A:	B:	C:	D:
相对坐标格式:	A:	B:	C:	D:
极坐标格式:	A:	B:	C:	D:
正交格式:	A:	B:	C:	D:

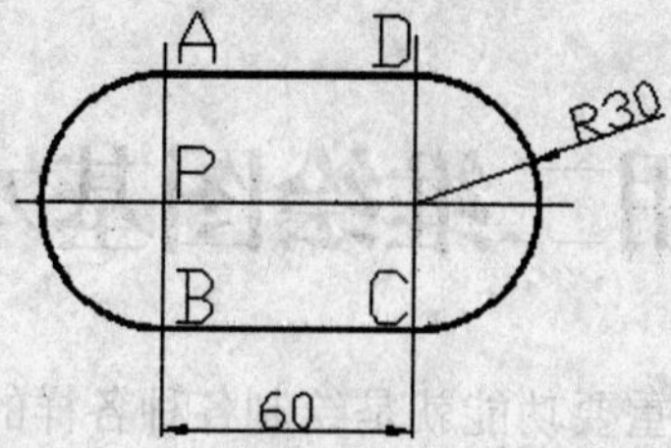

图 2.18

(3) 如图 2.19 所示，先把坐标系建成如下面的左图所示，再把坐标系建成右图(UCS 绕 Y 轴旋转－45°)然后用 ID 命令显示左，右图中立方体各顶点坐标的变化。

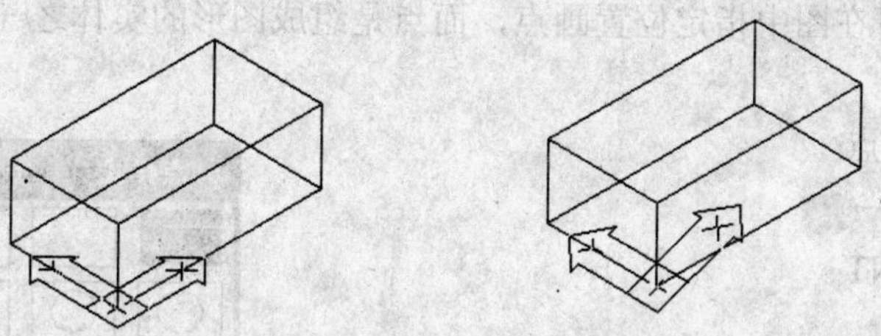

图 2.19

3 常用二维绘图基本命令

计算机辅助几何设计的一个重要功能就是绘制各种各样的二维图形，本章介绍 AutoCAD 提供的二维绘图主要命令。

3.1 画点命令(POINT)

用 POINT 命令可在图中指定位置画点，而点是组成图形的实体之一。

1) 调用方式

- 菜单：绘图→点
- 工具条：绘图→
- 命令行：POINT

2) 命令序列

命令：point

当前点模式： PDMODE=0 PDSIZE=0.0000

指定点：20，30

3) 说明

(1) 点的输入方法很多，常用的有如下四种：

- 绝对坐标。键入方式如：4，5
- 相对坐标。键入方式如：@5，8
- 极坐标。键入方式如：@20<45
- 用鼠标器指定点。在绘图区移动鼠标到指定点按下 Pick 键。

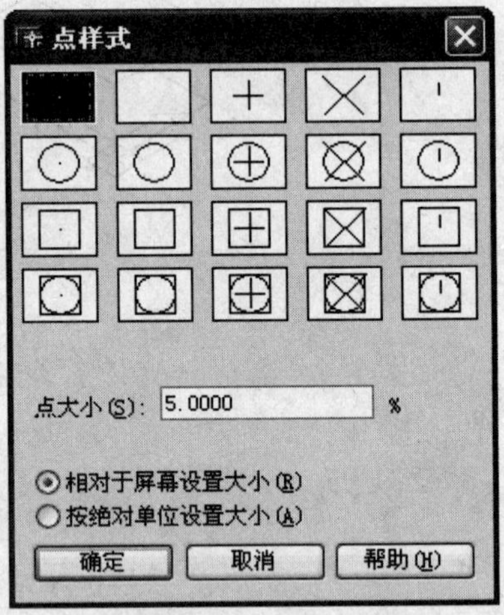

图 3.1 “点样式”对话框

(2) AutoCAD 提供有 20 种点样式供画点时使用，设置点实体的样式和大小可用菜单“格式→点样式”，也可在“命令：”提示下输入 DDPTYPE 命令打开“点样式”对话框，如图 3.1 所示，用户可用鼠标选择其一设置为当前点的图案样式。点的样式与大小还可用系统变量 PDMODE 和 PDSIZE 进行设置。

3.2 画直线命令(LINE)

用 LINE 命令可连续绘制一系列直线段。

1) 调用方式

- 菜单：绘图→ 直线
- 工具条：绘图→
- 命令行：LINE

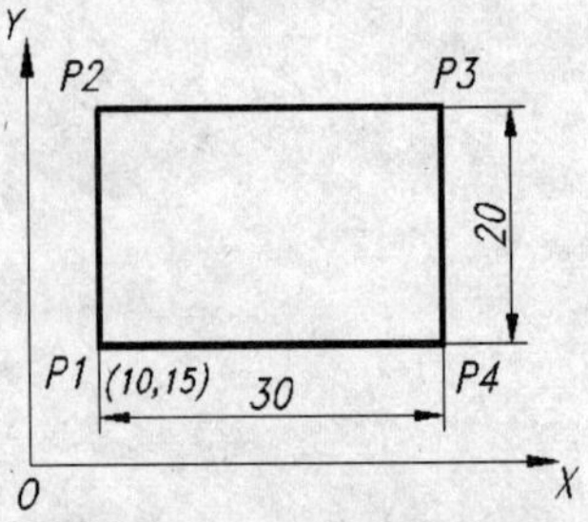

图 3.2 用 LINE 命令画线

2) 命令序列(以图 3.2 为例)

按 P1→P2→P3→P4→P1 顺序绘图可用如下四种方式(或混合方式)：

命令：LINE

	绝对坐标	相对坐标	极坐标	鼠标定点
指定第一点：	10，15	10，15	10，15	(点 P1)
指定下一点或[放弃(U)]：	10，35	@0，20	@20＜90	(点 P2)
指定下一点或[放弃(U)]：	40，35	@30，0	@30＜0	(点 P3)
指定下一点或[闭合(C)/放弃(U)]：	40，15	@0，－30	@20＜－90	(点 P4)
指定下一点或[闭合(C)/放弃(U)]：	c	c	c	c

3) 说明

(1) 在画折线的过程中，可以键入“U”取消刚画的线段，回到前一线段的终点。

(2) 结束 LINE 命令可敲回车键或空格键，也可敲“C”使折线闭合。

(3) 用鼠标移动光标画线时，可重复按 F6 键，将状态行的坐标设置成“长度<角度”显示方式，拖动光标，可以看到动点与始点的相对距离和角度准确地反映在状态行上。例如，当显示 5.0000＜90 时按回车键，就会画出一条长为 5 个图形单位，与 X 轴正向夹角为 90° 的直线段。

4) VLISP 中调用 LINE 命令的语句格式

(Command "line" p1 p2 p3 p4 "c")；画闭合的四边形

3.3 画构造线命令(XLINE)

用 XLINE 命令可绘制具有公共特性的一束无限长直线，如一束水平线、一束过某一点的线等。

1) 调用方式

- 菜单：绘图→构造线
- 工具条：绘图→
- 命令行：XLINE

2) 命令序列

命令：_xline

指定点或[水平(H)/垂直(V)/角度(A)/二等分(B)/偏移(O)]：(输入一点或回车)

指定通过点：(指定一通过点)

指定通过点：(指定一通过点或回车结束)

3) 选项说明

(1) H(水平)：绘制通过给定点的水平射线。

(2) V(垂直)：绘制通过给定点的垂直射线。

(3) A(倾角)：绘制与 X 轴正向成一定倾角的射线。键入选项“A”后，系统提示：

输入构造线的角度(0)或[参照(R)]：(输入一角度值或 R)

若输入一角度值，则系统提示输入一通过点即完成构造线的绘制；若输入“R”，则提示：“选择直线对象：”，用户选取一直线对象作基准线，表示要绘制与该基准线成一定角度的射线，接着提示输入角度值“输入构造线的角度<0>：”，然后输入通过点，即绘出一条构造线。

(4) B(二等分)：绘制一已知角平分线射线。键入“B”选项后，系统提示：

指定角的顶点：(输入角的顶点)

指定角的起点：(输入角的起始点)

指定角的端点：(输入角的终止点)

(5) O(平行偏移)：绘制与已知线平行的射线。键入选项“O”后，系统提示：

指定偏移距离或[通过(T)]<通过>：(输入偏移距离或 T)

选择直线对象：(选择一直线对象)

指定向哪侧偏移：(指定偏移在哪一侧)

4) 应用举例

在绘制三视图时，为保证“长对正、高平齐、宽相等”，可用此命令作辅助线，如图 3.3 所示。

命令：XLINE

指定点或[水平(H)/垂直(V)/角度(A)/二等分(B)/偏移(O)]：V(或 H)

指定通过点：(点 P1)

可以作出一系列的垂直或水平辅助线，作为绘图的基准。

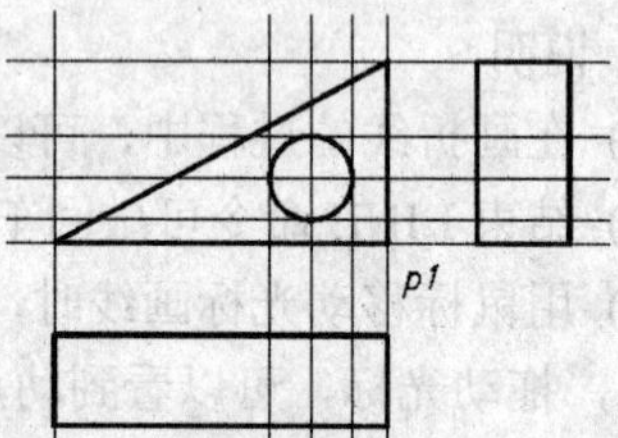

图 3.3 用 XLINE 命令作辅助线

3.4 画圆命令(CIRCLE)

用 CIRCLE 命令可选择多种方式画圆。

1) 调用方式

- 菜单：绘图→圆
- 工具条：绘图→
- 命令行：CIRCLE

2) 命令序列(以图 3.4(a)为例)

命令：_circle

指定圆的圆心或[三点(3P)/两点(2P)/相切、相切、半径(T)]：60，40 (圆心)

指定圆的半径或[直径(D)]<92.3836>：40 (半径)

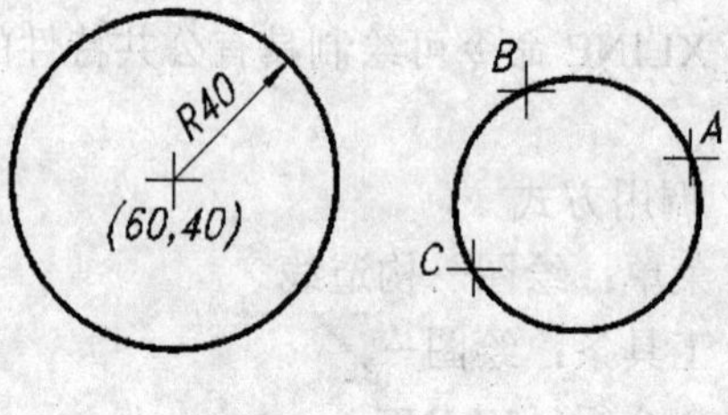

(a) (b)

图 3.4 画圆命令

3) 说明

(1) 指定圆心和半径画圆是系统提供的默认方式。半径的输入可以是一个数，也可以用鼠标拖动光标指定圆周上一点，动点与圆心的距离就是输入的半径，满意时按回车键。

(2) 若采用其他方式画圆，则应首先键入选项关键字，然后输入具体的值，例如想用三点方式画圆，其操作过程如图 3.4(b)所示。

命令：CIRCLE

CIRCLE 指定圆的圆心或[三点(3P)/两点(2P)/相切、相切、半径(T)]：3p(三点画圆)

指定圆上的第一个点：(点 A) (输入第一点)

指定圆上的第二个点：(点 B) (输入第二点)

指定圆上的第三个点：(点 C) (输入第三点)

4) VLISP 中调用 CIRCLE 命令的语句格式

(Command "circle"<圆心> <半径>)

5) 基本作图

(1) 画一个圆 O 与已知两条线(直线、圆或弧)相切。作图过程如图 3.5 所示。

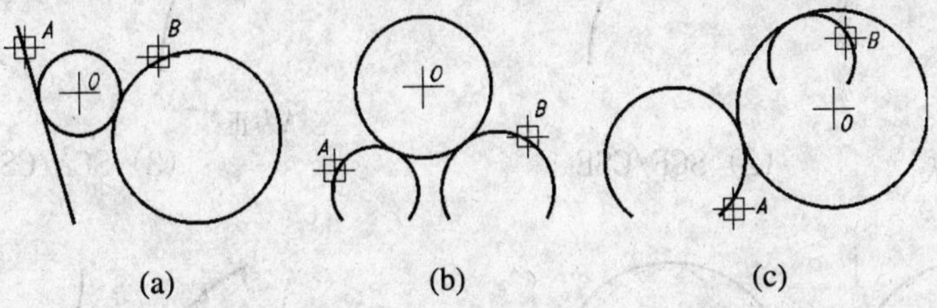

图 3.5 画一个圆 O 与已知二线相切

命令：CIRCLE

CIRCLE 指定圆的圆心或[三点(3P)/两点(2P)/相切、相切、半径(T)]：T(相切，相切，半径)

指定对象与圆的第一个切点：(指定与圆 O 相切的实体 A)

指定对象与圆的第二个切点：(指定与圆 O 相切的实体 B)

指定圆的半径<85.8804>：(指定圆 O 的半径)

(2) 画两圆的公切线(图 3.6)。作图过程如下：

命令：LINE

LINE 指定第一点：TAN (捕捉切点)

到(选取第一个圆 A)

指定下一点或[放弃(U)]：TAN (捕捉切点)

到(选取第二个圆 B)

指定下一点或[放弃(U)]：(按 Enter 键，结束)

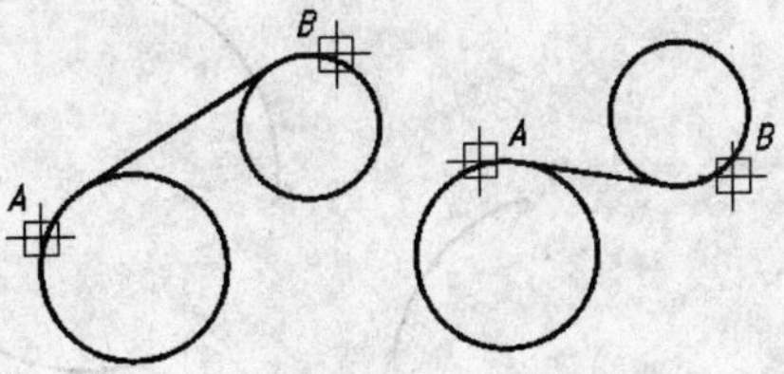

图 3.6 画两圆的公切线

3.5 画圆弧命令(ARC)

用 ARC 命令可选择多种方式画圆弧。

1) 调用方式

- 菜单：绘图→圆弧
- 工具条：绘图→
- 命令行：ARC

2) 命令序列

首先把 ARC 命令序列中将出现的选项字母含义介绍如下：

S (Start point)：起点　　C(Center)：弧心　　L(Chord Length)：弦长

E (End point)：终点　　A(Angle)：圆心角　　R (Radius)：半径

D (Direction)：起始方向

圆弧的画法有 7 种类型，见图 3.7。现用起点、圆心和圆心角(SCA 或 CSA)方式画弧，其操作过程如图 3.8 所示。

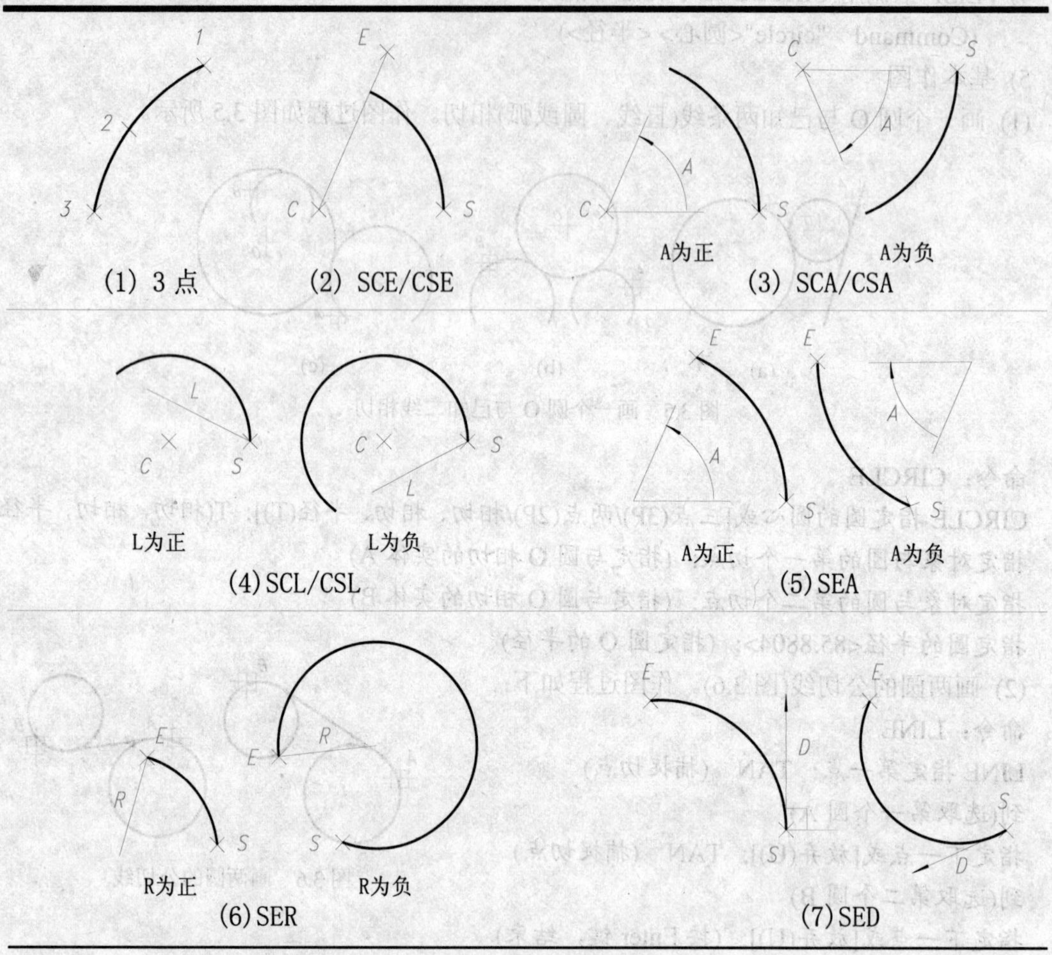

图 3.7 ARC 命令的选项

命令：ARC

指定圆弧的起点或[圆心(C)]：40，10 (起点)

指定圆弧的第二个点或[圆心(C)/端点(E)]：C (弧心)

指定圆弧的圆心：30，10 (弧心坐标)

指定圆弧的端点或[角度(A)/弦长(L)]：A (圆心角)

指定包含角：180 (输入圆心角)

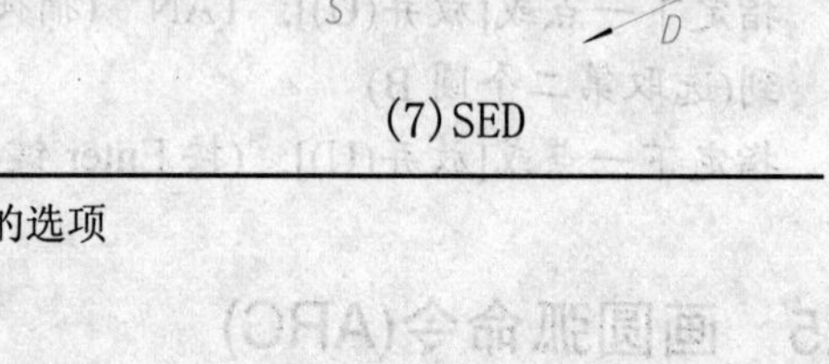

图 3.8

所给圆心角为正，则圆弧从起点开始，按逆时针方向画出；反之，按顺时针方向画出。其他画法与上面类似，这里不再赘述，请参见图 3.8。

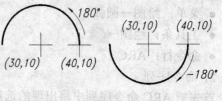

3) VLISP 中调用 ARC 命令的语句格式

以起点、圆心、圆心角(SCA)方式画弧为例：

(Command "arc" <起点>"c" <弧心坐标>"A" <圆心角>)

3.6 多义线的绘制与编辑命令(PLINE、PEDIT)

PLINE 命令用于绘制多义线(Polyline)，该线可由不同宽度的首尾相接的直线段和圆弧段组成。AutoCAD 把它们当作一个实体来处理，除了可用其他编辑命令进行修改外，还可使用专门的编辑命令 PEDIT 进行修改，如修改线宽、修改顶点、拟合曲线等。多义线的应用实例见图 3.9。

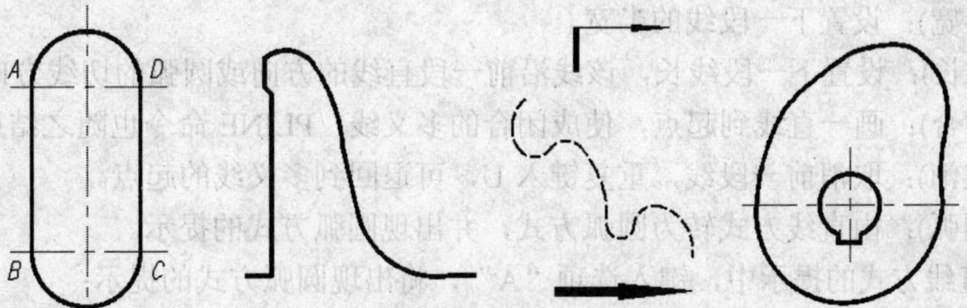

图 3.9 多义线的应用实例

3.6.1 绘制多义线命令(PLINE)

1) 调用方式

- 菜单：绘图→多段线
- 工具条：绘图→
- 命令行：PLINE

2) 命令序列(以画图 3.9 左图为例说明)

命令：PLINE

指定起点：(点 A)

当前线宽为 0.0000

指定下一个点或[圆弧(A)/半宽(H)/长度(L)/放弃(U)/宽度(W)]：W(设置线宽)

指定起点宽度<0.0000>：0.4(起始线宽)

指定端点宽度<0.4000>：0.4(终点线宽)

指定下一个点或[圆弧(A)/半宽(H)/长度(L)/放弃(U)/宽度(W)]：(点 B)

指定下一点或[圆弧(A)/闭合(C)/半宽(H)/长度(L)/放弃(U)/宽度(W)]：A(转弧方式)

指定圆弧的端点或[角度(A)/圆心(CE)/闭合(CL)/方向(D)/半宽(H)/直线(L)/半径(R)/第二个点(S)/放弃(U)/宽度(W)]：(点 C)

指定圆弧的端点或[角度(A)/圆心(CE)/闭合(CL)/方向(D)/半宽(H)/直线(L)/半径(R)/第二个点(S)/放弃(U)/宽度(W)]：L(转直线方式)

指定下一点或[圆弧(A)/闭合(C)/半宽(H)/长度(L)/放弃(U)/宽度(W)]：(点 D)

指定下一点或[圆弧(A)/闭合(C)/半宽(H)/长度(L)/放弃(U)/宽度(W)]：A(转弧方式)

指定圆弧的端点或[角度(A)/圆心(CE)/闭合(CL)/方向(D)/半宽(H)/直线(L)/半径(R)/第二个点(S)/放弃(U)/宽度(W)]：CL(闭合)

3) 说明

(1) 执行 PLINE 命令时，首先提示输入起点，然后显示当前线宽。若线宽为 0，将画一条细线；若线宽大于 0，将按线宽画一条粗线，且当 FILL 为 ON 时，该粗线为填实线，FILL 为 OFF 时，该粗线为空心线。输入起点后首先进入直线方式，其选项说明如下：

① 输入一点：以当前线宽从起点画一直线到指定点，然后重复上面提示。

② W(线宽)：设置下一段线的线宽，要求输入起点宽度和终点宽度，故可画出等宽和不等宽的线。

③ H(半宽)：设置下一段线的半宽。

④ L(线长)：设置下一段线长，该线沿前一段直线的方向或圆弧的切线方向画出。

⑤ C(闭合)：画一直线到起点，使成闭合的多义线，PLINE 命令也随之结束。

⑥ U(取消)：取消前一段线，重复键入 U，可退回到多义线的起点。

⑦ A(圆弧)：由直线方式转为圆弧方式，并出现圆弧方式的提示。

(2) 在直线方式的提示中，键入选项“A”，将出现圆弧方式的提示：

指定圆弧的端点或[角度(A)/圆心(CE)/闭合(CL)/方向(D)/半宽(H)/直线(L)/半径(R)/第二个点(S)/放弃(U)/宽度(W)]：

其选项说明如下：

① 输入一点：以上一直线或圆弧的终点为起点，画一段圆弧至输入点，该圆弧与上一段线相切。

② A(圆心角)：输入下一段弧所对应的圆心角。此时可用“SAC”、”SAR”或“SAE”等方式画弧。

③ CE(圆心)：输入下一段弧的圆心。此时可用“SCA”、”SCL”或“SCE” 方式画弧。

④ CL(闭合)：画一弧线到起点，形成闭合的多义线，并结束 PLINE 命令。

⑤ D(方向)：指定下段弧的起始方向，表示要用“SDE”方式画弧。

⑥ H(半宽)：指定下段弧的起始和终止的半宽度。

⑦ R(半径)：指定下段弧的半径，此时可用“SRA”或“SRE” 方式画弧。

⑧ L(直线)：将圆弧方式转为直线方式，并出现直线方式的提示，以便画直线。

⑨ S(第二点)：表示要用三点方式画下一段弧，此时提示下段弧的第二点和终点。

⑩ W(线宽)、H(半宽)、U(取消)，其操作方法与直线方式相同。

VLISP 中调用 PLINE 命令的语句格式(以图 3.9 左图为例)

(Command "PLINE" <点 A>"W" 0.4 0.4 <点 B>"A" <点 C>"L" <点 D>"A" "CL")

3.6.2 编辑多义线命令(PEDIT)

1) 调用方式

- 菜单：修改→对象→多段线
- 工具条：修改Ⅱ→ 
- 命令行：PEDIT

2) 命令序列

命令：PEDIT

选择多段线或[多条(M)]:

输入选项[闭合(C)/合并(J)/宽度(W)/编辑顶点(E)/拟合(F)/样条曲线(S)/非曲线化(D)/线型生成(L) /放弃(U)]:

如果当前多义线是闭合的，则“Close”选项为“Open”。

3) 选项说明

(1) C(闭合)：将开口多义线首尾相连成一条封闭的多义线。

(2) J(连接)：将首尾相连的独立的直线、圆弧、多义线合并成一条多义线。

(3) W(线宽)：修改多义线的线宽。

(4) F(曲线拟合)：利用指定的切线方向，通过多义线所有顶点作光滑的曲线拟合，曲线由一串与各顶点相连的圆弧组成，如图 3.10 所示。如果所得的曲线不理想，可利用 E(顶点编辑)选项，调整切线方向或加入更多的顶点，然后再作拟合。

(5) S(样条拟合)：根据多义线各顶点的位置，用 B 样条曲线进行拟合。与 Fit 拟合的曲线不同的是，由 Sline 产生的曲线不一定都通过多义线的顶点，而且曲线更光滑。

(6) D(删除曲线)：将多义线的弧线段变成直线段，并删除“曲线拟合”时额外插入的顶点。

(7) U(取消)：取消上一次的操作。

(8) L(线型生成)：控制多义线线型的生成方式，输入选项“L”时，系统提示：

输入多段线线型生成选项[开(ON)/关(OFF)]<关>: (线型生成方式)

若选择 ON，则按整条多义线分配线型；若选择 OFF，则按每段线段分配线型。如图 3.11 所示。

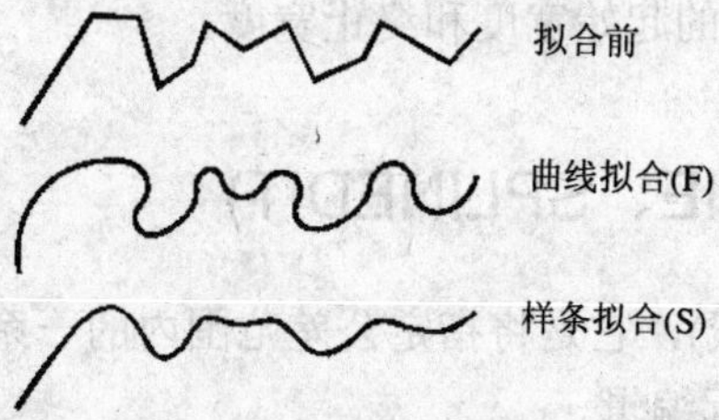

图 3.10

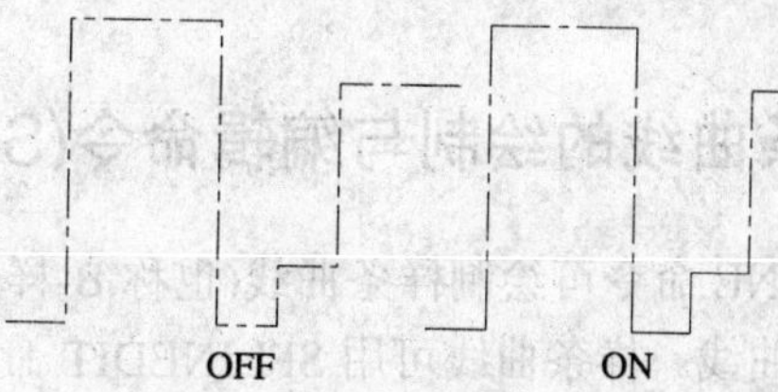

图 3.11 “Ltype gen”选项

(9) E(修改顶点)：选择多义线某一顶点，并对该顶点及其之后的线段进行编辑。当选用“E”选项时，多义线第一个顶点显示“×”标记，如果已指定了该顶点的切线方向，还绘出箭头指示这个方向，随后，发出顶点编辑子提示：

输入顶点编辑选项[下一个(N)/上一个(P)/打断(B)/插入(I)/移动(M)/重生成(R)/拉直(S)/切向(T)/宽度(W)/退出(X)]<N>:

各子选项说明如下：

① N(下一点)：将顶点标记“×”移到下一个顶点。

② P(前一点)：将顶点标记“×”移到前一个顶点。

③ B(切断)：存入“×”号顶点位置，并提示：

输入选项[下一个(N)/上一个(P)/执行(G)/退出(X)]<N>：(选项)

移动“×”号到另一点，键入“G”，可将其线段切除，如图 3.12(a)所示为切除多义线两标记点之间的线段。

④ I(插入)：在标有“×”号的当前顶点之后插入新顶点，如图 3.12(b)所示。其提示为：

指定新顶点的位置：(指定新顶点的位置)

⑤ M(移动)：将标有“×”号的当前顶点移到指定位置，并将与该点相关的线段以新顶点重新画出，如图 3.12(c)所示。其提示为：

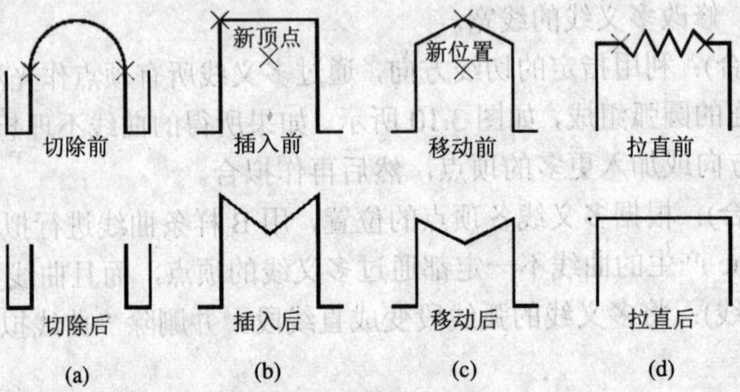

图 3.12　修改多义线顶点

指定标记顶点的新位置：(指定标有“×”号顶点的新位置)

⑥ R(再生成)：与“W”配合使用，重新生成改变线宽后的多义线。

⑦ S(拉直)：将两个标记点间的线段抹除，并将两点连成直线，如图 3.12(d)所示。

⑧ T(切线)：给当前顶点指定一个切线方向，供以后曲线拟合用。

⑨ W(线宽)：改变当前顶点与下一顶点之间线段的起始宽度和终止宽度。

3.7　样条曲线的绘制与编辑命令(SPLINE、SPLINEDIT)

用 SPLINE 命令可绘制样条曲线(也称 B-样条曲线)，它是将指定公差范围内的一系列点拟合成光滑曲线。样条曲线可用 SPLINEDIT 命令进行编辑。

3.7.1　绘制样条曲线命令(SPLINE)

1) 调用方式

- 菜单：绘图→样条曲线
- 工具条：绘图→
- 命令行：SPLINE

2) 命令序列

命令：SPLINE

指定第一个点或[对象(O)]：(输入第一点或键入 O 转换样条曲线)

指定下一点：(输入下一点直到生成样条曲线)

指定下一点或[闭合(C)/拟合公差(F)]<起点切向>：(选项)

3) 选项说明

(1) O(对象)：将二维或三维的二次或三次样条拟合的多义线转换为等价的样条曲线，并删除原多义线。注意，只有多义线拟合成的样条曲线才能转换。执行此选项后，系统提示选择要转换的实体对象，然后回车结束。

根据给定点绘制样条曲线，输入若干点后若回车则系统提示：

指定起点切向：(输入样条曲线起点处的切线方向，可用鼠标拖动橡筋线输入)

指定端点切向：(输入样条曲线终点处的切线方向，可用鼠标拖动橡筋线输入)

(2) C(闭合)：绘制闭合的样条曲线。

(3) F(拟合公差)：控制样条曲线的拟合精度。如果公差设置为0，样条曲线将穿过拟合点；如果公差大于0，样条曲线在公差范围内靠近拟合点。系统默认值为0。

3.7.2 编辑样条曲线命令(SPLINEDIT)

1) 调用方式

- 菜单：修改→对象→样条曲线
- 工具条：修改Ⅱ→ 
- 命令行：SPLINEDIT

2) 命令序列

命令：SPLINEDIT

选择样条曲线：

输入选项[拟合数据(F)/闭合(C)/移动顶点(M)/精度(R)/反转(E)/放弃(U)]：(选项)

如果样条曲线是闭合的，上面的闭合(C)选项将变为Open。

3) 选项说明

(1) F(拟合数据)：用来编辑样条曲线所通过的拟合点，执行此选项后，拟合点将以亮色显示，并出现提示：

输入拟合数据选项[添加(A)/闭合(C)/删除(D)/移动(M)/清理(P)/相切(T)/公差(L)/退出(X)]<退出>：*取消*

选项含义：

① A(增加)：在指定控制点之后或之前增加新的控制点。

② C(闭合)：封闭一开口样条曲线，使它在末端点成为光滑切线。

③ D(删除)：删除选中的拟合点，并重新拟合剩余点的样条曲线。

④ M(移动)：将选中的拟合点移到新的位置，并拟合成新的样条曲线。

⑤ P(清除)：从当前图形数据库中清除样条曲线的拟合数据。清除样条曲线的拟合数据后，AutoCAD在执行提示中将不再显示“Fit data”选项。

⑥ T(切线)：编辑样条曲线起点与终点的切线方向。执行此选项后，系统提示：

指定起点切向或[系统默认值(S)]：(输入起点切线方向或取系统默认方向)

指定端点切向或[系统默认值(S)]：(输入终点切线方向或取系统默认方向)

⑦ L(拟合公差)：改变当前样条曲线的拟合公差，样条曲线将按新的公差重新拟合。执行此选项后，系统提示：

输入拟合公差<1.0000E-10>：(输入拟合公差值)

如果输入的公差值为 0，则样条曲线通过拟合点；如果输入的公差值大于 0，则样条曲线按给定的公差值逼近拟合点。

⑧ X(退出)：退回主提示。

(2) C(闭合)：将当前样条曲线封闭起来。若原曲线是闭合的，则该选项为“Open”，选择该选项后，曲线将打开。

(3) M(移动)：将选中的拟合点移到新的位置，并拟合成新的样条曲线。

(4) R(重定义)：重新定义样条曲线的控制点。执行此选项后，系统提示：

输入精度选项[添加控制点(A)/提高阶数(E)/权值(W)/退出(X)]<退出>:

选项含义：

① A(增加)：增加样条曲线某一段的控制点，执行此选项后，系统提示：

在样条曲线上指定点<退出>：(选择样条曲线上的一点)

AutoCAD 将增加一个更加逼近于选择的两控制点之间样条曲线的新的控制点。

② E(阶数)：增加样条曲线的阶数，执行此选项后，系统提示：

输入新阶数<4>:

用户可以输入一个整数或回车。系统允许最大阶数为 26。

③ W(权重)：改变样条曲线上所选点的权重。一个更大的权重将使样条曲线更接近于控制点。

(5) E(颠倒)：改变样条曲线的方向。

(6) U(取消)：取消上一次操作。

(7) X(退出)：退出编辑操作。

3.8 多线样式设置与绘制命令(STYLE、MLINE)

工程领域中，经常需要画平行线。由多条平行线组成的线，我们称为多线。AutoCAD 除了提供 OFFSET 命令可画平行线外，还提供了功能更强的 MLINE 命令。MLINE 允许用户一次最多可画 16 条平行线，其中每条线称为一个“元素”，每个元素有各自的偏移量、颜色、线型等特性，可用 MLSTYLE 命令设置用户所需的多线样式。

3.8.1 多线样式设置命令(MLSTYLE)

AutoCAD 默认多线样式(Multiline Style)名为 STANDARD，它由两条直线元素组成。用 MLSTYLE 命令可设置多线的样式，定义样式的选项，显示样式的名称，设置当前样式，对样式进行装载、保存、更名及修改样式说明等。

1) 调用方式

- 菜单：格式→多线样式
- 命令行：MLSTYLE

2) 多线样式设置说明

调用 MLSTYLE 命令，系统将弹出一对话框，如图 3.13 所示。该对话框主要由“多线样式”、“元素特性”、“多线特性”三部分组成。

(1)“多线样式”操作框各控件说明如下：

①“当前”下拉列表框：用于显示当前使用的多线名，点击右侧下拉箭头后，可在其下拉列表中选取所需的多线名设置为当前值。

②“Name(命名)”编辑框：用于给需要定义的多线命名或更名。当用户定义了元素属性和复线属性后，在此编辑框中输入样式名，单击“Save”按钮，则多线的定义便存入默认的多线库文件 ACAD.MLN。更名操作时首先将待更名的样式设置为当前样式，然后在本框中输入新名，最后单击“重命名”按钮。

③“说明”编辑框：用于为当前多线样式附加一段说明文字，本框最多可以输入 255 个字符(包括空格)。

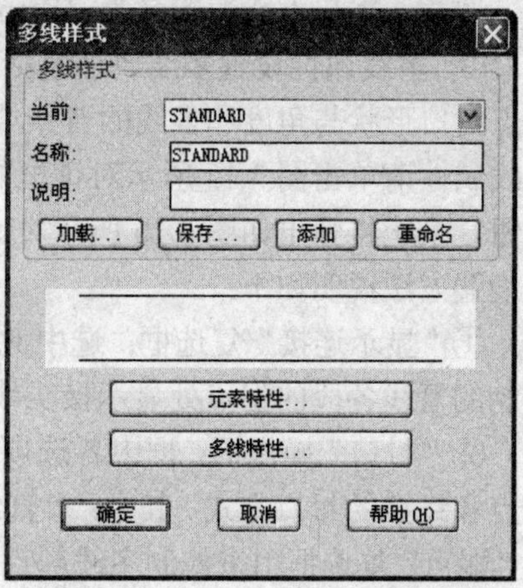

图 3.13　“多线样式”设置对话框

④“加载”按钮：用于加载已定义的复线样式文件(.mln)，单击此按钮将弹出一个加载多线样式的对话框。

⑤“保存”按钮：将多线样式的操作结果保存到当前多线库文件。

⑥“添加”按钮：用于对“当前”列表框中增加新的多线。

(2) 元素属性设置。组成多线的每一条线称为元素，元素属性是指多线中每一条线的偏移量、颜色和线型等。设置元素属性，请单击图 3.13 中的“元素特性”按钮，系统弹出如图 3.14 所示对话框。下面介绍各选项的作用。

①“元素”列表框：列出了当前复线样式中每条线元素的属性，包括偏移量、颜色和线型等。

②“添加”按钮：单击此按钮，系统将在“元素”列表框中加入一条新的线元素，然后可通过“偏移”、“颜色”及“线型”来定义属性。系统最多只能定义由 16 条线组成的多线。

③“删除”按钮：用于从当前多线样式中删除一个元素。

④“偏移”编辑框：用于改变所选中的当前元素的偏移量。复线原点的偏移量为 0.0，偏移量的设置可参考图 3.15。

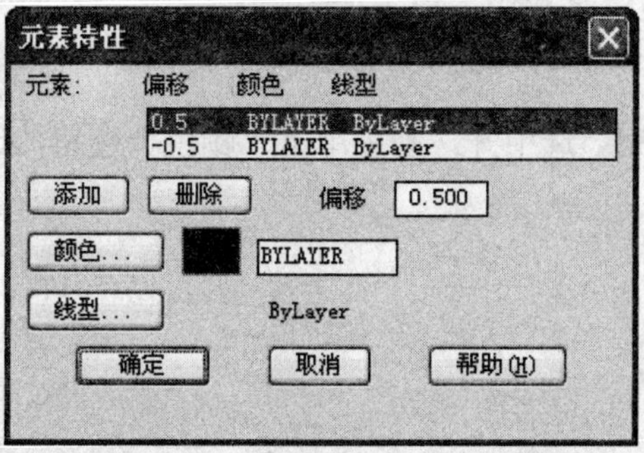

图 3.14　“元素属性”设置对话框

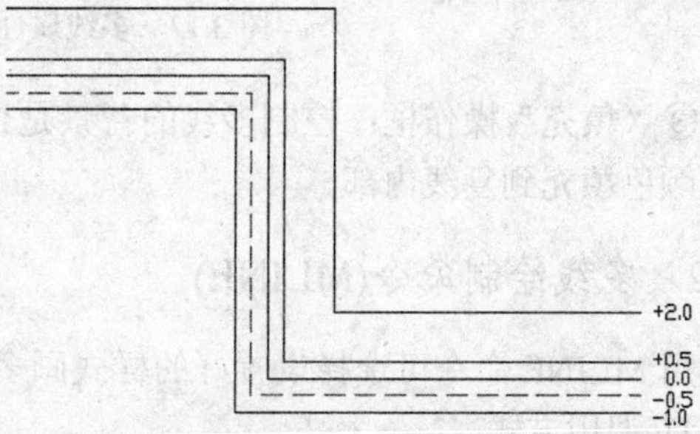

图 3.15　偏移量设置示例

⑤“颜色”按钮：用于设置当前元素的颜色。

⑥“线型”按钮：用于设置当前元素的线型。

注意，用户不能编辑名为“Standard”的多线或正在使用的多线。

(3) 多线属性设置多线属性包括接头线显示、端点封口形状与角度和多线的背景填充颜色。设置多线属性请单击图 3.13 所示对话框的“多线特性”按钮，系统将弹出如图 3.16 所示对话框。多线属性设置方法说明如下：

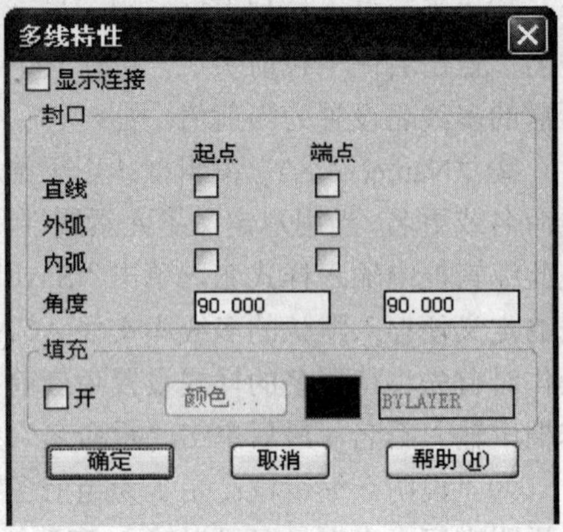

图 3.16 “多线属性设置”对话框

①“显示连接”复选框：选中此框，则在连续绘制的复线各段的拐点处显示接头线，如图 3.17。

②“封口”操作框：框中各选项用来控制多线起点和终点的封口方式。其中：“直线”的“起点”及“端点”复选框用来控制多线起点和终点的封口情况，选中则以直线封口，否则不封口。“外弧”的“起点”及“端点”复选框用来控制多线两端最外面的两条线之间是否以圆弧连接。“内弧”的“起点”及“端点”复选框用来控制多线内部成偶数的两线的两端是否以圆弧连接，如果元素数目为奇数，则忽略中间的元素。“角度”文本框控制两端点处的倾斜角，角度范围为 10°～170°。

多线属性对话框各选项的作用见图 3.17。

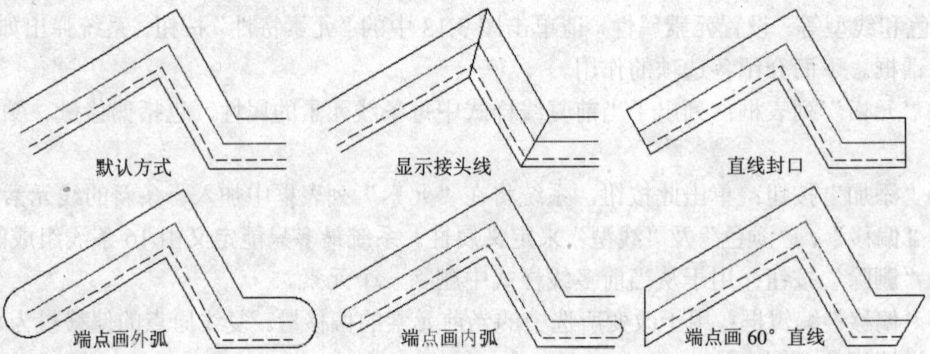

图 3.17 多线属性对话框各选项的作用

③“填充”操作框：控制多线的背景是否填充。选中开，则可单击“颜色”按钮，选择一种颜色填充到复线内部。

3.8.2 多线绘制命令(MLINE)

用 MLINE 命令可选择设置好的样式画多线。

1) 调用方式

- 菜单：绘图→多线
- 命令行：MLINE

2) 命令序列

命令：MLINE

当前设置：对正=上，比例=20.00，样式=STANDARD

指定起点或[对正(J)/比例(S)/样式(ST)]:

指定下一点：

指定下一点或[放弃(U)]:

3) 选项说明

(1) J(调整)：用于调整复线的三种对齐方式：上偏移(默认方式)、零偏移、下偏移，即设定最大正偏移量元素、原点、最大负偏移量元素三者之一通过用户指定点。

键入选项“J”后，系统提示：

输入对正类型[上(T)/无(Z)/下(B)]<上>:

① T(顶线)：当从左至右画复线时，最顶端的线随光标移动。

② Z(零线)：画复线时，复线的中心线随光标移动。

③ B(底线)：当从左至右画复线时，最底部的线随光标移动。

(2) S(比例)：用于设置复线的比例系数，复线的各元素用此系数乘以其偏移量得到新的偏移量。如果系数大于1，复线变宽；系数小于1且大于0，复线变窄；系数等于0，复线重合为单一直线；系数小于0，复线元素偏移量发生正负变化，同时按系数绝对值进行偏移量的缩放。

(3) ST(样式)：用于选择复线样式，输入复线样式名，则该样式设置为当前样式。输入“？”，可以查询当前图形中的复线样式列表。

(4) 键入起点(默认项)：此时使用系统给定的样式、比例等绘制复线，后续的执行过程与PLINE命令相似。

3.8.3 编辑多线命令(MLEDIT)

MLEDIT是AutoCAD专门提供的多线编辑命令，其主要功能是编辑两条多线的相交形式、增加和删除顶点以及切断和连接多线等。

1) 调用方式

- 菜单：修改→对象→多线
- 命令行：MLEDIT

2) 多线编辑工具对话框选项说明

调用MLEDIT命令后，系统弹出“多线编辑工具”对话框，如图3.18所示。选择相应图标后，单击“OK”按钮，系统将提示选择复线进行相应的编辑。两多线成十字相交，有三种编辑形式：

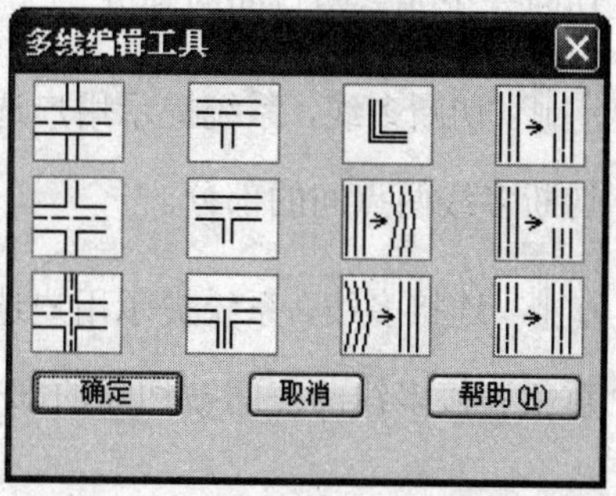

图3.18 “多线编辑工具”对话框

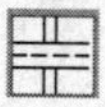 闭合十字，系统提示用户选择第一和第二条多线，第一条多线在交点处被切断，第二条不变。

 开放十字，系统提示用户选择第一和第二条多线，第一条多线的所有元素在交点处全部切断，第二条多线只有外层元素被切断。

 合并十字，系统提示用户选择第一和第二条多线，两条多线的外层元素被断开，内层元素不变。

(2) 两多线成 T 字相交，有三种编辑形式：

 闭合 T 字，系统提示用户选择第一和第二条多线，修剪第一条多线，在交点处剪去远离选择点的一段，第二条不变。

 开放 T 字，系统提示用户选择第一和第二条多线，修剪第一条多线，在交点处剪去远离选择点的一段，并且断开第二条多线相应一侧的外层元素。

 合并 T 字，系统提示用户选择第一和第二条多线，修剪第一条多线，在交点处剪去远离选择点的一段的外层元素，并且断开第二条多线相应一侧的外层元素，两条多线的次外层元素重复以上过程，直至内层元素。

其他：

 拐角连接，系统提示用户选择第一和第二条多线，两条多线形成角形相交。

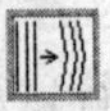 增加顶点，系统提示用户选择一条多线，并在选择点处为多线增加一个顶点。

 删除顶点，系统提示用户选择一条多线，并删除离选择点最近的顶点，直接连接该顶点两侧的顶点。

 切断元素，系统提示用户选择一条多线，并以选择点为第一点，提示用户输入第二点，切断一个元素两点间的部分。

 切断多线，系统提示用户选择一条多线，并以选择点为第一点，提示用户输入第二点，切断多线两点间的部分。

 连接多线，系统提示用户选择一条多线，并以选择点为第一点，提示用户输入第二点，重新连接多线两点间被切断的部分。

3.9 画椭圆命令(ELLIPSE)

用 ELLIPSE 命令可选择多种方式画椭圆。

1) 调用方式

- 菜单：绘图→椭圆
- 工具条：绘图→
- 命令行：ELLIPSE

2) 命令序列

(1) 用给定一个轴的两端点和另一轴之半长画椭圆，另一轴之半长可输入一个数值，也可用鼠标拖动橡筋线指定，如图 3.19(a)所示。

命令：ELLIPSE

指定椭圆的轴端点或[圆弧(A)/中心点(C)]：(点 P1)

指定轴的另一个端点：(点 P2)

指定另一条半轴长度或[旋转(R)]：(点 P3)

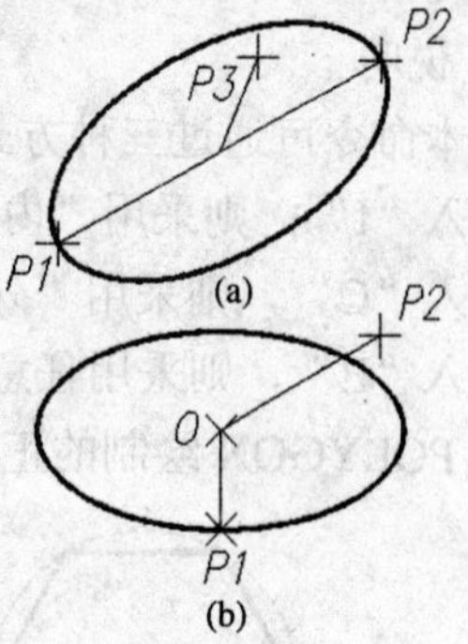

图 3.19

(2) 用给定椭圆心和两个半轴长画椭圆，如图 3.19(b)所示。

命令：ELLIPSE

指定椭圆的轴端点或[圆弧(A)/中心点(C)]：C

指定椭圆的中心点：(椭圆心 O)

指定轴的端点：(点 P1)

指定另一条半轴长度或[旋转(R)]：(点 P2)

(3) 用给定一个轴并绕该轴旋转的方式画椭圆。此时是以给定轴为空间圆的直径，将圆绕该轴在空间旋转一指定角度，然后投影到与该轴平行的平面形成椭圆。

命令：ELLIPSE

指定椭圆的轴端点或[圆弧(A)/中心点(C)]：(指定长轴端点 P1)

指定轴的另一个端点：(指定长轴另一端点 P2)

指定另一条半轴长度或[旋转(R)]：R

指定绕长轴旋转的角度：(绕长轴在空间旋转角度)

输入角度范围为 0°～89.4°。图 3.20 为绕长轴 P1P2 在空间旋转不同角度所得的结果。

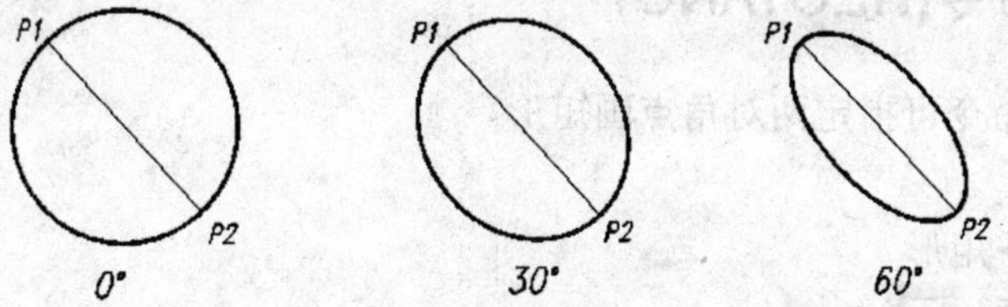

图 3.20

3.10 画正多边形命令(POLYGON)

用 POLYGON 命令可选择三种方式绘制正多边形。

1) 调用方式

- 菜单：绘图→正多边形
- 工具条：绘图→
- 命令行：POLYGON

2) 命令序列

命令：POLYGON

输入边的数目<4>：(边数)

指定正多边形的中心点或[边(E)]：(正多边形中心或 E)
输入选项[内接于圆(I)/外切于圆(C)]<I>：(I 或 C)
指定圆的半径：

3) 说明

用本命令可通过三种方式画正多边形：
键入“I”，则采用“内接于圆”方式输入圆的半径画正多边形，如图 3.21(a)所示。
键入“C”，则采用“外切于圆”方式输入圆的半径画正多边形，如图 3.21(b) 所示。
键入“E”，则采用任意指定一边的两个端点方式画正多边形，如图 3.21(c) 所示。
用 POLYGON 绘制的正多边形是一个封闭的多义线实体，可用 PEDIT 命令进行编辑。

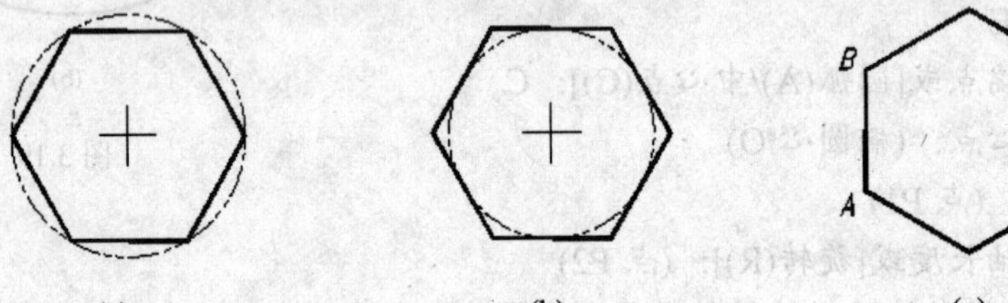

(a) (b) (c)

图 3.21

4) VLISP 中调用 POLYGON 命令的语句格式

(Command "polygon" <边数> <中心> "i" <半径>)
(Command "polygon" <边数> <中心> "c" <半径>)
(Command "polygon" <边数> "e" <点 A> <点 B>)

3.11 画矩形命令(RECTANG)

用 RECTANG 命令可指定两对角点画矩形。

1) 调用方式

- 菜单：绘图→矩形
- 工具条：绘图→
- 命令行：RECTANG

2) 命令序列

命令：RECTANG
指定第一个角点或[倒角(C)/标高(E)/圆角(F)/厚度(T)/宽度(W)]：(指定第一个角点)
指定另一个角点或[尺寸(D)]：(另一个角点)

3) 选项说明

(1) C(倒角)：输入倒角参数，将矩形四个角倒角。
(2) E(标高)：输入标高参数，以指定矩形基面沿 Z 轴方向的高度。
(3) F(倒圆)：输入倒圆参数，将矩形四个角倒圆。
(4) T(厚度)：输入厚度参数，以指定矩形沿 Z 轴方向的厚度。
(5) W(线宽)：设置矩形的线宽。

3.12 图案填充命令(BHATCH)

用 BHATCH 命令可在指定区域内画剖面线或填充图案。

1) 调用方式

- 菜单：绘图→图案填充
- 工具条：绘图→
- 命令行：BHATCH

2) 命令序列(以图 3.22 中画剖面线为例)

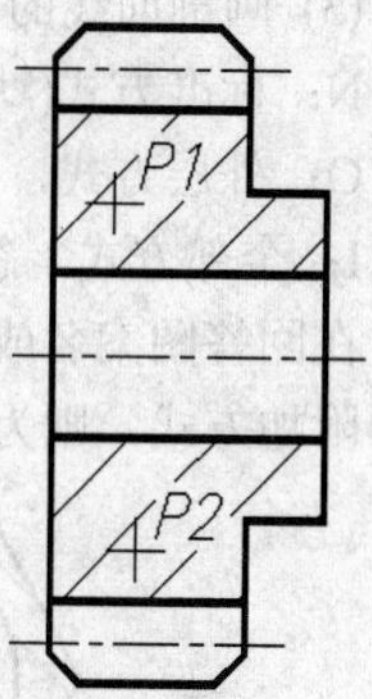

图 3.22

命令：-BHATCH (在命令前加“-”号，可抑制对话框出现)
当前填充图案：ANGLE
指定内部点或[特性(P)/选择(S)/删除孤岛(R)/高级(A)]：P
输入图案名或[?/实体(S)/用户定义(U)]<ANGLE>：ANSI31
指定图案缩放比例<1.0000>：2
指定图案角度<0>：0
当前填充图案：ANSI31
指定内部点或[特性(P)/选择(S)/删除孤岛(R)/高级(A)]：(界内点 P1)
正在选择所有可见对象...
正在分析所选数据...
正在分析内部孤岛...
当前填充图案： ANSI31
指定内部点或[特性(P)/选择(S)/删除孤岛(R)/高级(A)]：(界内点 P2)
正在分析内部孤岛...
当前填充图案：ANSI31
指定内部点或[特性(P)/选择(S)/删除孤岛(R)/高级(A)]：(回车)

3) 说明

(1) AutoCAD 提供有若干预定义的图案，存放在 ACAD.PAT 和 ACADISO.PAT 文件中，当用某一图案名回答提示时，系统将在 ACAD.PAT 和 ACADISO.PAT 文件中去寻找。键入“?”，系统将列出图案名目录。常用的部分图案如图 3.23 所示。

(2) 回答图案名时键入“U”，可由用户定义一个简单图案，AutoCAD 提示：

输入图案名或[?/实体(S)/用户定义(U)]<ANSI31>：U
指定十字光标线的角度<0>：45
指定行距<1.0000>：2

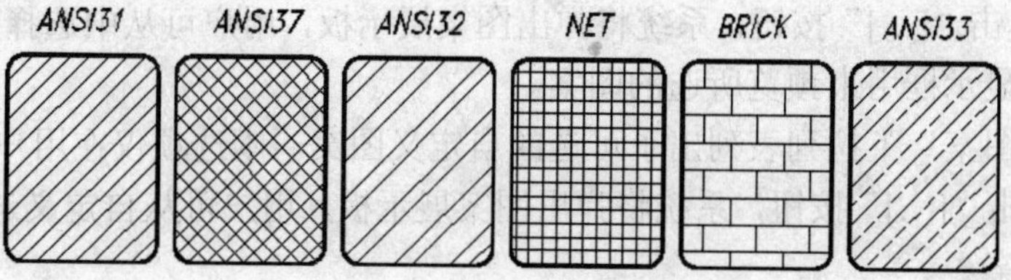

图 3.23

是否双向填充区域？[是(Y)/否(N)]<N>:

当前填充图案： U

指定内部点或[特性(P)/选择(S)/删除孤岛(R)/高级(A)]：(内部点 P1)

(剖面线倾角)

(3) 画剖面线的方式有三种，其方式码是：

N：标准方式(默认值)，从外向内隔层画剖面线，如图 3.24(a)所示。

O：外层方式，只在最外层区域画剖面线，如图 3.24(b)所示。

I：全部方式，忽略内部结构，全部画剖面线，如图 3.24(c)所示。

在回答图案名或 U 的后面均可附加画剖面线的方式，其间用逗号隔开，如“ANSI31，O”，若不附加方式，则为默认的“N”方式。

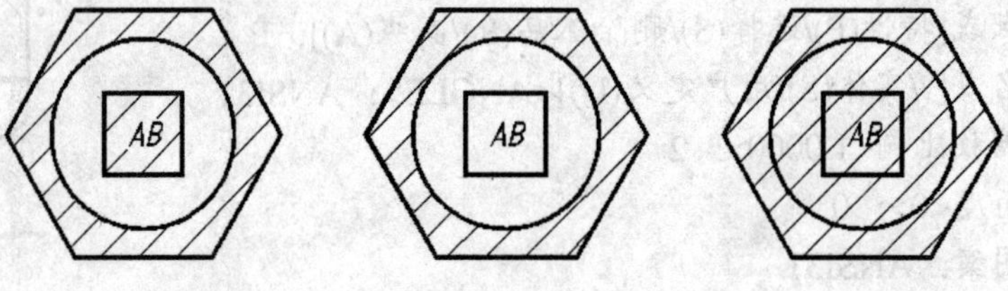

(a)“N”方式　　(b)“O”方式　　(c)“I”方式

图 3.24

(4) 标准图案是作为“块”进入图形，可用“ERASE LAST”全部抹除它，若需对调入的图案进行局部修改，则应在回答图案名时，在图案名前加“*”号打碎块，或用“EXPLODE”命令将“块”炸开。

4) VLISP 中调用 BHATCH 命令的语句格式(以图 3.22 为例)

(Command "bhatch" "p" "ansi31" 2 0 p1 p2 "")；P1 P2 为界内点

(Command "bhatch" "p" "u" 45 2 "n" p1 p2 "")；P1 P2 为界内点

5) “边界图案填充”对话框的使用

调用 BHATCH 命令后，系统打开“边界图案填充”对话框，如图 3.25 所示，下面介绍该对话框的主要选项。

(1)“图案填充”选项操作框。

①“类型”下拉列表各选项用来设置图案类型。“预定义”选项用来指定预定义的 AutoCAD 的图案，这些图案保存在 acad.pat 和 acadiso.pat 文件中。“用户定义”选项可由用户定义一个简单图案。“自定义”选项用来指定任何自定义 PAT 文件(用户已添加到 AutoCAD 搜索路径)中的图案。

②“图案”下拉列表列出了可供选择的预定义图案。用户选择的图案保存在系统变量 HPNAME 中。单击“[...]”按钮，系统将弹出图案展示板，用户可从中选择所需的填充图案。

③“样例”显示框用来预览所选的图案。

④“自定义图案”下拉列表列出了可选的自定义图案。本选项仅在用户选择了自定义类型时才有效。单击“[...]”按钮，系统将弹出图案展示板，用户可从自定义选项卡中选择所需的自定义填充图案。

⑤“角度”编辑框用来输入图案填充时的旋转角度。该角度值保存在系统变量 HPANG

中。

⑥“比例”编辑框用来输入图案填充时的比例。该比例值保存在系统变量 HPSCALE 中。

⑦“相对于图纸空间”复选框，选中本框，可使填充图案与图纸空间单位对应成比例(仅在图纸空间布局图形时有效)。

⑧“间距”用来指定图案线的行间距(仅在选择用户定义类型时才有效)。

⑨“ISO 笔宽”用来指定在 ISO 草图中的笔宽(仅在选中 ISO 图案时才有效)。

图 3.25 “边界图案填充”对话框

(2) “高级”选项操作框。选择“高级”选项，弹出如图 3.26 所示的操作框。框中各选项介绍如下：

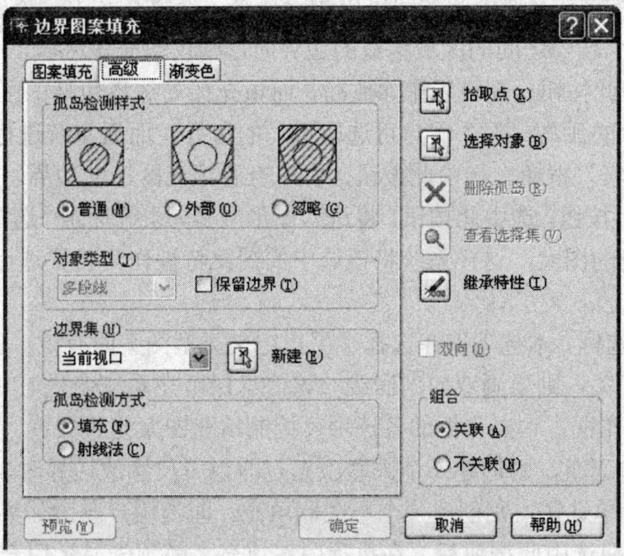

图 3.26 “高级”选项操作框

①“孤岛检测样式”操作框：用来指定最外层边界之内填充图案的方式，有 N、O、I 三

种方式。

②“对象类型”操作框：用以控制新建边界对象的类型，其类型可以是多义线或面域。“保留边界”为图形增加一个临时的边界对象。仅在选了本选项后，才能选择边界对象类型。

③“边界集”操作框：各选项可定义边界集，AutoCAD 根据拾取点分析定义边界时，将会使用此边界集。所选的边界集并不影响用选择对象定义的边界。

在默认情况下，当用户使用拾取点方式定义边界时，AutoCAD 将检查当前视口中所有可见对象。通过重定义边界集，用户可忽略部分对象，而不必在定义边界时隐藏或排除这些对象。在大型作图时，指定边界集可以减少 AutoCAD 检查对象的数目，从而快速生成边界。

“当前视口”根据当前视口中所有可见对象定义边界集。选择此项，当前边界集会使用当前视口中的所有可见对象。

选中“新建”按钮后，系统将提示用户选择对象创建边界集。定义的新边界集将代替任何已存在的集，如果用户没有选择任何可填充的对象，AutoCAD 仍然保留当前的边界集。

在用户退出填充或创建一个新边界集前，当用户使用拾取点方式定义边界时，AutoCAD 会忽略不存在边界集中的对象。

④“孤岛检测方式”操作框：用来指定是否包括最外层边界之内的对象(称为“岛”)作为边界对象。

选中“填充”选项，表示将岛包括为边界对象。

选中“射线法”选项，表示从指定点作一条线到最近对象，然后按逆时针方向搜索边界，从而将岛排除边界集。

(3) “拾取点”按钮。选中此按钮，将进入图形屏幕用拾取点方式确定填充区域的边界。系统提示“选择内点：”，即选择填充区的点，用户可用鼠标选取一边界内点。

(4) “选择对象”按钮。选中此按钮，将进入图形屏幕用选取实体方式确定填充区域的边界。系统提示“选择对象：”，用户可选择构成填充区边界的对象。

(5) “删除孤岛”按钮。选中此按钮可以删除孤岛。当填充区由一个外边界和在该边界内的另一内边界(称为“岛”)之间的区域构成的边界时，则仅填充该区域，而“岛”内的区域不填充。但是如果选中此按钮，则可以排除孤岛，而填充孤岛边界包括的区域，选中此按钮后，系统提示“选择删除的孤岛：”，用户可选取孤岛的边界，而后系统进行填充。

(6) “查看选择集”按钮。选中此按钮，可以查看填充区域的边界。

(7) “继承特性”按钮。选中此按钮，将进入图形屏幕，系统提示“选择关联填充对象：”，用户可选择某已填充的图案，这样系统将该选中的图案特性作为将要选用的图案，即继承特性。

(8) “双向”复选框。本选项仅在选择了用户定义类型图案时有效。它可以确定是否画双向剖面线，选中此开关，则要画双向剖面线。该信息保留在系统变量 HPDOUBLE 中。

(9) “组合”操作框。本操作框的各选项可控制填充图案是否关联。

选中“关联”单选钮，则创建一个关联填充，即当用户修改边界时，填充也相应更改。

选中“不关联”单选钮，则创建一个不关联填充，即当用户修改边界时，填充不会更改。

(10) “预览”按钮选中此按钮后，在执行图案填充之前预先显示填充效果。

(11) “渐变色”选项，设置用渐变颜色方式对图案进行填充的方式。

3.13 图层设置命令(LAYER)

为使所画图形符合我国工程制图国家标准和习惯，绘图前需预先对绘图环境参数进行设置。绘图环境的设置包括：图层、绘图范围、尺寸变量等。图层的使用是 AutoCAD 最重要的绘图技术之一。

3.13.1 基本概念

1) 图层及特性

(1) 图层可假想 AutoCAD 的工作窗口为包含多页相互层叠没有厚度的透明薄片，实体就画在它上面。利用图层可以把一张复杂工程图上的相关实体(如建筑图中的楼面、电线布局、管道走向等)分别画在不同的层上，这些层叠在一起，具有相同的坐标、绘图界限和显示放缩比例，各层精确地对齐，不会错位。

(2) 层定义首先是命名，层名由字母、数字和字符“$”、“—”、“-”等组成。

(3) 一幅图中用户定义的图层数量不限，每层所容纳的实体数量也不限。

(4) 一般情况下，同一层上的实体具有同一种线型和同一种颜色。

(5) 同一层上的实体具有同一种状态，图层的状态包括：

① 0 层：绘图开始，AutoCAD 自动建立“0”层为当前层，颜色为 7 号(白色)，线型为“Continuous”(细实线)。

② 当前层：用户绘制的实体总是放在当前层上(块有例外)，因此当前层始终存在且只有一个。只有处于解冻状态的层才能被置为当前层。

③ 打开或解冻的层：其上的实体处于显示状态，可以进行编辑，也可送绘图机或打印机输出。

④ 关闭或冻结的层：其上的实体不显示，也不送绘图机或打印机输出。

⑤ 加锁或解锁的层：加锁的层既不能编辑也不能设置为当前层。

(6) 可用 LAYER 命令修改各层的线型、颜色和状态。

2) 图层的线型

每一个层可以设置一个线型，不同的层可设置相同的线型。AutoCAD 提供的线型存放在文件 ACAD.LIN 和 ACADISO.LIN 中。

3) 图层的颜色

图层的颜色是指画在该层上实体的颜色。用 LAYER 命令可设置层的颜色，不同的层可设置相同的颜色。颜色号用 1-255 的一个整数来表示。前 7 个色号已赋予标准色：

1—Red(红)；2—Yellow(黄)；3—Green(绿)；4—Cyan(青)；5—Blue(蓝)；6—Magenta(品红)；7—White(白)。

3.13.2 层设置操作

层的设置可在命令行操作，也可用对话框操作。

1) 调用方式

- 菜单：格式 →图层

● 工具栏：选择“对象特性”工具栏中的“图层”按钮
● 命令行：LAYER

2) 命令序列

假设建立一个如表 3.1 所示的绘图环境，其操作如下：

命令：-LAYER (命令名前加“-”号，可抑制对话框出现)

表 3.1 绘图环境设置

层名	颜色	线型	用途
1	1	Center	中心线，轴线，对称线
2	2	Continuous	剖面线
3	3	Continuous	尺寸标注，文字标注
4	4	Phantom	双点划线
5	5	Hidden	虚线

当前图层：0

输入选项[?/生成(M)/设置(S)/新建(N)/开(ON)/关(OFF)/颜色(C)/线型(L)/线宽(LW)/打印(P)/冻结(F)/解冻(T)/锁定(LO)/解锁(U)/状态(A)]：N (定义新层)

输入新图层的名称列表：1，2，3，4，5 (新层名，用逗号隔开)

输入选项[?/生成(M)/设置(S)/新建(N)/开(ON)/关(OFF)/颜色(C)/线型(L)/线宽(LW)/打印(P)/冻结(F)/解冻(T)/锁定(LO)/解锁(U)/状态(A)]：L (设置线型)

输入已加载的线型名或[?]<Continuous>：CENTER (中心线)

输入使用线型“CENTER”的图层名列表<0>：1 (将中心线赋给 1 层)

输入选项[?/生成(M)/设置(S)/新建(N)/开(ON)/关(OFF)/颜色(C)/线型(L)/线宽(LW)/打印(P)/冻结(F)/解冻(T)/锁定(LO)/解锁(U)/状态(A)]：L (设置线型)

输入已加载的线型名或[?]<Continuous>：HIDDEN (虚线)

输入使用线型“HIDDEN”的图层名列表<0>：5 (将虚线赋给 5 层)

输入选项[?/生成(M)/设置(S)/新建(N)/开(ON)/关(OFF)/颜色(C)/线型(L)/线宽(LW)/打印(P)/冻结(F)/解冻(T)/锁定(LO)/解锁(U)/状态(A)]：C (设置颜色)

新颜色[真彩色(T)/配色系统(CO)]<7 (白色)>：1 (1 号为红色)

输入图层名列表，这些图层使用颜色 1 (红色)<0>：1 (将 1 号色赋给 1 层)

输入选项[?/生成(M)/设置(S)/新建(N)/开(ON)/关(OFF)/颜色(C)/线型(L)/线宽(LW)/打印(P)/冻结(F)/解冻(T)/锁定(LO)/解锁(U)/状态(A)]：(回车，结束)

3) 选项说明

(1) N(新层)：建立新层，一次可建立多个层，层名之间用逗号隔开。

(2) L(线型)：新建图层的线型为 Continuous(细实线)，键入“L”可改变图层的线型。

(3) C(颜色)：新建图层的颜色默认为 7 号，键入“C”可改变图层的颜色。

(4) S(设置当前层)：已建立的且处于解冻的层才能置为当前层，新图总是画在当前层上，并用当前层的线型和颜色。

(5) M(创建)：创建一个新层并同时置为当前层。

(6) ON/OFF：打开或关闭指定的层。关闭层上的实体不显示，也不送绘图机和打印机。

(7) F/T：冻结或解冻指定的层。此选项不同于“ON/OFF”选项，当关闭层时，该层不显示，但要重新生成，而冻结层既不能显示也不重新生成。

(8) LO/U：加锁或解锁指定的层。加锁的层既不能编辑也不能设置为当前层。

(9) ？：查看已建立的层名、线型、颜色及状态等。

4) VLISP 中调用 LAYER 命令的语句格式

```
(Command "LAYER" "N" "1，2，3，4，5" "L" "CENTER" 1 "L" "HIDDEN" 5 "L"
    "PHANTOM" 4 "C" 1 1 "C" 2 2 "C" 3 3 "C" 4 4 "C" 5 5 "")
```

5) “图层特性管理器”对话框操作

执行 LAYER 命令，将打开“图层特性管理器”对话框，如图 3.27 所示。

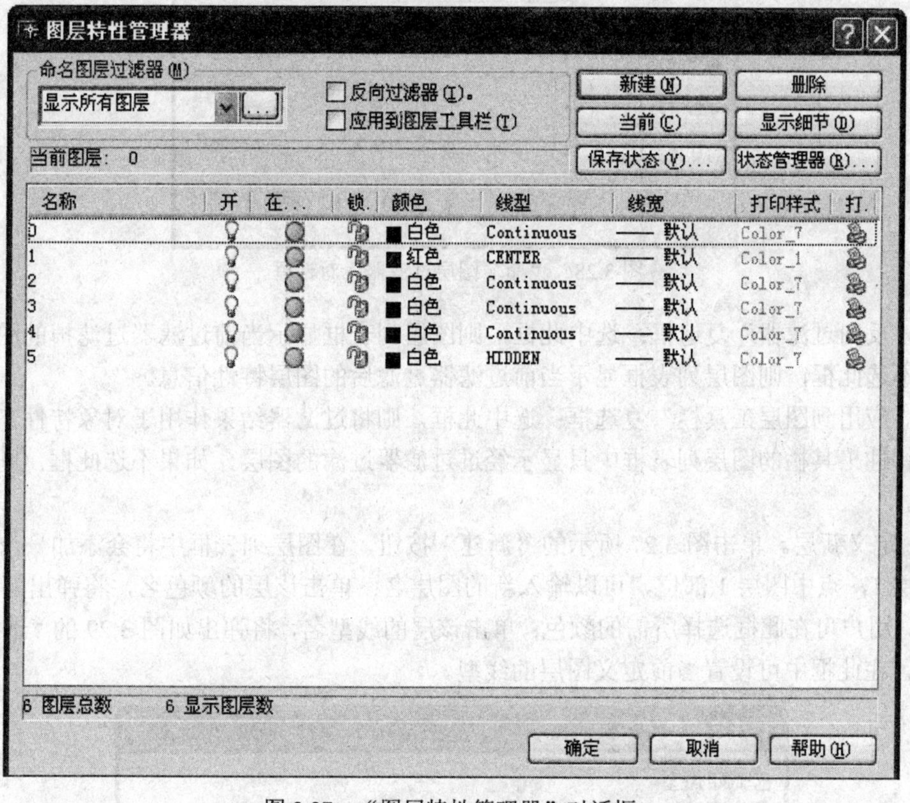

图 3.27 “图层特性管理器”对话框

下面介绍该对话框的操作。在此对话框中，按“新建”按钮可以设置新层；“删除”为删除一个用户选中的层；“当前”为将用户选中的层设置为当前层；“显示细节”为显示详细的图层特性(包括层名、颜色、线型、状态)。

(1)“命名图层过滤器”选项组。图层过滤器可以对层进行命名和保存，并且显示在该下拉列表框中。单击下拉列表框右侧箭头可选择当前过滤器；单击“…”按钮，将打开“命名图层过滤器”对话框，如图 3.28 所示。用户可以设置新的过滤方式，并且命名和保存。过滤方式可按照层名、可见性、颜色、线型、线重、打印样式名、是否打印、或是否在当前视口或新视口中冻结等在该对话框中进行定义。定义完毕，单击“添加”按钮添加到列表中。

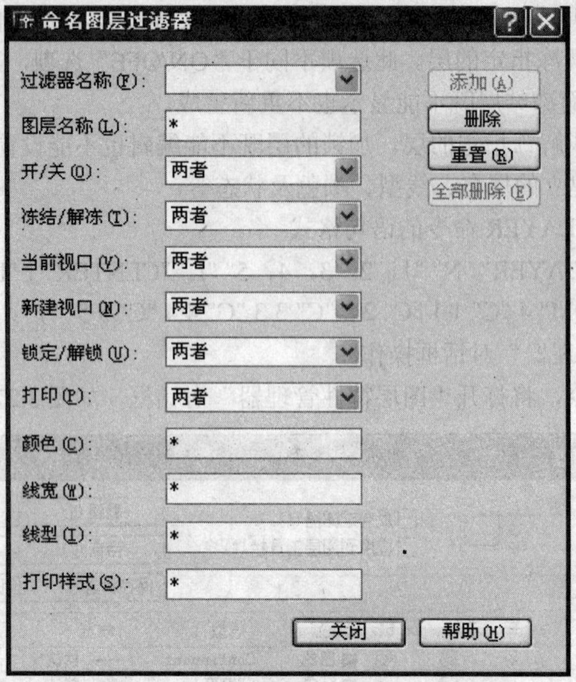

图 3.28 “命名图层过滤器”对话框

①“反向过滤器”复选框：选中此框，则图层列表框显示当前过滤器过滤掉的图层特性信息；不选此框，则图层列表框显示当前过滤器过滤后的图层特性信息。

②“应用到图层工具栏”复选框：选中此框，则将过滤器结果作用于对象特性工具栏，在对象特性工具栏的图层列表框中只显示经过过滤器过滤的图层，如果不选此框，则显示所有图层。

(2) 定义新层。单击图 3.27 所示的“新建”按钮，在图层列表框中将会添加一个新的图层图即层 1，点中图层 1 部位，可以输入新的图层名；单击该层的颜色名，将弹出颜色设置对话框，用户可在此框选择所需的颜色；单击该层的线型名，将弹出如图 3.29 的“选择线型”对话框，在此框中可设置当前定义图层的线型。

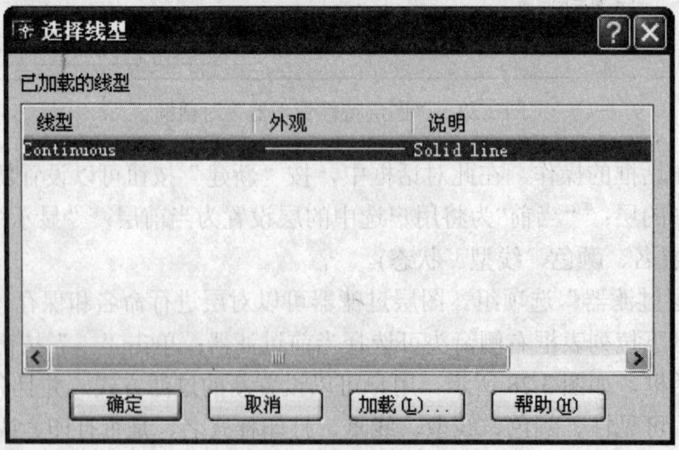

图 3.29 “选择线型”对话框

在图 3.29 所示的“选择线型”对话框中，用户可直接选择所需的线型，比如选择 Center(中心线)，如果没有所需的线型，可以按“加载”按钮，系统弹出如图 3.30 所示的“加载或重载线型”对话框，用户可从中装入所需的线型。

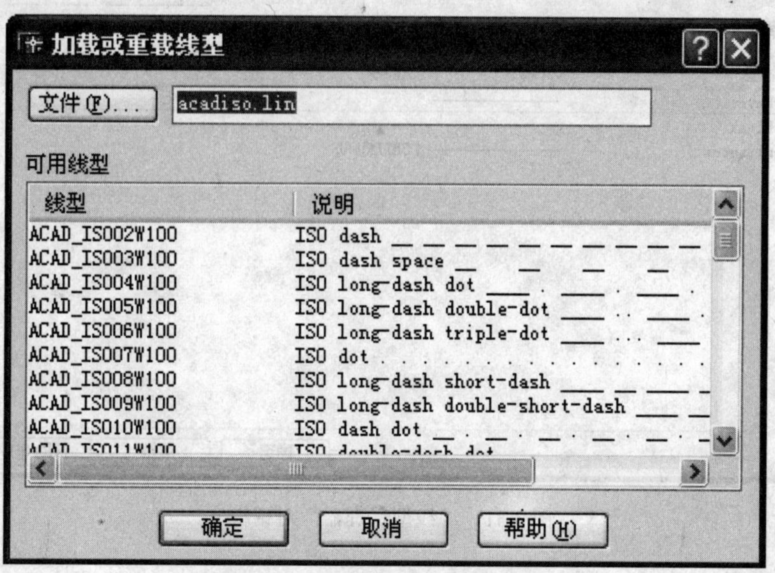

图 3.30 “加载或重载线型”对话框

如果想关闭某层，可先在图 3.27 的图层列表框中选中该图层，再按对应的灯泡图标，灯泡变暗则关闭该层；如果按对应的雪花图标，雪花变暗则冻结该层；如果按对应的锁状图标，锁变暗并合上则该层被锁定。用户也可用图层过滤器进行设置。

3.14 线型设置命令(LINETYPE)

用 LINETYPE 命令可设置新实体的线型，也可建立、装入或查看某一线型库文件的线型。

1) 调用方式

- 菜单：格式→线型
- 工具栏：在“对象特性”工具栏“线型控制”栏中选“其他”。
- 命令行：LINETYPE

2) “线型管理器”对话框的操作

执行 LINETYPE 命令后，系统将弹出“线型管理器”对话框，如图 3.31 所示，在这个对话框中，主要可完成以下几个任务：

(1) “加载”：单击此按钮，将显示如图 2.30 所示的对话框，用户可以选择装入所需的线型。

(2) “删除”：如果选择了某一线型，且按下此按钮，则该线型被删除。

(3) “当前”：如果选择了某一线型，且按下此按钮，则该线型被置为当前使用的线型。

(4) “显示细节”：如果选择了某一线型，且按下此按钮，则可查看该线型的细节，改变线型比例等。“显示细节”按钮将变为“隐藏细节”按钮。

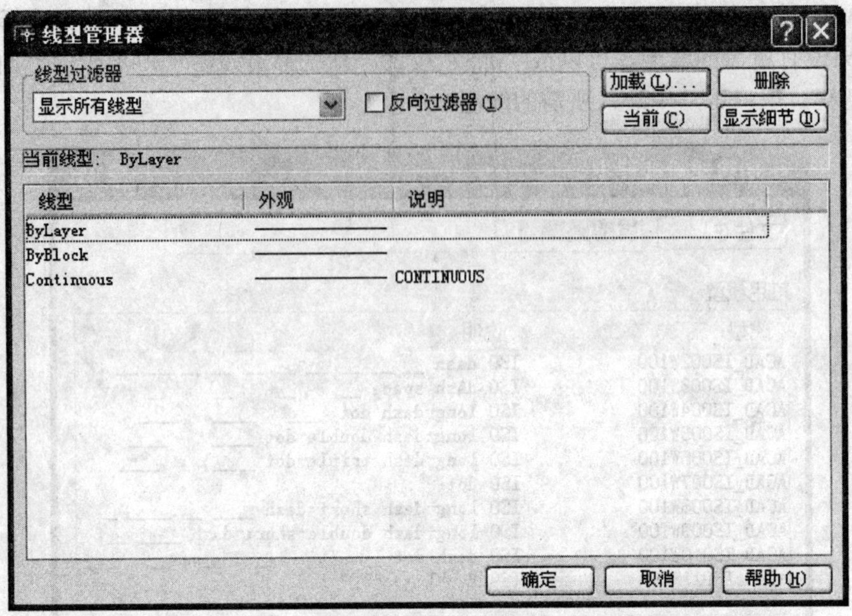

图 3.31 “线型管理器”对话框

3.15 线宽设置命令(LINEWEIGHT)

用 LINEWEIGHT 命令可设置新实体的当前线宽、线宽单位、控制线宽是否显示和显示比例、并可设置缺省线宽值。

1) 调用方式

- 菜单：格式→线宽
- 命令行：LINEWEIGHT

2) “线宽设置”对话框的操作

执行 LINEWEIGHT 命令后，将弹出如图 3.32 所示对话框，在此对话框中可进行线宽的有关设置。

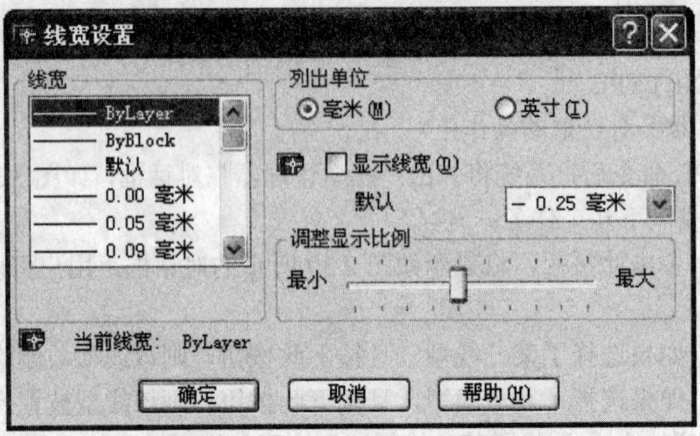

图 2.32 “线宽设置”对话框

(1) “线宽”：显示可供选择的线宽值，包括标准设置 BYLAYER(随层)、BYBLOCK(随块)和默认。缺省值为 0.25mm，可由系统变量 LWDEFAULT 设置。所有新图层均有一个缺省值。

(2) “当前线宽”：显示当前线宽。要设置当前线宽，可从线宽表中选取一个线宽并单击“确定”按钮。

(3) “列出单位”：指定线宽的单位为 mm 或英寸。可用系统变量 LWUNITS 设置线宽单位。

(4) “显示线宽”：选中此选项，则线宽就显示在当前图形中。可用系统变量 LWDISPLAY 设置显示线宽。线宽是以像素显示的，显示线宽超过一个像素宽会增加图形重生成时间。关闭此选项可以提高图形的显示速度。

(5) “默认”：此下拉列表框可以选择设置图层的缺省值。通常缺省值为 0.25mm 或 0.01 英寸。可使用系统变量 LWDEFAULT 设置缺省值。

(6) “调整显示比例”：此滑块可调节线宽的显示比例。

3.16 图幅界限设置命令(LIMITS)

用 LIMITS 命令可为当前图形设置图幅边界，并控制绘图时是否检查边界。

1) 调用方式

- 菜单：格式→图形界限
- 命令行：LIMITS

2) 命令序列

命令：LIMITS

重新设置模型空间界限:

指定左下角点或[开(ON)/关(OFF)]<0.0000，0.0000>: (左下角点)

指定右上角点<420.0000，297.0000>: (右上角点)

3) 说明

左下角点(或右上角点)是指图幅界限矩形区的顶点坐标，可用鼠标和键盘输入。边界检查为 ON(打开)时，输入坐标点不能超出边界，为 OFF(关闭)时，输入坐标点可以超出边界。系统默认状态为 OFF。

3.17 变焦放缩命令(ZOOM)

用 ZOOM 命令可控制图形的显示范围和放缩比例，以便于更准确和更详细地绘图，但并不改变图形的实际位置和尺寸。这一功能很像摄影机上的变焦距镜头，可对准图纸上的任何部分或整个图纸，使屏幕既可显示图纸的某个局部细节，又可纵观全图。

1) 调用方式

- 菜单：视图→缩放
- 命令行：ZOOM

2) 命令序列

命令：ZOOM

指定窗口角点，输入比例因子(nX 或 nXP)，或[全部(A)/中心点(C)/动态(D)/范围(E)/上一个(P)/比例(S)/窗口(W)]<实时>:

指定窗口对角点，或输入一比例因子，或选项。

3) 选项说明

(1) ZOOM 命令：其默认选项是按窗口放缩。在屏幕上指定窗口两对角点，AutoCAD 将把矩形区内的图形放大到全屏。

(2) “实时”：按下 Enter 键或空格键选中此项，屏幕光标将变为放大镜符号。此时按住鼠标左键垂直向上移动光标可放大图形，按住鼠标左键垂直向下移动光标可缩小图形，松开鼠标左键即停止放缩。当前绘图窗口的大小决定了放缩的比例因子。如果按住鼠标左键从窗口中心向上或向下移动光标，则相应的放缩比例因子为 100%。如果按住鼠标左键从窗口底部向上移动光标到顶部，则相应的放大比例因子为 200%。反之，则缩小比例因子为 200%。当放大到最大时，光标变为“+”号，缩小到最小时，光标变为“－”号，表示不能再进行放缩了。

(3) “输入一比例因子”：直接键入放缩比例。可键入绝对值(如 2，0.5 等)，系统将相对于整个图形(ZOOM 1)放大或缩小，也可键入相对值(如 2x，0.5x 等)，系统将相对于当前图形放大或缩小。

(4) “A(全部)”：可显示全部图形，包括图幅界限以外的图形，即显示图幅界限和当前图形范围二者中较大的一个。

(5) “C(中心)”：以指定点为屏幕中心放缩，同时还要求输入新的放缩倍数或新视图的高度值。

(6) “E(范围)”：将当前图中的全部实体尽可能大地显示在屏幕上。与“All”选项不同的是，“Extents” 选项用到的是图形范围而不是图幅界限。

(7) “P(前一个)”：回到前一个视图。

(8) “W(窗口)”：指定窗口两对角点，将窗口内的图形放大到全屏，窗口的中心即为新的显示中心。

(9) “D(动态)”：键入“D”可进行动态放缩。此时屏幕上显示整个图形，并出现一个中心带有“×”号的实线框称为观察框，此框的位置和大小可由鼠标来控制，有“×”号，表示观察框处于平移(PAN)状态，移动鼠标可改变观察框的位置，再单击鼠标左键，“×”号消失，在观察框的右侧出现一个箭头，表示观察框处于放缩(ZOOM)状态，向右或向左移动光标，可增大或减小观察框，当选好了观察框的位置和大小可后，单击鼠标左键又可进入平移(PAN)状态，再按 Enter 键，观察框内的图形便放大到全屏。

4) VLISP 中调用 LIMITS 和 ZOOM 命令的语句格式

(Command "limits" '(0 0) '(297 210) "zoom" "a")

；设置 4 号图幅并置全屏显示

3.18 视窗移动命令(PAN)

用 PAN 命令可移动屏幕窗口观察当前图形的其他区域。它不会改变当前图形的比例，只改变图形在屏幕上的位置。

1) 调用方式

- 菜单：视图→平移
- 命令行：-PAN

2) 命令序列

屏幕对图形的相对位移量可用两点法和相对位移法指定。如图 3.33 所示，下面两组命令均可把图形相对于屏幕向左移 130，向下移 90。

(1) 两点法。

命令：- PAN

指定基点或位移：210，160(基点)

指定第二点：80，70(第二点)

(2) 相对位移法。

命令：- PAN

指定基点或位移：-130，-90 (图形相对于屏幕的位移量)

指定第二点：(按 Enter 或空格键)

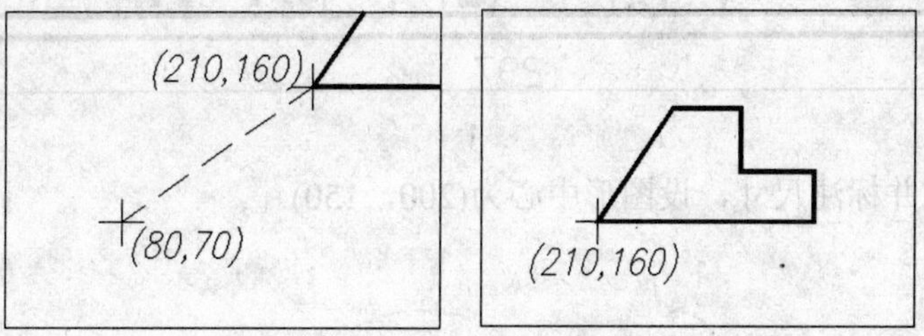

执行 PAN 命令前　　　　执行 PAN 命令后

图 3.33

3) PAN 命令的实时平移操作

如果在命令行直接键入“PAN”(“PAN”前不带“-”号)命令，或在“标准”工具栏中单击“实时平移”按钮 ，“则相当于激活了“实时”选项，即进入了实时平移状态。此时光标变成一只小手，按住鼠标左键可将窗口内的图形往任意方向移动。松开左键，可退出平移状态。

■ 练习

(1) 利用 Pline 命令、Line 命令、Text 命令及绝对坐标、相对坐标和找当前点技术画 4 号图的图框、标题栏，并书写文字。

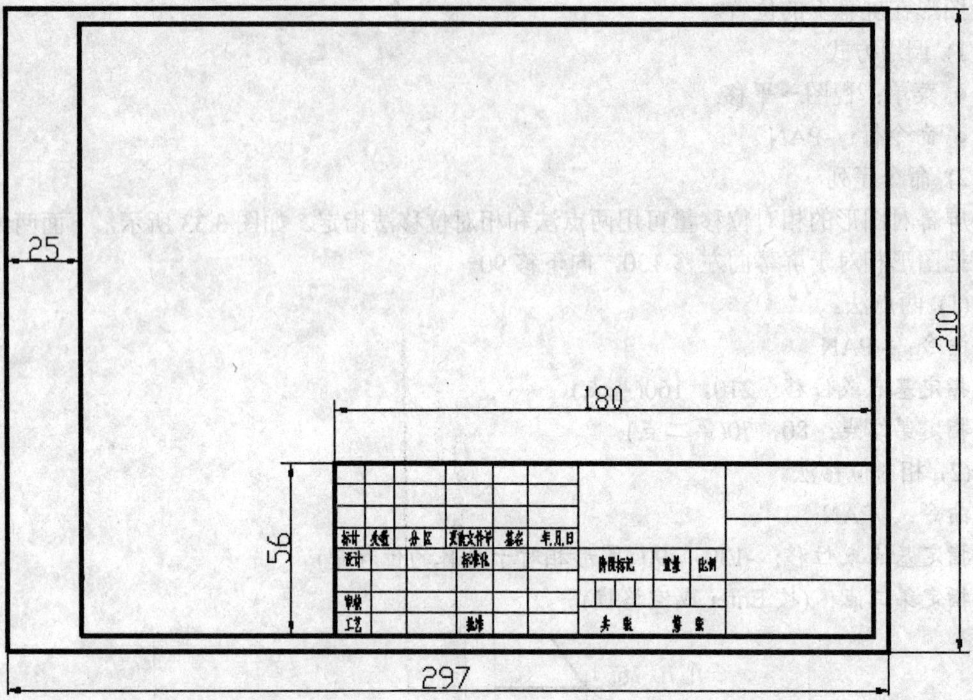

(2) 完成下图并标注尺寸，设图形中心为(200，150)。

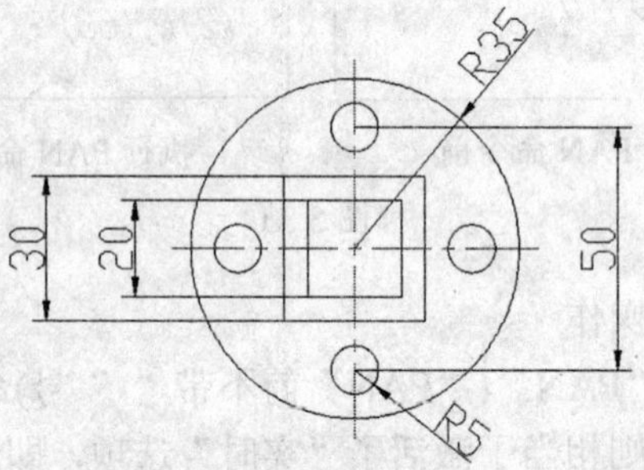

(3) 完成下图，设线条的粗度是 1mm。

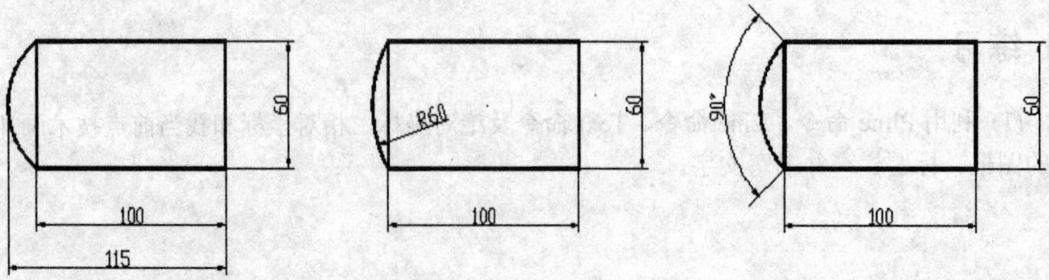

(4) 完成下面齿轮图并标注尺寸，设线条的粗度是 0.5mm。

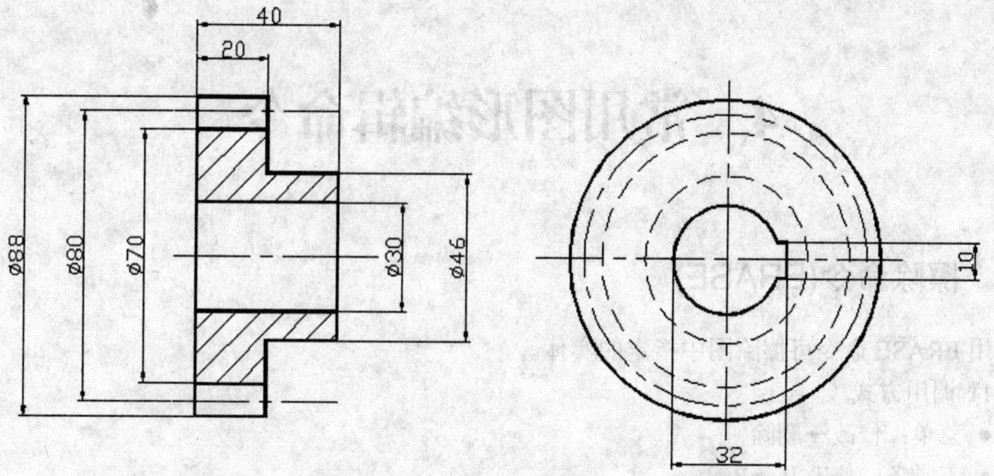

(5) 完成下图并标注尺寸，设线条的粗度是 0.5mm。

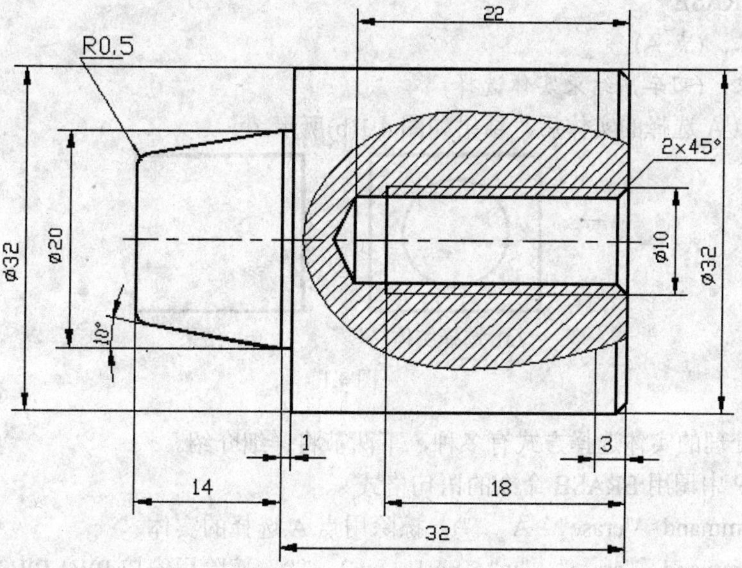

4 常用图形编辑命令

4.1 擦除命令(ERASE)

用 ERASE 命令可擦除图中指定的实体。

1) 调用方式

- 菜单：修改→删除
- 工具条：修改Ⅱ→
- 命令行：ERASE

2) 命令序列

命令：ERASE

选择对象：(点 A)

选择对象：(回车，结束实体选择)

擦除用点 A 选择的实体后，结果如图 4.1(b)所示。

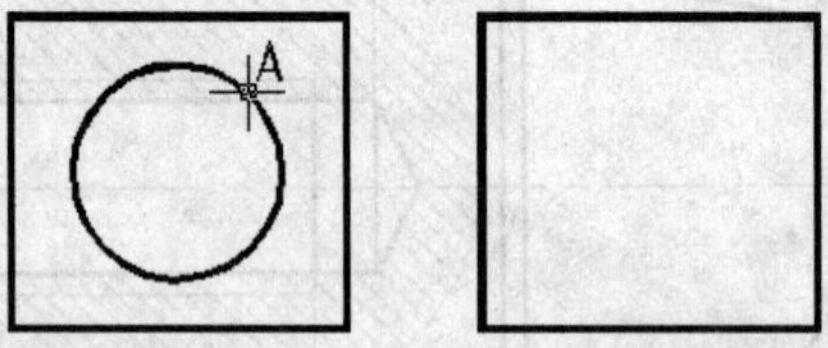

(a) 选择实体　　(b) 结果

图 4.1

供擦除处理的实体选择方式有多种，下两节将详细介绍。

3) VLISP 中调用 ERASE 命令的语句格式

(Command "erase" A ""); 擦除用点 A 选择的实体

(Command "erase" "w" pw1 pw2 ""); 擦除用窗口 PW1 PW2 选择的实体

4.2 实体选择

本书的很多命令中，均要连续出现这样的提示：“Select objects：(选择实体)”，要求选择一个或多个实体，以构造一个实体选择集，作为编辑命令的操作对象，然后执行相应的编辑操作。回答上述提示，可采用下列方式：

(1) 点选方式：用鼠标将拾取框移到要选取的实体上单击左键选取该对象。

(2) 窗口方式：在命令行键入“W(Window)”或“C(Crossing)”，系统将提示输入窗口的两个对角点，当用光标指定了第一角点后，再移光标将拉出一个窗口，随光标移动可改变窗口大小，达到另一角点按鼠标左键，被窗口选中的实体将呈虚线状，表示已被选中。

“W”窗口必须完全框住所选实体，如图 4.2(a)所示。

“C”窗口边界可与被选实体相交，如图 4.2(b)所示。

(3) 综合窗口方式：此方式综合了“W”窗口和“C”窗口的功能，在“选择实体：”提示下直接从左至右指定窗口的两对角点时，则为“W”窗口；从右至左指定窗口的两对角点时，则为“C”窗口。

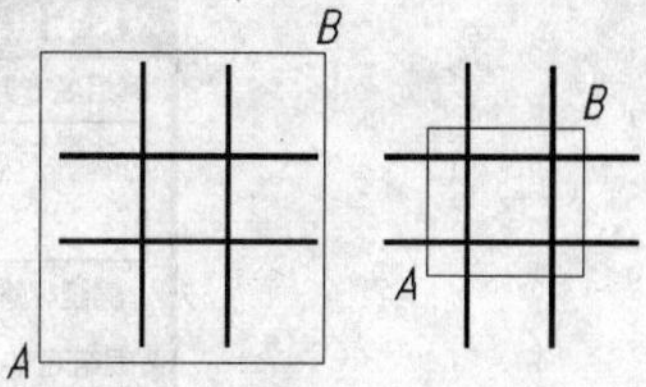

(a)“W”窗口 (b)“C”窗口

图 4.2

(4) F(Fence)栅栏选择方式：在命令行键入 F，然后指定一个折线，与折线相交的所有实体将加入选择集。

(5) 多边形窗口方式：在命令行键入 WP(Wpolygon)或 CP(Cpolygon)，然后指定一个封闭的多边形窗口，“WP”窗口必须完全框住所选实体，“CP”窗口边界可与被选实体相交。

(6) L(Last) 选择最后实体方式：在命令行键入 L，则选中当前图形中最后绘制的实体。

(7) P(Previous)选择前一个方式：在命令行键入 P，将把前一个命令构造的选择集作为当前命令的选择集。

(8) U(Undo)取消方式：在命令行键入 U，则从选择集中取消最近一次选择的实体。

(9) R (Remove)排除方式：在命令行键入 R，则将构造选择集方式转为排除方式，系统将出现提示“Remove objects：(选择排除实体)”，此时可采用上述各种方式选择实体，选中的实体将从选择集中排除，不再呈虚线，后续的操作也不再对它们起作用。

(10) A (Add)加入方式：在排除方式下键入 A，则转为加入方式。这是选择实体的默认方式。

(11) M(Multiple)多重选择方式：在命令行键入 M，然后可用拾取框连续点取所需实体，当选完按回车后，才用虚线显示构造的选择集。这种方式与前述点选方式的不同点在于减少了画面的搜索次数，节约了时间。

(12) AU (Auto)自动选择方式：在命令行键入 AU，切换到自动选择方式，此方式综合了点选方式和综合窗口方式，如果拾取框处在一实体上，则选取该实体；如果拾取框处在空白处，AutoCAD 2000 则按综合窗口方式进行实体的选取。此为系统默认方式。

4.3 实体组的建立、修改和使用

绘图过程中，把一些相关联的多个实体编组在一起，对它们进行编辑操作，如平移、旋转、比例放缩、删除等，一次处理多个实体，可提高绘图效率。

1) 实体组的建立

AutoCAD 中的组(group)是多个实体的命名集合。例如，一个圆和中心线可以是由圆和两条直线共三个实体组成的组。建立实体组的步骤如下：

(1) 打开一个图。在命令行键入 GROUP，弹出 “对象编组”对话框，如图 4.3 所示。

(2) 在该对话框中键入组名及有关组的说明，组名不能大于 32 个字符，说明不能大于 64 个字符。

(3) 单击“新建”按钮，此时对话框暂时消失，命令行提示：“选择对象：”。

(4) 选择对象，选完后按 Enter 键，将返回到图 4.3 中，此时对话框最上端列表框中将会出现刚才命名的组名。

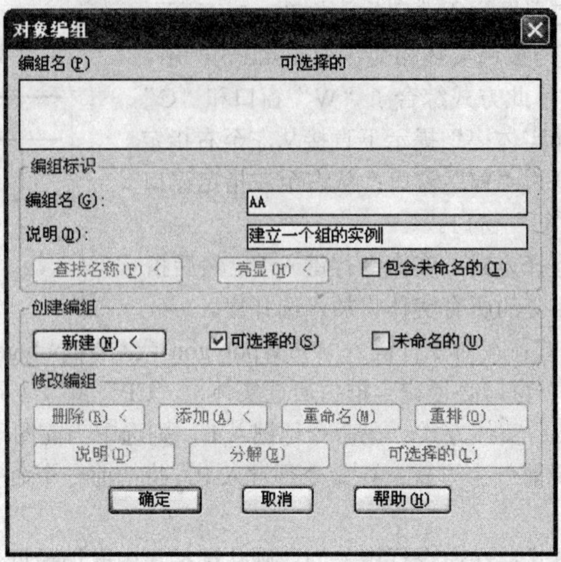

图 4.3　“实体编组”对话框

(5) 单击“确定”按钮，完成实体组的建立。

2) 实体组的修改

从图 4.3 可以看出，“对象编组”对话框分为四个区域：

(1) “编组名”列表框：列出了绘图过程中建立的所有组名以及是否可选。如果是可选的，则选中组内任一实体就相当于选中整个组。

(2) “编组标识”选项组：用于显示在“编组名”列表框中所选组的详细内容。它包括：

①“编组名”文字编辑框：用于显示所选组名或输入新的组名。

②“说明”文字编辑框：用于显示所选组的描述或输入新组的描述。

③“查找名称”按钮：单击此按钮，屏幕转为图形方式并提示选择一个组的成员(实体)，用户选择一个实体后，将在“编组成员列表”框中显示该实体所属的组名，如图 4.4 所示。

④“亮显”按钮：单击此按钮，屏幕转为图形方式并且高亮度地显示当前组所属的实体。

⑤“包含未命名的”复选框：选中此框则列出所有的组名，包括未命名的实体组。

(3) “创建编组”选项组：用于建立实体组，包括：

①“新建”按钮：用法前面已介绍。

②“可选择的”复选框：选中此框则将指定新建组为可选择的。

图 4.4　编组成员列表

③“未命名的”复选框：用户可以建立未命名的实体组。选中此框则将分配一个缺省名称给未命名的实体组，该名称为：*An 。

(4) “修改编组”选项组：用于修改指定的实体组，包括：

①“删除”按钮：删除组中用户指定的实体。

②“添加”按钮：在当前的实体组中加入用户指定的实体。

③“重命名”按钮：更改指定的实体组的组名。新组名要在“编组名”文字编辑框中输入。

④“重排”按钮：修改指定的实体组中实体的数字顺序。

⑤“分解”按钮：删除实体组定义，删除的组定义中的实体仍然存在于图中。

3) 修改实体组的步骤

(1) 在命令行输入 GROUP 命令，弹出“对象编组”对话框，如图 4.3 所示。

(2) 从“编组名”列表框中选择需要修改的组。

(3) 在“修改编组”框中选择相应的功能按钮，对所选组进行修改。

(4) 修改完后单击“确定”按钮。

4) 实体组的使用

当使用本章介绍的移动、拷贝等编辑命令时，在“选择实体：”提示下输入 G 并按 Enter 键，就会提示“输入编组名：”，此时输入已建立的组名，则该组中所有实体均呈虚线状，表示选择了该组中所有实体。

4.4 切断命令(BREAK)

用 BREAK 命令可切断直线、圆、弧及多义线。

1) 调用方式

- 菜单：修改→打断
- 工具条：修改→ 
- 命令行：BREAK

2) 命令序列(以图 4.5 为例)

命令：BREAK

选择对象：(点 P)　(选择待切断实体)

指定第二个打断点或[第一点(F)]：F　(指定第二点或 F 重给第一点)

指定第一个打断点：int　(捕捉交点)

Of　(交点 P1 作为第一切断点)

指定第二个打断点：int　(捕捉交点)

Of　(交点 P2 作为第二切断点)

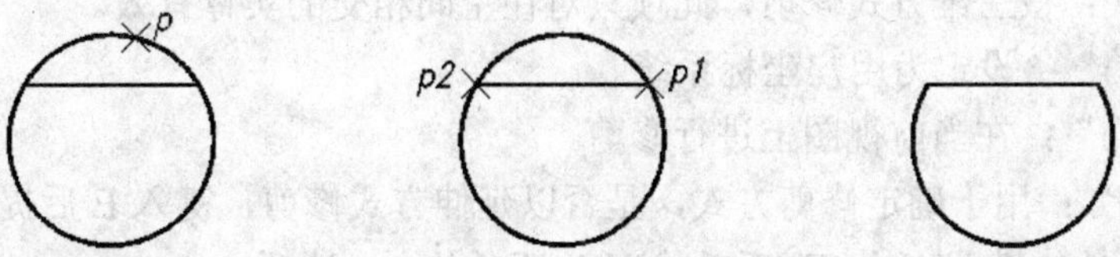

(a) 选择待切断实体　(b) 指定切断点 P1、P2　(c) 结果

图 4.5

3) 说明

(1) 若把选择待切断实体的点作为第一点，则接着可输入第二点，不必回答 F 重给第一点。

第二点无需在实体上，AutoCAD 会在实体上找到离第二点最近的点。

(2) 圆和圆弧是沿逆时针走向从第一点至第二点切去一段圆弧。

(3) 若只想将实体一分为二不作任何切除，可输入两个相同的点作为分割点，这可在要求第二点时输入“@”(上一点坐标)即可。

4) VLISP 中调用 BREAK 命令的语句格式

(Command "break" p "f" p1 p2)；在 P 点所选的线上切除 P1P2 段

4.5 修剪命令(TRIM)

用 TRIM 命令可修剪实体，使它们沿一个或多个实体所限定的切边处被剪掉。此命令首先要求指定切边，然后指定要修剪的实体，图线将沿切边修剪。

1) 调用方式

- 菜单：修改→修剪
- 工具条：修改→ 
- 命令行：TRIM

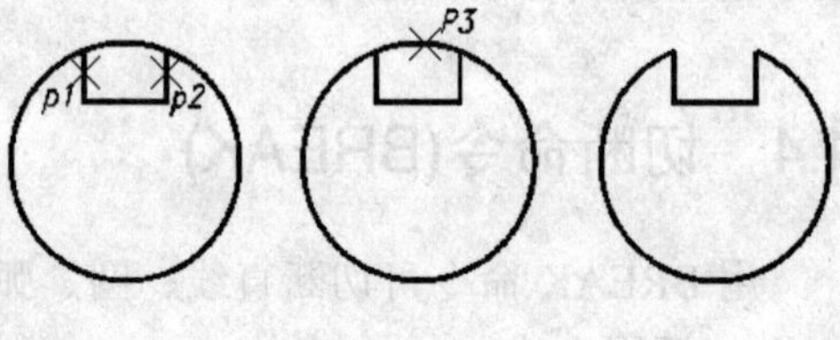

图 4.6

2) 命令序列(以图 4.6 为例)

命令：TRIM

当前设置：投影=UCS，边=无

选择剪切边...

选择对象：(选择切边 P1)

选择对象：(选择切边 P2)

选择对象：(按 Enter 键，结束切边选择)

选择要修剪的对象，或按住 Shift 键选择要延伸的对象，或[投影(P)/边(E)/放弃(U)]：(选择要修剪的实体 P3)

选择要修剪的对象，或按住 Shift 键选择要延伸的对象，或[投影(P)/边(E)/放弃(U)]：(按 Enter 键，结束命令)

3) 选项说明。

(1) “投影(P)”：用来确定修剪操作的坐标空间，键入 P 后提示如下：

输入投影选项[无(N)/UCS(U)/视图(V)]<UCS>:

①“无(N)”：按三维方式修剪，此项只对在空间相交的实体有效。

②“UCS(U)”：设定为用户坐标系统。

③“视图(V)”：在当前视图上进行修剪。

(2) “边(E)”：用于确定修剪方式，是否以延伸方式修剪，键入 E 后提示如下：

输入隐含边延伸模式[延伸(E)/不延伸(N)]<不延伸>：(选项)

①“延伸(E)”：按延伸方式修剪，如果剪切边不与需剪切的实体相交，则系统会假定将剪切边延伸，然后对实体进行修剪。

②“不延伸(N)”：按边的实际情况进行修剪，如果剪切边不与实体相交，则不对实体进行修剪。

(3) “放弃(U)”：取消上次的修剪操作。

4) VLISP 中调用 TRIM 命令的语句格式

(Command "trim" p1 p2 "" p3 "")；切边 P1、P2，要修剪的实体 P3

4.6 镜像命令(MIRROR)

MIRROR 命令用于生成现有实体的镜像(对称)图形。使用时需指定镜像线(即对称轴线)，镜像线可以是任意方向的。原实体可保留或删除。

1) 调用方式

- 菜单：修改→镜像
- 工具条：修改→ 
- 命令行：MIRROR

2) 命令序列(以图 4.7 为例)

命令：MIRROR

选择对象：(窗口右上角点)

指定对角点：窗口左下角点)

选择对象：(按 Enter 键，结束实体选择)

指定镜像线的第一点：END (指定镜像线第一点：捕捉端点)of(点 P1)

指定镜像线的第二点：END (指定镜像线第二点：捕捉端点)of(点 P2)

是否删除源对象？[是(Y)/否(N)]<N>：N (不删除原实体)

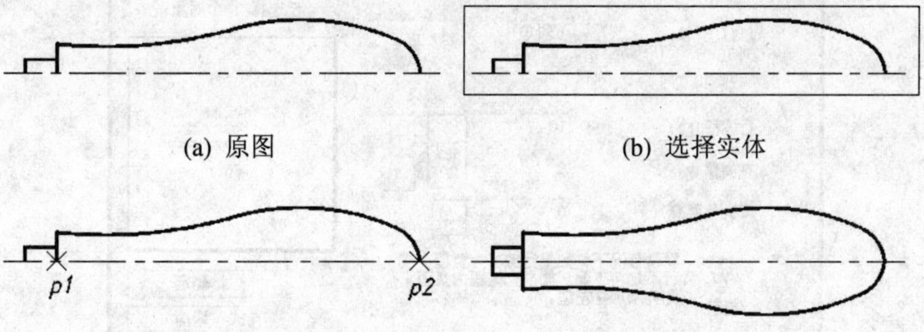

(a) 原图　(b) 选择实体

(c) 指定镜像线　(d) 结果

图 4.7

3) 文字的镜像生成

图中的文字镜像后可颠倒和反向，为保留文字的可读性，可用系统变量 MIRRTEXT 来控制，如果其值为 1，则文字要镜像；其值为 0，则文字不镜像。

设置系统变量可用 SETVAR 命令：

命令：SETVAR

输入变量名或[?]：MIRRTEXT(输入变量名)

输入 MIRRTEXT 的新值<0>：0(输入新值)

4) VLISP 中调用 MIRROR 命令的语句格式

(Command "mirror" "c" pc1 pc2 "" p1 p2 "n")

；"C"窗口 PC1 PC2，镜像线 P1 P2，不删除原实体

4.7 阵列命令(ARRAY)

用 ARRAY 命令可将选定实体复制成矩形阵列或环形阵列。

1) 调用方式

- 菜单：修改→阵列
- 工具条：修改→ 
- 命令行：ARRAY

2) 命令序列

(1) 矩形阵列。以图 4.8 为例，将圆复制成矩形阵列。

命令：ARRAY

出现图 4.9 所示对话框在对话框中按“选择对象”按钮后，关闭对话框，选中图 4.8 的圆后，回车，退回到图 4.9。然后，在对话框中选“矩形阵列”、3(行数)、4(列数)、10(行偏移)、按“确定”，阵列结果如图 4.8 所示。

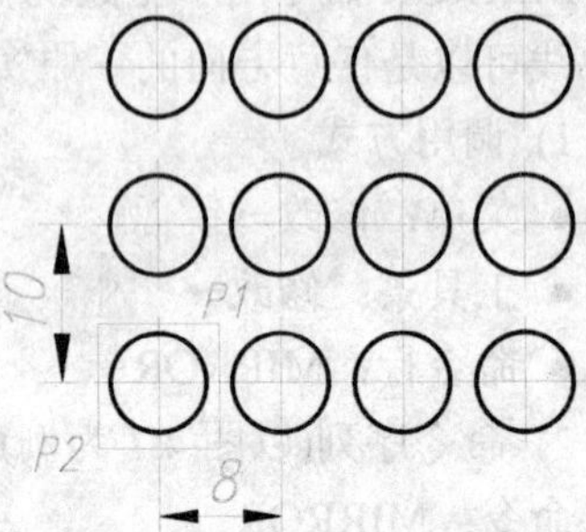

图 4.8　矩形阵列

输入的行距或列距若为负值，则向下或向左形成阵列。

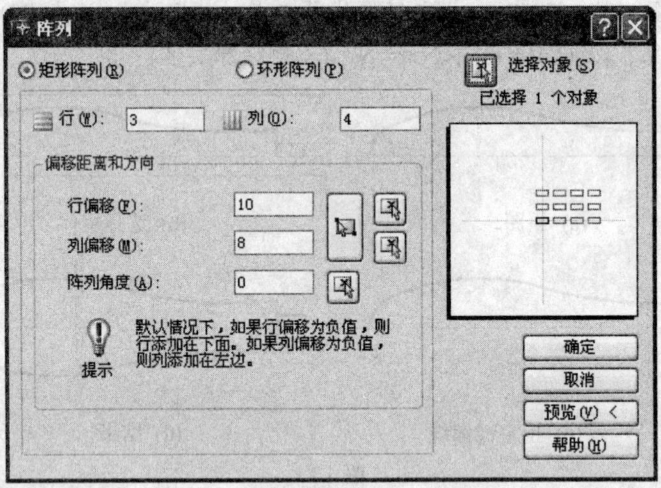

图 4.9　“阵列”对话框

(2) 环形阵列。以图 4.10 为例，将六角形复制成环形阵列。

命令：-ARRAY(在命令前加“-”号，可抑制对话框出现)

选择对象：(窗口 P1 点)

指定对角点：(窗口 P2 点)找到 1 个

选择对象：(Enter，结束实体选择)

输入阵列类型[矩形(R)/环形(P)]<R>：P　(环形阵列)

指定阵列的中心点或[基点(B)]：B　(基点)

指定对象基点：int

于 (用交点捕捉方式，捕捉六边形中心)

指定阵列中心点：cen

于 (交点 O)

输入阵列中项目的数目：6

指定填充角度 (+=逆时针，-=顺时针)<360>：360 (填充角度，+=逆时针 -=顺时针)

是否旋转阵列中的对象？[是(Y)/否(N)]<Y>：N (拷贝时，实体是否绕参考点旋转)

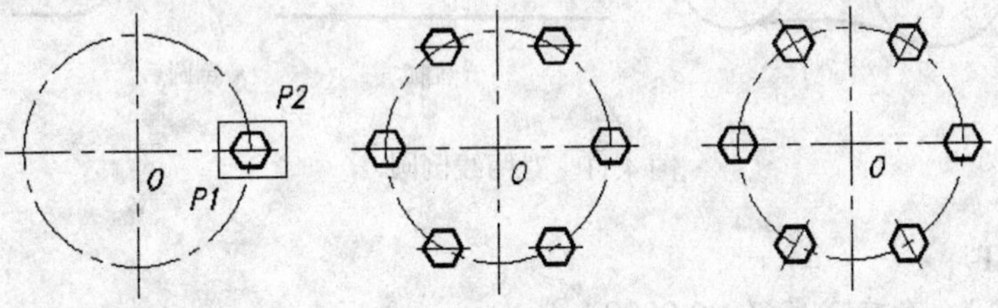

(a) 选择实体　　(b) 实体不绕参考点旋转　　(c) 实体要绕参考点旋转

图 4.10　环形阵列

3) 说明

环形阵列是以选择集中最后一个实体的参考点绕阵列中心旋转指定角度而成，AutoCAD为每一个实体都规定了一个参考点，对直线以起点作为参考点，对圆、圆弧以圆心作为参考点，对块以插入点作为参考点，多边形以中心作为参考点，文本是以定位基点作为参考点。

在环形阵列最后一个提示下，若回答“N”，则选择集不绕参考点旋转，如图 4.10(b)所示，但在指定阵列的中心点之前要先指定基点：

指定阵列的中心点或[基点(B)]：B(基点)

在环形阵列最后一个提示下，若回答“Y”，则选择集要绕参考点旋转，如图 4.10(c)所示，此时可直接指定阵列的中心点而不必指定基点。

4) VLISP 中调用 ARRAY 命令的语句格式

(Command "array" "c" p1 p2 "" "r" 3 4 10 8)

；将“C”窗口 P1 P2 中实体作矩形阵列：行数 3，列数 4，行距 10，列距 8

(Command "array" "w" p1 p2 "" "p" “b” p3 p0 6 360 "n")

；将“W”窗口中实体作环形阵列：阵列中心点 P0，项目数 6，填充角度 360 度，实体不绕参考点旋转

4.8 倒圆命令(FILLET)

用 FILLET 命令可将两直线、圆弧或圆以指定半径进行倒圆。还可对多义线一次性倒圆。

1) 调用方式

- 菜单：修改→倒圆
- 工具条：Modify→
- 命令行：FILLET

2) 命令序列

(1) 以指定半径将两线倒圆。如图 4.11 所示。

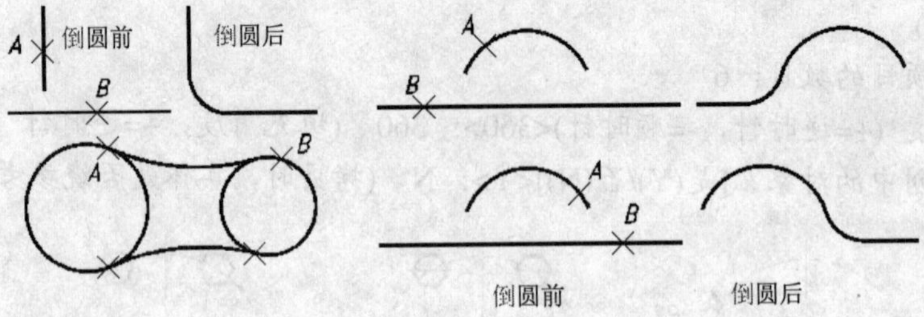

图 4.11　对两线倒圆

命令：FILLET

当前设置：模式=修剪，半径= 0.0000

选择第一个对象或[多段线(P)/半径(R)/修剪(T)/多个(U)]：R

指定圆角半径<0.0000>：5　(指定倒圆半径)

选择第一个对象或[多段线(P)/半径(R)/修剪(T)/多个(U)]：(点 A)　(选择第一条线)

选择第二个对象：(点 B)　(选择第二条线)

(2) 以指定半径对一条多义线倒圆。如图 4.12 所示。

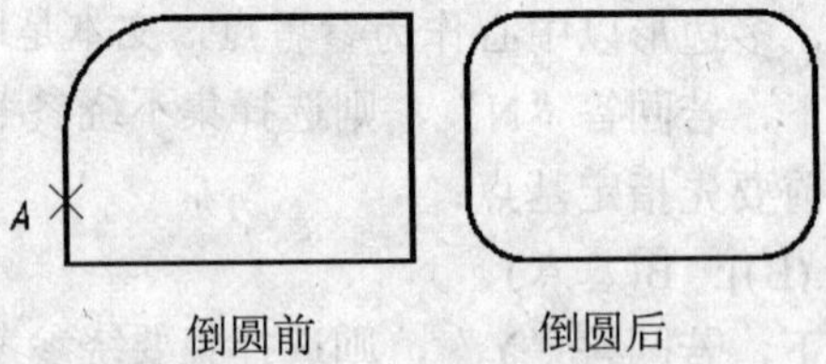

图 4.12　对多义线倒圆

命令：FILLET

当前设置：模式=修剪，半径= 5.0000

选择第一个对象或[多段线(P)/半径(R)/修剪(T)/多个(U)]：R

指定圆角半径<5.0000>：5　(指定倒圆半径)

选择第一个对象或[多段线(P)/半径(R)/修剪(T)/多个(U)]：P

选择二维多段线：(点 A)　(选择多义线)

4 条直线已被圆角。

3) 说明

(1) 若两条直线间有一段圆弧，倒圆时这段圆弧被去掉，以指定的圆弧代替，如图 4.12 所示。

(2) 用 R=0 倒圆，可废除多义线的圆角，还可使不相交的两条线相交。

(3) 下述情况不能倒圆：平行线；两条不同的多义线；太短的不能形成圆角的线；在图形界限外才相交的线(边界检查为“ON”状态)。

(4) “Trim”选项用来控制是否对倒圆后的边进行修剪。键入“T”后，提示中有两选项：Trim(修剪)和 No Trim(不修剪)，默认为要修剪。

4) VLISP 中调用 FILLET 命令的语句格式

(Command "fillet" "r" 5 "fillet" a b)

；倒圆半径为 5，a 和 b 分别为两线上之点

(Command "fillet" "r" 5 "fillet" "p" a)

；倒圆半径为 5，a 为多义线上之点

4.9 倒角命令(CHAMFER)

用 CHAMFER 命令可对两条直线或多义线倒角。使用时先设置倒角距离，再指定倒角线，第一倒角距离倒第一条线。多义线可一次性倒角。

1) 调用方式

- 菜单：修改→倒角
- 工具条：修改→ 
- 命令行：CHAMFER

2) 命令序列

(1) 对两条直线倒角，如图 4.13(a)所示。

命令：CHAMFER

(“修剪”模式)当前倒角距离 1=0.0000，距离 2=0.0000。

选择第一条直线或[多段线(P)/距离(D)/角度(A)/修剪(T)/方式(M)/多个(U)]: D

指定第一个倒角距离<0.0000>: 10

指定第二个倒角距离<10.0000>: 15

选择第一条直线或[多段线(P)/距离(D)/角度(A)/修剪(T)/方式(M)/多个(U)]: (点 A) (选择第一条线)

选择第二条直线: (点 B) (选择第二条线)

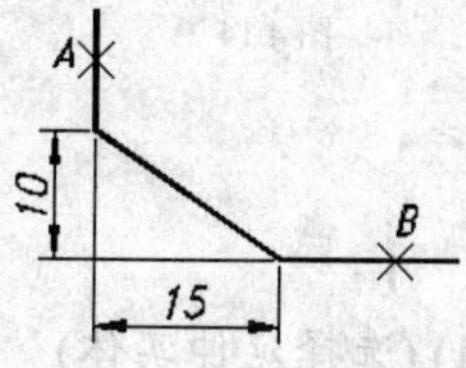

(a) 两线倒角

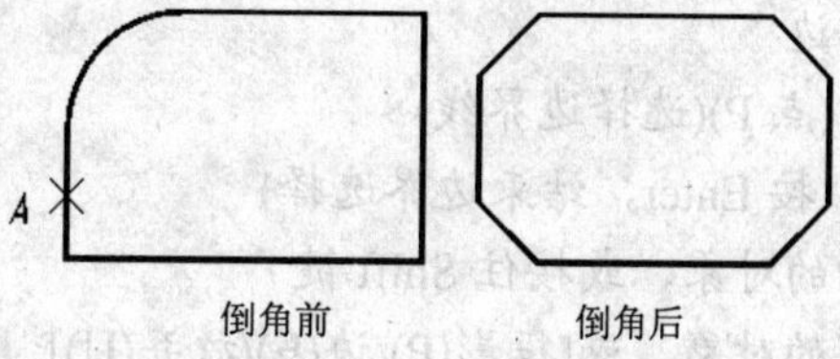

(b) 多义线倒角

图 4.13

(2) 对多义线倒角，如图 4.13(b)所示。

命令：CHAMFER

(“修剪”模式)当前倒角距离 1=10.0000，距离 2=15.0000

选择第一条直线或[多段线(P)/距离(D)/角度(A)/修剪(T)/方式(M)/多个(U)]: p

选择二维多段线: (点 A)

条直线已被倒角。

3) 选项说明

(1) “角度(A)”：指定一倒角距离和倒角角度进行倒角。键入“A”，系统提示：

指定第一条直线的倒角长度<0.0000>: 20(指定第一线的倒角距离)

指定第一条直线的倒角角度<0>: (指定第一线的倒角角度)

(2) “修剪(T)”：控制是否对倒角后的边进行修剪。键入“T”后，提示中有两选项：Trim(修剪)和 No Trim(不修剪)，默认为要修剪。

(3) “方式(M)”：控制使用“Distance”方式或“Angle”方式进行倒角。键入“M”后，提示中出现两选项：输入修剪方法[距离(D)/角度(A)]<距离>: “距离(D)”(设置倒角距离)；“角度(A)”(指定一倒角距离和倒角角度)。

4) VLISP 中调用 CHAMFER 命令的语句格式

```
(Command "chamfer" "d" 10 15 "chamfer" a b)
  ；对 a b 两线倒角，倒角距离分别为 10，15
(Command "chamfer" "d" 5 5 "chamfer" "p" a)
  ；对点 a 选中的多义线倒角
```

4.10 延伸命令(EXTEND)

用 EXTEND 命令可延伸实体与指定边界相交。

1) 调用方式

- 菜单：修改→延伸
- 工具条：Modify
- 命令行：EXTEND

2) 命令序列(以图 4.14 为例)

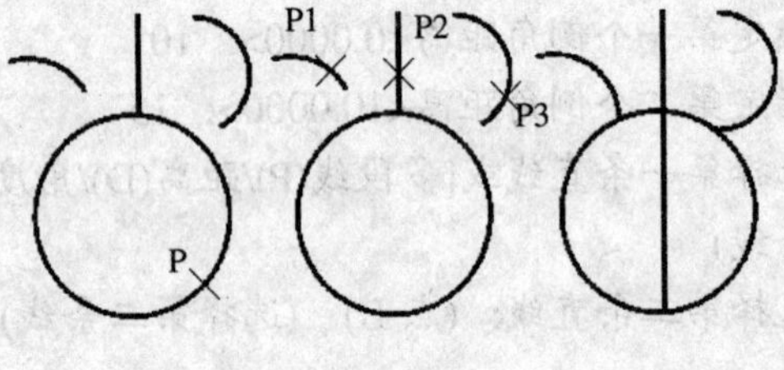

图 4.14

命令：EXTEND

当前设置：投影=UCS，边=无

选择边界的边

选择对象：(点 P)(选择边界线)

选择对象：(按 Enter，结束边界选择)

选择要延伸的对象，或按住 Shift 键

选择要修剪的对象，或[投影(P)/边(E)/放弃(U)]: (点 P1) (选择延伸实体)

选择要延伸的对象，或按住 Shift 键选择要修剪的对象，或[投影(P)/边(E)/放弃(U)]: 按 Enter，结束命令。

3) 选项说明

(1)“投影(P)”：用于确定延伸操作的空间坐标。键入“P”后，出现提示：

输入投影选项[无(N)/UCS(U)/视图(V)]<UCS>:

①“无(N)”：按三维方式延伸。

②“UCS(U)”：在用户坐标系统下延伸。

③“视图(V)”：在当前视图上进行延伸。

(2)“边(E)”：用于确定延伸方式。键入“E”后，提示：

输入隐含边延伸模式[延伸(E)/不延伸(N)]<不延伸>:

①“延伸(E”：为按边界延长方式延伸，如果实体延伸后不与边界相交，则系统会假定将边界延长，而后对实体进行延伸。

②“不延伸(N)”：为按边的实际情况进行延伸，如果实体延伸后不与边界相交，则不对实体进行延伸。

4) VLISP 中调用 EXTEND 命令的语句格式

(Command "extend" p "" p1 p2 "") ；边界上点 P，延伸实体上点 P1、P2

4.11 平行偏移命令(OFFSET)

用 OFFSET 命令可按指定距离或通过一指定点生成一实体平行于已有实体。

1) 调用方式

- 菜单：修改→偏移
- 工具条：Modify→
- 命令行：OFFSET

2) 命令序列(以图 4.14 为例)

(1) 按指定距离偏移，如图 4.15(a)所示。

命令：OFFSET

指定偏移距离或[通过(T)]<通过>: 4

选择要偏移的对象或<退出>: (点 A) (选择偏移实体)

指定点以确定偏移所在一侧: (点 B) (指定偏移侧面)

选择要偏移的对象或<退出>: (Enter，结束)

选择偏移实体只能用点，不可用 Window，Crossing 或 Last。

指定偏移侧面的点 B 只说明在实体的哪侧生成偏移图形，其偏移距离则由输入值决定。

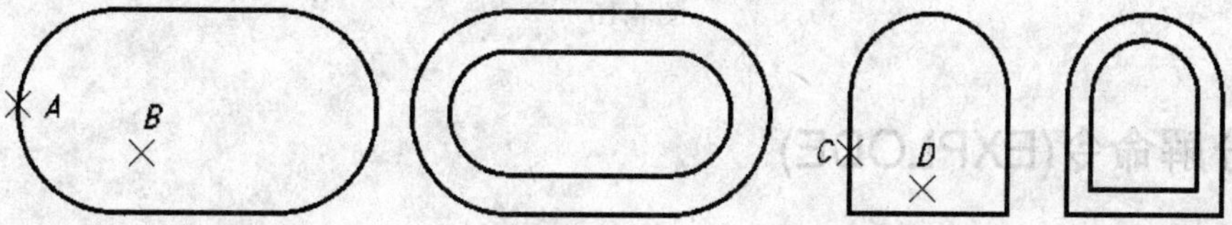

用点 A 选择偏移实体　结果　用点 C 选择偏移实体　结果

用点 B 指定偏移侧面　指定通过点 D

(a)　(b)

图 4.15

(2) “通过”指定点生成偏移图形，如图 4.15(b)所示。

命令：OFFSET

指定偏移距离或[通过(T)]<4.0000>: T

选择要偏移的对象或<退出>: (点 C)(选择偏移实体)

指定通过点: (点 D)(指定通过点)

选择要偏移的对象或<退出>: (Enter，结束)

3) VLISP 中调用 OFFSET 命令的语句格式

(Command "offset" 4 a b "")；偏移距离 4，偏移实体上点 A，偏移方向点 B

4.12 拉伸命令(STRETCH)

用 STRETCH 命令可移动图形的某一局部，并保持与图形的连接关系，如拉伸直线、弧线、多义线等。

1) 调用方式

- 菜单：修改→拉伸
- 工具条：修改→ 
- 命令行：STRETCH

2) 命令序列(以图 4.16 为例)

命令：STRETCH

以交叉窗口或交叉多边形选择要拉伸的对象……

选择对象：(窗口右上角点)

指定对角点：(窗口左下角点)

选择对象：(Enter，结束实体选择)

指定基点或位移：(指定基点 P1)

指定位移的第二个点或<用第一个点作位移>：(位移的第二点 P2)

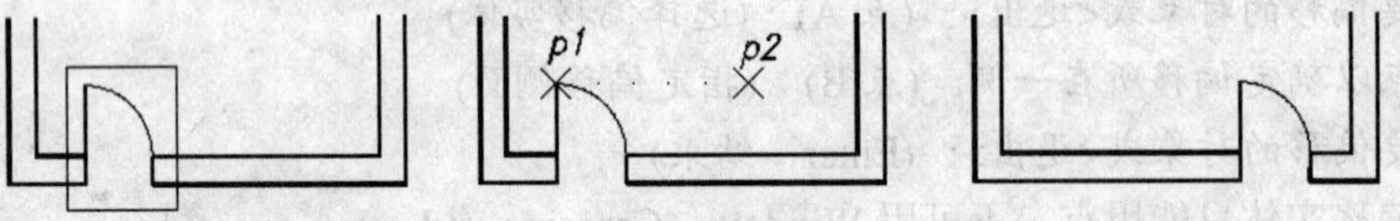

用“C”窗口选择实体　　基点 P1，位移的第二点 P2　　结果

图 4.16

4.13 分解命令(EXPLODE)

用 EXPLODE 命令可将图块或多义线炸开分解成单个的实体。图块或多义线炸开后，形状不会发生变化，但各部分可独立进行编辑和修改(如单独改变颜色和线型、擦去线条等)。对于有宽度的多义线，炸开后宽度、颜色等信息将丢失，其结果沿多义线的中心线变成单独的直线段和弧线段。

相关尺寸标注实体具有块的特性，EXPLODE 可把尺寸标注实体炸开分解成单个的实体(直线、弧线、箭头和文字)。

1) 调用方式

- 菜单：修改→分解
- 工具条：Modify → 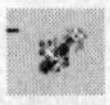
- 命令行：EXPLODE

2) 命令序列(以图 4.17 为例)

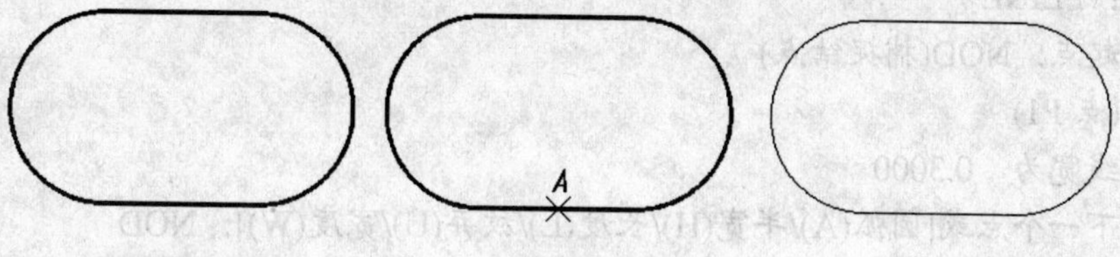

图 4.17

命令：EXPLODE

选择对象：(点 A)　(选择实体)

选择对象：(Enter，结束实体选择)

3) 说明

(1) EXPLODE 一次只分离一级，即如果块包含一条多义线，则块分解后将得到多义线，若需要单独的直线段和弧线段，那么可以再炸开多义线。

(2) 用 MINSERT 命令插入的块和具有不相等的 X、Y 和 Z 比例因子的块不能炸开。

4) VLISP 中调用 EXPLODE 命令的语句格式。

(Command　"explode"　a)；炸开点 a 选中的块、多义线和尺寸标注实体

4.14　定数等分命令(DIVIDE)

用 DIVIDE 命令可将选择的实体定数等分，并在等分点处放置点标记或所需的块。

1) 调用方式

- 菜单：绘图→点→定数等分
- 命令行：DIVIDE

2) 命令序列(以图 4.18 为例)

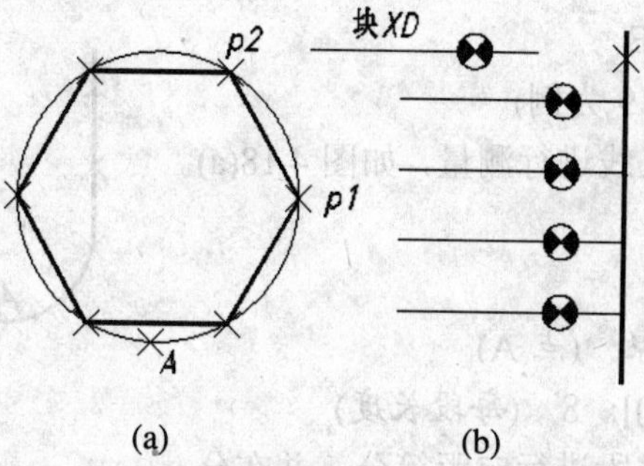

图 4.18

(1) 将圆六等分，并用实体捕捉方式 NOD(结点)依次连接各等分点成正六边形，如图 4.18(a)所示。

命令：DIVIDE

选择要定数等分的对象：(点 A)　(选择要等分的实体)

输入线段数目或[块(B)]：6　(等分段数)

命令：PLINE
指定起点：NOD(捕捉结点)
于 (点 P1)
当前线宽为 0.3000
指定下一个点或[圆弧(A)/半宽(H)/长度(L)/放弃(U)/宽度(W)]：NOD
于 (点 P2)

(2) 将直线段五等分，并在等分点处放置块 XD，块 XD 应先用 BLOCK 命令定义，如图 4.18(b)所示。

命令：DIVIDE
选择要定数等分的对象：(点 P) (选择要等分的实体)
输入线段数目或[块(B)]：B
输入要插入的块名：XD (要插入的块名)
是否对齐块和对象？[是(Y)/否(N)]<Y>：N(块的方位随实体对准吗？
输入线段数目：5(等分段数)

3) 说明

(1) 被等分的实体只能是直线、圆、圆弧和多义线，并且只能用点选方式选取。

(2) 等分点处的点标记形状和大小可用菜单“格式 → 点样式”事先设置或用系统变量 PDMODE 和 PDSIZE 设置。

(3) 利用等分点作图后，可立即用“ERASE P”命令将所有点标记一次擦除。

4.15 定距等分命令(MEASURE)

用 MEASURE 命令可在实体上按指定长度定距等分，并在分点处放置点标记或块。

1) 调用方式

- 菜单：绘图→点→定距等分
- 命令行：MEASURE

2) 命令序列(以图 4.19 为例)

(1) 用给指长度对多义线进行测量，如图 4.18(a)所示。

命令：MEASURE
选择要定距等分的对象：(点 A)
指定线段长度或[块(B)]：8 (每段长度)

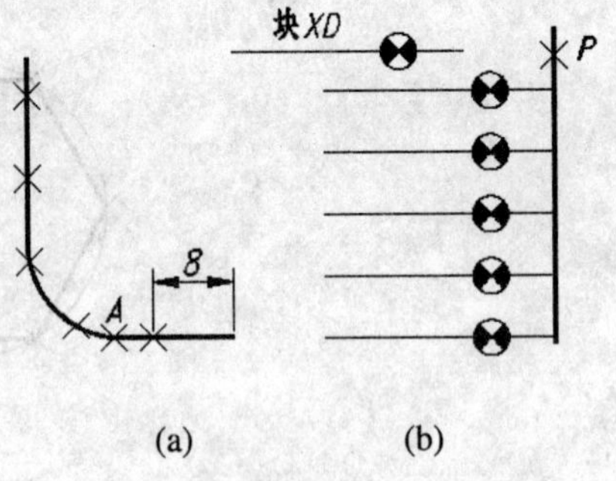

图 4.19

(2) 用指定长度对直线段进行定距等分，并在分点处放置块 XD，如图 4.18(b)所示。

命令：MEASURE
选择要定距等分的对象：(点 P)
指定线段长度或[块(B)]：B
输入要插入的块名：XD (要插入的块名)
是否对齐块和对象？[是(Y)/否(N)]<Y>：N (块的方位随实体对准吗？)

指定线段长度：6　(指定测量长度)

4.16　比例放缩命令(SCALE)

用 SCALE 命令可对当前图形进行比例放缩，由于 X 和 Y 方向使用相同的比例因子，因此 SCALE 不能将圆变成椭圆。与 ZOOM 的区别是 ZOOM 不能改变图形的实际大小。

1) 调用方式

● 菜单：修改→缩放

● 工具条：修改→

● 命令行：SCALE

2) 命令序列

(1) 按指定比例因子进行放缩，如图 4.20 所示。

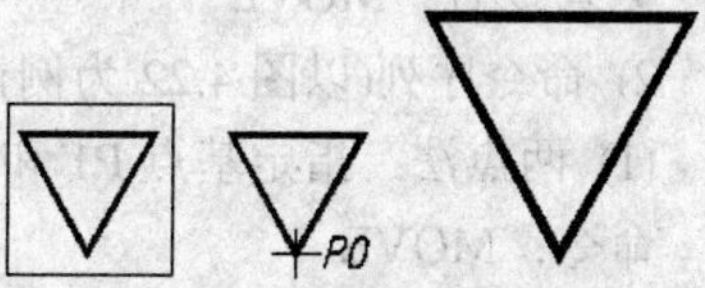

图 4.20

命令：SCALE

选择对象：(选择实体)

选择对象：(Enter，结束实体选择)

指定基点：int　(捕捉交点 P0)

于　(点 P0 为基点)

指定比例因子或[参照(R)]：2

指定的比例因子对所选实体的全部尺寸进行放缩。比例因子大于 1，放大实体；比例因子在 0 与 1 之间，则缩小实体。

(2) 指定参考长度和新长度进行放缩，如图 4.21 所示。

命令：SCALE

选择对象：(点 A)

选择对象：(Enter，结束实体选择)

指定基点：int　(指定基点--捕捉交点)

于　(点 P0)

指定比例因子或[参照(R)]：R

指定参照长度<1>：15

指定新长度：26

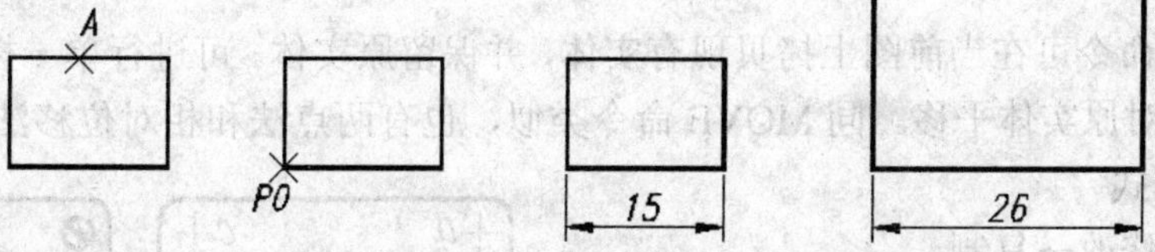

图 4.21

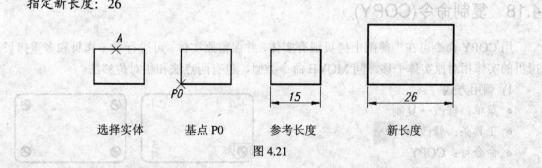

3) VLISP 中调用 SCALE 命令的语句格式

```
(Command "scale" "c" pc1 pc2 "" p0 2)
```

；对“C”窗口中的实体以基点 P0 放大 2 倍

4.17 平移命令(MOVE)

用 MOVE 命令可把指定实体平移到指定位置。

1) 调用方式

- 菜单：修改→移动
- 工具条：修改→ 
- 命令行：MOVE

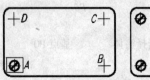

2) 命令序列(以图 4.22 为例)

(1) 两点法：指定基点 P1 和位移的第二点 P2。

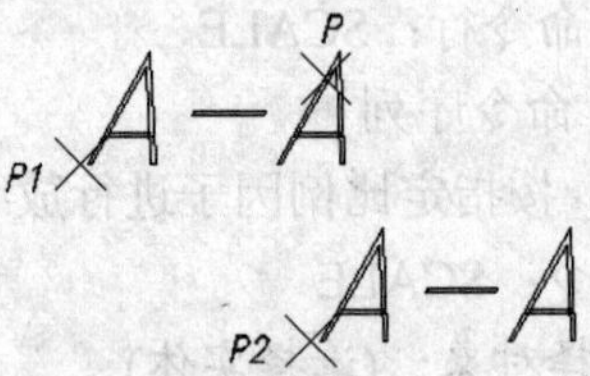

图 4.22

命令：MOVE
选择对象：(点 P)
选择对象：(Enter，结束实体选择)
指定基点或位移：INS (指定基点)
于 (点 P1)
指定位移的第二点或<用第一点作位移>：(点 P2)

(2) 相对位移法：第一点输入相对位移量，第二点时按回车。

命令：MOVE
选择对象：(点 P) (选择实体)
选择对象：(Enter，结束实体选择)
指定基点或位移：20，-15 (输入相对位移量，X 坐标增加 20，Y 坐标减少 15)
指定位移的第二点或<用第一点作位移>：(Enter)

结果被平移图形的每个点的坐标 X 坐标增加 20，Y 坐标减少 15。

3) VLISP 中调用 MOVE 命令的语句格式

(Command "move" "c" pc1 pc2 "" p1 p2)
；对“C”窗口中的实体从基点 P1 移到点 P2

4.18 复制命令(COPY)

用 COPY 命令可在当前图上拷贝现有实体，并保留原实体。可进行单一拷贝和多重拷贝。拷贝的实体相对原实体平移。同 MOVE 命令类似，也有两点法和相对位移法。

1) 调用方式

- 菜单：修改→复制
- 工具条：修改→ 
- 命令行：COPY

2) 命令序列(以图 4.23 为例)

(1) 单一拷贝：将矩形板上螺钉头视图从点 A 复制到点 B。

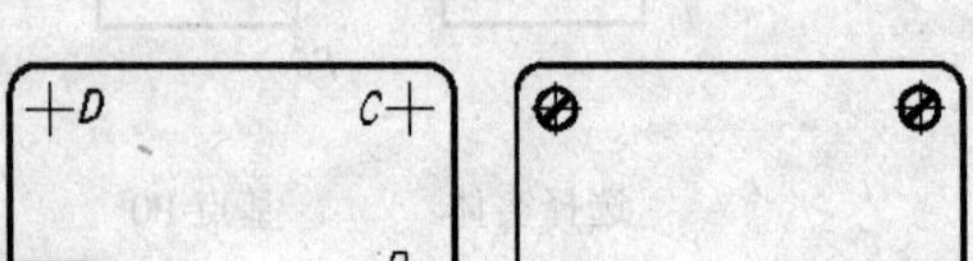

选择实体指定拷贝位置　　结果

图 4.23

命令：COPY
选择对象：(窗口右上角点)
指定对角点：(窗口左下角点)
选择对象：(Enter)
指定基点或位移，或者[重复(M)]：INT　(指定基点)
于　(点 A)
指定位移的第二点或<用第一点作位移>：(点 B)

(2) 多重拷贝：将矩形板上螺钉头视图从点 A 复制到点 B、点 C、点 D。

命令：COPY
选择对象：窗口右上角点)
指定对角点：(窗口左下角点)
选择对象：(Enter)
指定基点或位移，或者[重复(M)]：M
指定基点：INT　(基点)
于　(点 A)
指定位移的第二点或<用第一点作位移>：(点 B)
指定位移的第二点或<用第一点作位移>：(点 C)
指定位移的第二点或<用第一点作位移>：(点 D)
<正交关> 指定位移的第二点或<用第一点作位移>：(Enter)

3) VLISP 中调用 COPY 命令的语句格式

```
(Command "copy" "c" pc1 pc2 "" p1 p2)
  ；将"C"窗口中的实体从基点 P1 复制到点 P2
(command "copy" "c" pc1 pc2 "" "m" a b c d "")
  ；将"C"窗口中的实体从基点 A 复制到点 B、C、D
```

4.19　旋转命令(ROTATE)

用 ROTATE 命令可将已有图形绕指定基点旋转，以改变其方位。

1) 调用方式

- 菜单：修改→旋转
- 工具条：修改→ 
- 命令行：ROTATE

2) 命令序列

(1) 按指定角度旋转，如图 4.24 所示。

命令：ROTATE
UCS 当前的正角方向：ANGDIR=逆时针　ANGBASE=0
选择对象：(窗口右上角点)
指定对角点：(窗口左下角点)
选择对象：(Enter)

指定基点：INT （指定基点）
于 （点 P0）
指定旋转角度或[参照(R)]：90 （旋转角度）
(2) 按指定的参考角度和新角度旋转，如图 4.25 所示。

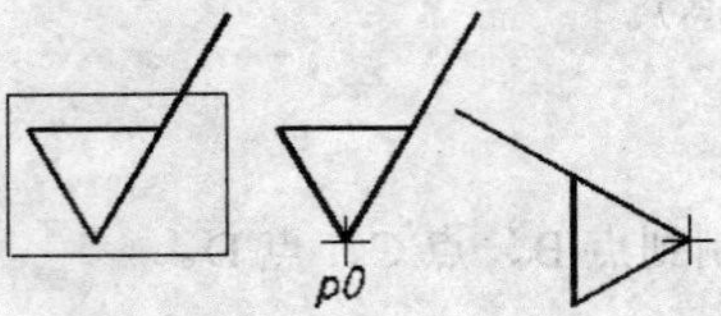

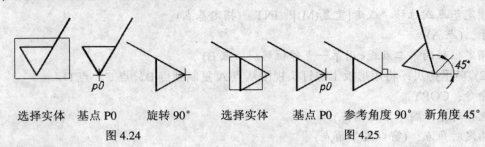

选择实体　基点 P0　旋转 90°

图 4.24

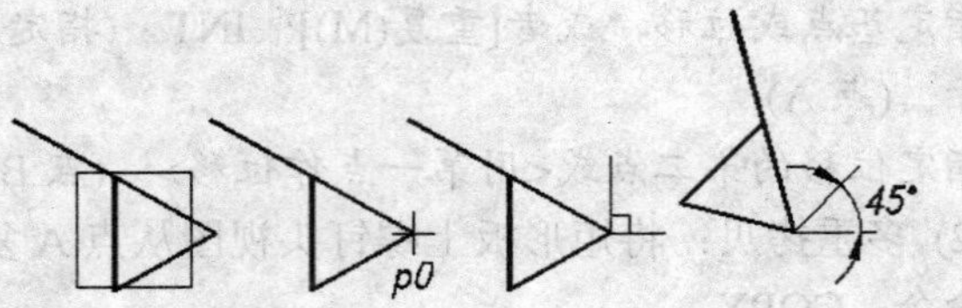

选择实体　基点 P0　参考角度 90°　新角度 45°

图 4.25

命令：ROTATE
UCS 当前的正角方向：ANGDIR=逆时针 ANGBASE=0
选择对象：(窗口右上角点)
指定对角点：(窗口左下角点)
选择对象：(Enter)
指定基点：INT （指定基点）
于(点 P0)
指定旋转角度或[参照(R)]：R
指定参照角<0>：90
指定新角度：45
3) VLISP 中调用 ROTATE 命令的语句格式

```
(Command "rotate" "c" pc1 pc2 "" p0 90)
```

；将“C”窗口中的实体绕基点 P0 旋转 90 度

4.20 取消和重做命令(U，REDO，UNDO)

在编辑对话期间，使用 U、REDO 和 UNDO 命令可逐步返回到早先的任一点，即取消已经作过的工作。

4.20.1 U 命令

U 命令用于取消上一条命令的作用，并显示取消的命令名。可多次输入 U 命令，每次返回一步，直到返回到当前编辑对话的开始点。例如，执行 MOVE 命令将图形平移后再执行 U 命令，图形又回到原位，且显示取消的命令名 MOVE。

4.20.2 重做命令(REDO)

用 U、“UNDO Back”或“UNDO nnn”命令之后，若立即键入 REDO 命令，则取消刚才执行的 U、UNDO 等命令。例如：

命令：CIRCLE

……

命令：LINE

……

命令：LINE

……

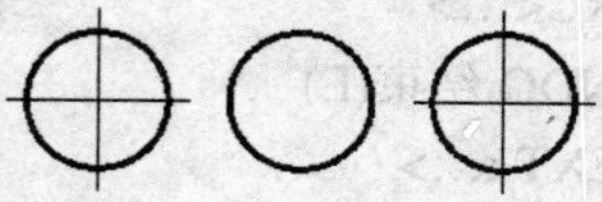

(a)　(b)　(c)

图 4.26

画出如图 4.26(a)所示图形。

命令：UNDO 3　　(取消上 3 次命令，消去图 4.26(a))

LINE LINE CIRCLE　　(显示取消的命令)

命令：REDO　　(废除刚才执行的 UNDO 命令，恢复图 4.26(a))

命令：UNDO 2　　(取消上两次命令，变为图 4.26 (b))

LINE LINE　　(显示取消的命令)

命令：REDO　　(废除刚才执行的 UNDO 命令，恢复图 4.26(c))

命令：UNDO 5　　(取消上 5 次命令)

(显示：全部命令已取消完)

命令：REDO　　(废除刚才执行的“UNDO 5”命令，恢复图 4.26(a))

4.20.3　取消命令(UNDO)

用 UNDO 命令可取消刚才执行的几个命令，还可执行几个专门操作，比如在某处给出标记点(Mark)，当图画错了可以返回到该点。

1) 命令序列

命令：UNDO

输入要放弃的操作数目或[自动(A)/控制(C)/开始(BE)/结束(E)/标记(M)/后退(B)]<1>：(输入 UNDO 操作次数或选项)

2) 选项说明

(1) 数字：用数字回答，例如 3，表示要取消前 3 次命令，相当于执行 3 个 U 命令。

(2) 自动(A)：该选项可取 ON 或 OFF。为 ON 时，从菜单上选择的任意多项命令都当作一条命令看待，用一个 U 命令可将其取消。

(3) 控制(C)：此选项用于限制或废除 UNDO 功能。它的下一步提示为：

输入 UNDO 控制选项[全部(A)/无(N)/一个(O)]<全部>:

(4) 全部(A)：保留全部 UNDO 功能。

(5) 无(N)：完全废除 U 和 UNDO 功能。在编辑对话期间保存的 UNDO 信息均被废除，因而恢复了磁盘空间。

(6) 一个(O)：限制 U 和 UNDO 只作一次操作。

(7) 开始(BE)和结束(E)：该两选项是配合使用，使用该两选项后将把 UNDO 开始(BE)和 UNDO 结束(E)之间的命令组当作一条命令处理。例如

LINE<…>

UNDO 开始(BE)

CIRCLE<…>

ARC<…>

UNDO 结束(E)

TEXT<…>

U　(取消 TEXT 命令)

U　(取消 NUDO 开始(BE)和 UNDO 结束(E)之间的命令组，即取消 ARC，CIRCLE)

U　(取消 LINE 命令)

输入了“UNDO 开始(BE)”而没有用“UNDO 结束(E)”相匹配时，U 命令仍然是一次取消一个命令，而不返到“UNDO 开始(BE)”之点。

UNDO 标记(M)和 UNDO 后退(B)：在需要取消的命令前，用标记(M)选项作标记点，以后可用后退(B)选项返回到该点。这样可方便地进行试探性绘图，对结果不满意时，可很快废除全部操作，如图 4.27 所示。

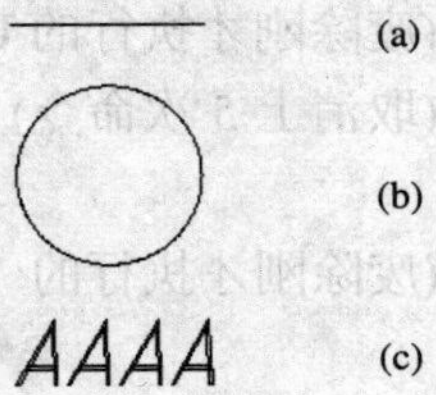

图 4.27

LINE　(画出直线，如图(a))

UNDO 标记(M)　(设置标记点)

CIRCLE　(画出圆，如图(b))

TEXT　(写出 AAAA，如图(c))

UNDO 后退(B)　(返回到(标记(M)点，取消图(b)(c))

后退(B)可根据需要输入多次，每次返到最近的一个标记(M)，如果前面没有标记(M)，则将出现提示：

取消全部工作吗？<Y>:

如果回答“Y”，则所作的全部编辑工作将被取消。

4.21　LENGTHEN (修改长度命令)

用 LENGTHEN 命令可修改非封闭实体的长度和圆弧角。

1) 调用方式

菜单：修改→拉长

命令行：LENGTHEN

2) 命令序列

命令：LENGTHEN

选择对象或[增量(DE)/百分数(P)/全部(T)/动态(DY)]：(选项)

3) 选项说明

(1) 增量(DE)：用指定的增量修改实体的长度，从距离选择点最近的实体的端点处开始测量。正值表示加长，负值表示缩短。键入此选项“DE”后，出现提示：

输入长度增量或[角度(A)]<0.0000>:

用户可输入长度增量和选 A 输入角度增量。

(2) 百分数(P)：输入实体总长度或圆弧总角度的百分比来改变实体的长度。键入此选项“P”后，出现提示：

输入长度百分数<100.0000>: 50(输入总长度的百分比)

选择要修改的对象或[放弃(U)]: (选择要修改的实体或 U 取消前一次操作)

(3) 全部(T)：用指定实体总长度或圆弧总角度的绝对值来修改实体的长度。

(4) 动态(DY)：用拖动的方式拖动端点的位置来修改实体的长度。另一端不变。

(5) “选择对象”：此为默认项，当直接选中实体时，则显示该实体的当前长度，若是圆弧，还要显示当前包含角。

■ 练习

(1) 完成下图，尺寸可以自定。

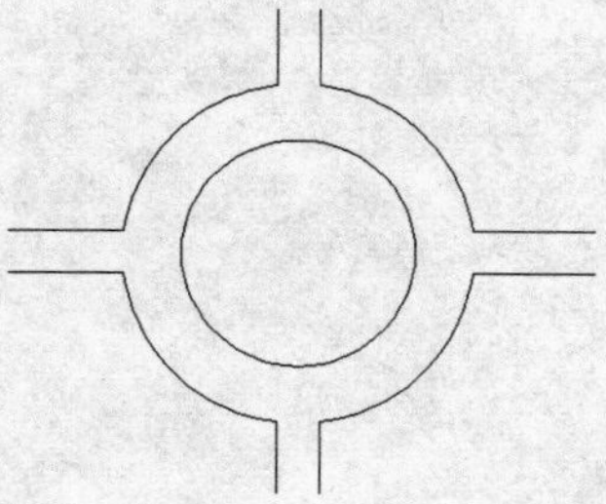

(2) 完成下图。

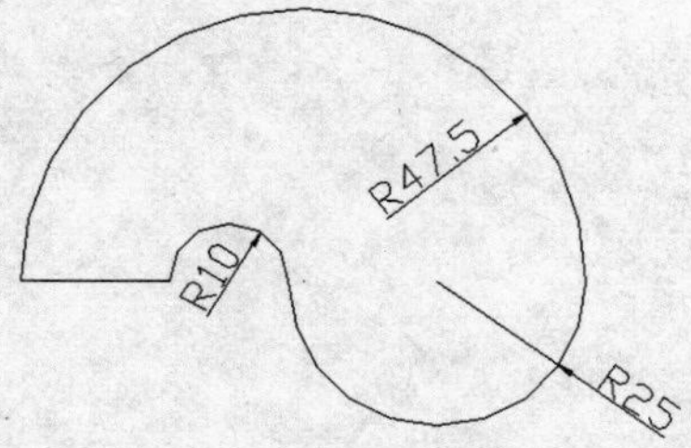

(3) 完成下图，设轮廓线的宽度为 1mm。

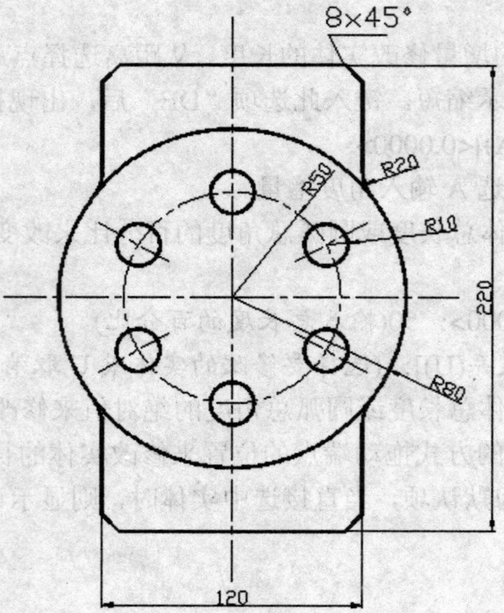

8×45°
R50
R20
R10
220
R80
120

5　文字及尺寸标注

5.1　定义文字样式 Style

用 AutoCAD 绘图时，常需要在图中输入文字。如工程图中技术要求、标题栏、明细表等。要标注出满意的文字，首先要正确地定义文字样式，它包括样式名、字体名、字高、高宽比例因子、倾角等内容。使用者可根据标注文字的特点，定义出满足要求的文字样式。

5.1.1　Style 调用方式

有以下四种调用 Style 命令的方式：

- 命令：STYLE　　　　　　；从命令行调用，出现文字样式对话框
- 菜单→格式→文字样式　　；从下拉菜单调用，出现文字样式对话框
- 命令：-STYLE　　　　　　；从命令行调用，出现命令序列提示
- (command " style" " HZ1" " simfang.ttf" 0 1 0 " n" " n" " n")

　　　　　　　　　　　　　；从 AutoLISP 程序中调用

5.1.2　文字样式对话框的使用说明

当采用以上第 1、第 2 两种方式调用 Style 命令的方式时，将出现图 5.1 所示的对话框，此时用户可以按标注文字的要求，建立文字样式。对话框各部分说明如下：

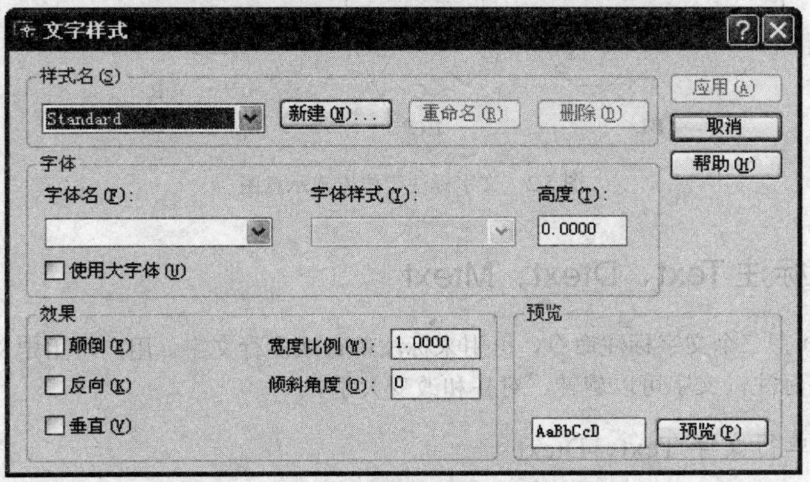

图 5.1 “文字样式”对话框

定义用户文字样式时，一般先用“新建”按钮输入样式名，用“字体名”下拉列表选中所需的字体，如宋体、仿宋体、Times New Roman 等。用“重命名”按钮修改已有的样式名，

用“删除”按钮删除不用的样式名。选中“使用大字体”时字体名自动选择为 Txt.shx，字体样式自动选择为 bigfont.shx。“高度”用来确定字高，若设置了字高值，书写文字时将不再提示输入字高。由于在图中书写文字时，往往采用几种字高的文字，此处应把“高度”设为 0，书写文字时会提示用户输入字高。

当“宽度比例”等于 1 时，为方块字；小于 1，长条字，一般宽度比例取 0.7～1。

“倾斜角度”取值范围为－85～80。

“倾倒”、“反向”、“垂直”用于显示字体的不同效果。

5.1.3　使用 Style 命令序列

采用命令：-STYLE 调用 Style 命令，将抑制对话框，出现 Style 命令序列。本例文字样式名为 HZ1，字体文件名为 simfang.ttf，字高为 0，宽高比例为 1，旋转角为 0。

命令：-STYLE

输入文字样式名或[?]<Standard>：hz1

新样式。

指定完整的字体名或字体文件名(TTF 或 SHX)<txt>：simfang.ttf

指定文字高度<0.0000>：0

指定宽度比例<1.0000>：1

指定倾斜角度<0>：0

是否反向显示文字？[是(Y)/否(N)]<N>：N

是否颠倒显示文字？[是(Y)/否(N)]<N>：N

“hz1”是当前文字样式。

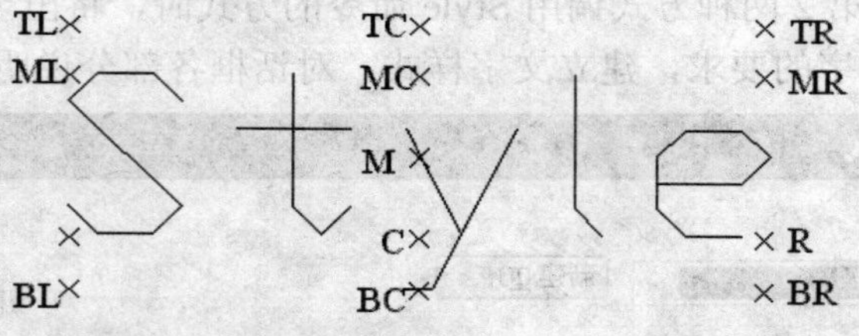

图 5.2　文字标注定位方式示意图

5.2　文字标注 Text、Dtext、Mtext

AutoCAD 有三个文字标注命令，可用来标注单行或多行文字。用户可用定义的多种文字样式进行文字标注，文字可以旋转、对齐和改变大小。

5.2.1　标注单行文字 Text、Dtext

用菜单绘图→文字→单行文字 或从命令行输入 Text 或 Dtext 均可标注单行文字。

命令：TEXT

当前文字样式：hz1

当前文字高度：2.5000

指定文字的起点或[对正(J)/样式(S)]：J （指定起点或 J 对正方式 S 指定样式名）

输入选项[对齐(A)/调整(F)/中心(C)/中间(M)/右(R)/左上(TL)/中上(TC)/右上(TR)/左中(ML)/正中(MC)/右中(MR)/左下(BL)/中下(BC)/右下(BR)]：C （定位方式 C 底线中点）

指定文字的中心点：20，50 （用鼠标定点或输入坐标点）

指定高度<2.5000>：7

指定文字的旋转角度<0>：0

输入文字：技术要求

输入文字：用回车或空格结束命令

定位方式示意如图 5.2 所示，若在指定文字的起点或[对正(J)/样式(S)]：提示下直接给出文字起点，该点定位在文字的左下角，这是最常用和最方便的定位方式。若选"对齐(A)"用指定两点来定位，不要求输入字高；若选"调整(F)"用指定两点来定位，要输入字高。以下是执行过程：

命令：TEXT ；Align 用指定两点来定位

当前文字样式：hz1

当前文字高度：10

指定文字的起点或[对正(J)/样式(S)]：J （用 J 选择定位方式）

输入选项[对齐(A)/调整(F)/中心(C)/中间(M)/右(R)/左上(TL)/中上(TC)/右上(TR)/左中(ML)/正中(MC)/右中(MR)/左下(BL)/中下(BC)/右下(BR)]：A

指定文字基线的第一个端点：(用鼠标定点或输入坐标点作为第一点)

指定文字基线的第二个端点：(用鼠标定点或输入坐标点作为第二点)

输入文字：style （输入文字，按输入的两点安排文字）

输入文字：(按 Enter 键或空格键结束)

命令：TEXT ；Fit 用指定两点来定位。

当前文字样式：hz1

当前文字高度：10

指定文字的起点或[对正(J)/样式(S)]：J

输入选项[对齐(A)/调整(F)/中心(C)/中间(M)/右(R)/左上(TL)/中上(TC)/右上(TR)/左中(ML)/正中(MC)/右中(MR)/左下(BL)/中下(BC)/右下(BR)]：F

指定文字基线的第一个端点：

指定文字基线的第二个端点：

指定高度<89.4511>：7 （输入字高 7）

输入文字：style （输入文字，按输入的两点和字高安排文字）

输入文字：(按 Enter 键或空格键结束)

两种定位方式显示结果如图 5.3 所示。

用 Text 或 Dtext 命令标注文字可多次定位在绘图区域内任何位置，每次定位所标注的文字为一个实体。标注时发现错误，可用 Backspace 键退回。标注的文字中含有(%%C 等)特殊符号，只能在命令结束时才按给定的定位方式和符号显示出来。

AutoLISP 程序调用格式：(Command "text" '(10 10) 7 0 "style") ；'(10 10)为文字定位点。

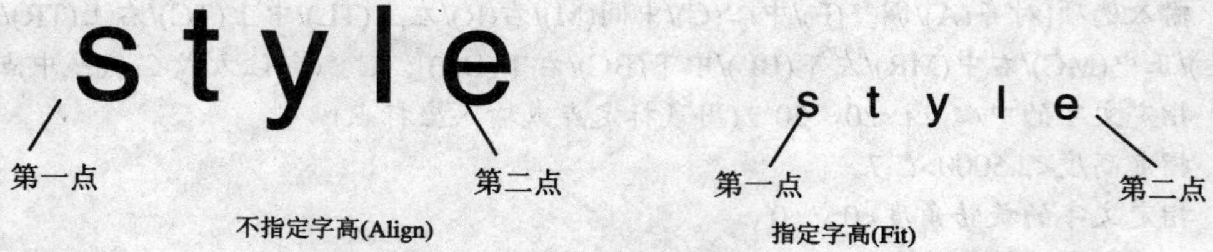

图 5.3 两种定位方式显示结果

5.2.2 标注多行文字 Mtext

用菜单绘图→文字→多行文字 或从命令行输入 Mtext 可标注多行文字。

命令：MTEXT

当前文字样式："Standard"

当前文字高度：2.5 (显示字体样式名及字高)

指定第一角点：

指定对角点或[高度(H)/对正(J)/行距(L)/旋转(R)/样式(S)/宽度(W)]:

指定文字框的另一角点或选择括号中的各项来确定文字的高度、对齐方式、行间距、旋转角、文字样式和文字宽度。确定另一角点后，出现多行文字编辑器对话框，如图 5.4 所示。

图 5.4 多行文字编辑器对话框

用户可在对话框中输入文字，并进行相应的设置，用 MTEXT 写出的文字为一个实体。对话框中各项介绍如下：

(1) 样式：系统采用的默认样式为 Standard。

(2) 字体：可选择系统提供的各种字体。

(3) 文字高度：可确定书写文字的高度。

(4) B(粗体)：可确定书写文字是粗体还是细体。

(5) I(斜体)：可确定书写文字是正体还是斜体。

(6) U(下划线)：可确定书写文字是否带下划线。

(7) $\frac{a}{b}$(堆叠)：可书写分式的除法形式，同时可实现标乘方和下标的功能。

(8) 颜色：可选择标注文字的颜色。

5.2.3　文本的编辑 Ddedit

用 Ddedit 命令来对文本进行编辑，该命令可从键盘输入。

命令：DDEDIT

选择注释对象或[放弃(U)]：(选择需编辑的文本或 U 取消前一次文本编辑)

如果选择的文本是单行文本，将出现如图 5.5 所示的对话框，用户可在对话框中进行文本编辑修改。

图 5.5　单行文本对话框

如果选择的文本是多行文本，将出现如图 5.6 所示的对话框，用户可以在对话框中进行文本编辑修改。

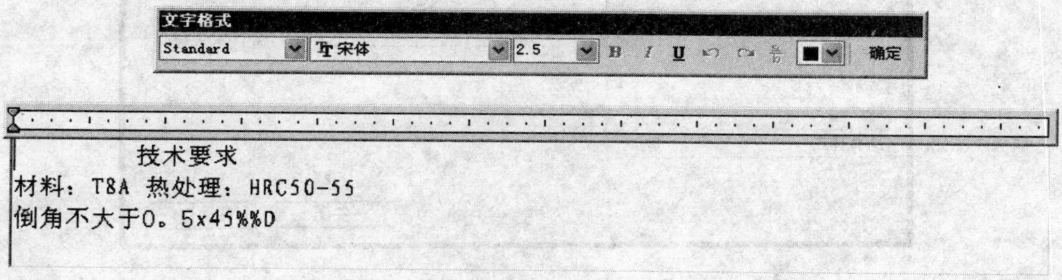

图 5.6　多行文本对话框

5.3　尺寸标注

尺寸标注是工程制图中的一项重要内容，它是零件加工和装配的依据。一个完整的尺寸由下列几部分组成，如图 5.7 所示。

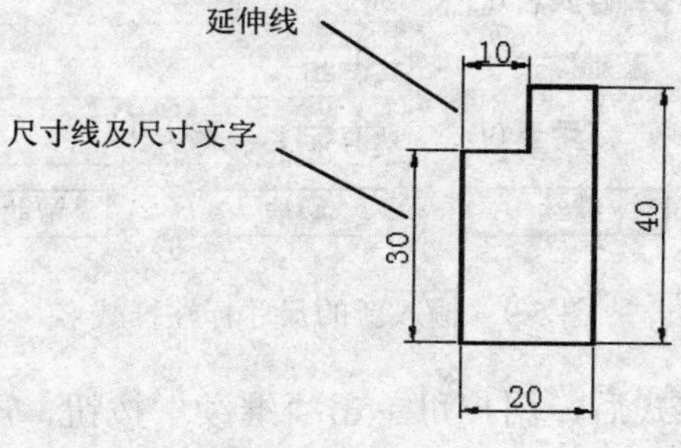

图 5.7　尺寸标注示意图

尺寸线(Dimension line)两端可带箭头，也可以带 45° 的短斜线。

延伸线(Extension line)指尺寸界线。

尺寸文字 (Dimension text) 指标注值。

5.3.1 设置尺寸样式

要标注出符合国标规范的尺寸，首先要正确地设置尺寸样式。要设置标注样式可在菜单→格式→标注样式或在命令行输入命令：DDIM，则出现标注样式管理器对话框，如图 5.8 所示。利用此对话框及其子对话框，用户就可以比较直观地进行尺寸标注样式的设置，以下介绍对话框的使用。

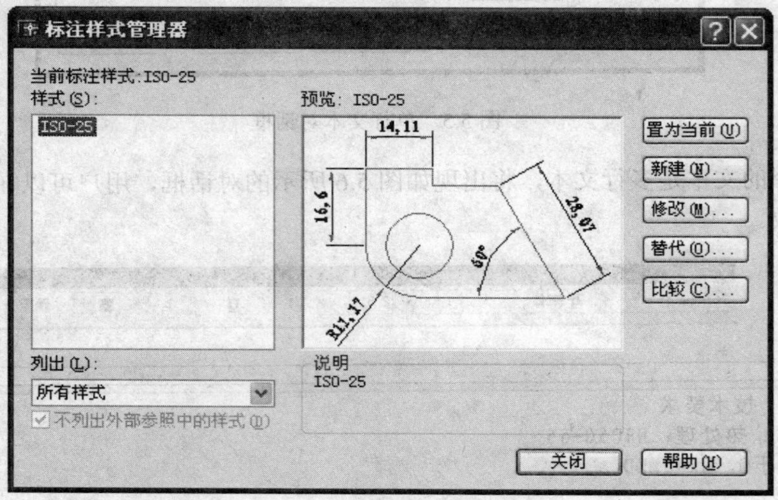

图 5.8 尺寸标注样式对话框

单击“新建”按钮，将出现图 5.9 所示的对话框，用户可以建立新的尺寸样式。在对话框的“新样式名”编辑框中输入新的尺寸标注样式名，例如 GB–1；在“基础样式”下拉列表选择基准样式，例如 ISO–25；在“用于”下拉列表中选择该定义的标注应用范围，是否应用于线型尺寸、角度尺寸、半径尺寸、直径尺寸、引线或所有标注。

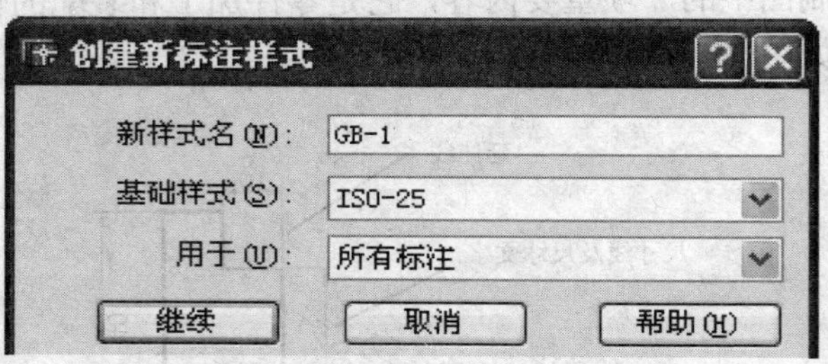

图 5.9 输入新的尺寸标注样式名

创建了新的尺寸标注样式后，用户可单击“继续”按钮，屏幕将出现图 5.10 所示的对话框，用以定义新样式的各标注特征项，该对话框内有六个选项卡，每个选项卡的主要功能如下。

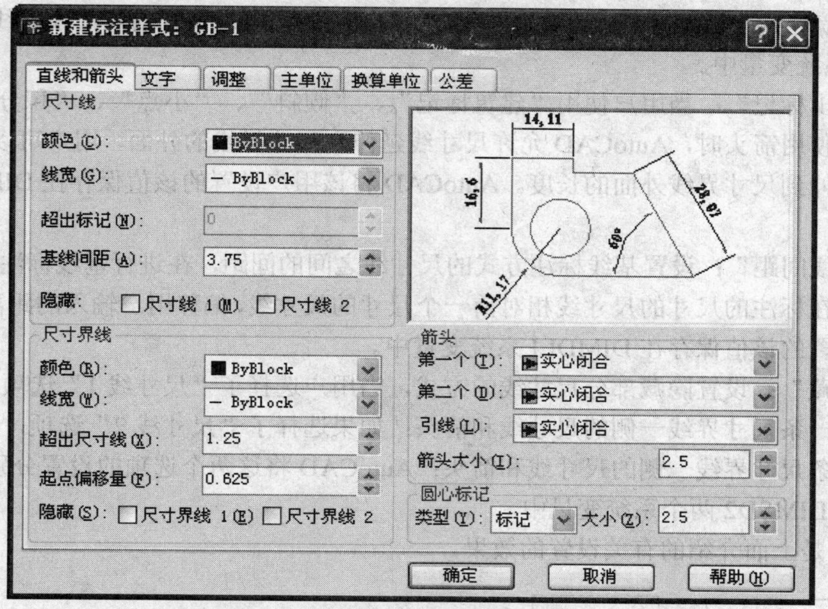

图 5.10　标注直线和箭头设置选项卡

1)“直线和箭头”选项卡

选中“直线和箭头”选项卡进行该项设置，如图 5.10 所示。

(1)“尺寸线”：用来确定尺寸线的几何特征，包括：

①“颜色”：在下拉列表中选择尺寸线的颜色，如果用户在下拉列表中选择了“选择颜色”选项，则出现“选择颜色”对话框，用户可以在该对话框中选择需要的颜色，如图 5.11 所示。AutoCAD 将用户设置的尺寸线的颜色值保存在 DIMCLRD 系统变量中，用户也可以在命令行中输入该变量名，修改该变量的值。

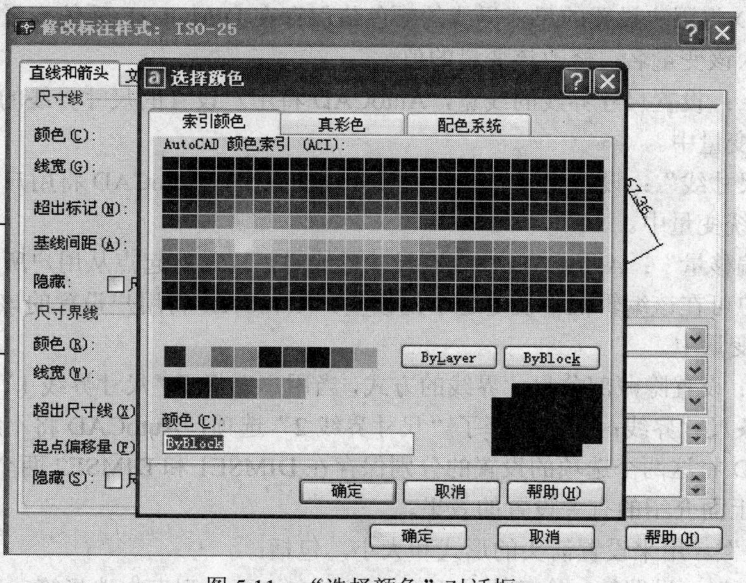

图 5.11　“选择颜色”对话框

②“线宽”：设置尺寸线打印时的粗度，AutoCAD 将用户设置的尺寸线的线宽值保存在 DIMLWD 系统变量中。

③“超出标记”：当用户使用“建筑标记”、“倾斜”、“小点”、“积分”作为标注箭头或者不使用箭头时，AutoCAD 允许尺寸线延伸到尺寸界线的外面，用户可以在该框内输入尺寸线延伸到尺寸界线外面的长度。AutoCAD 将该用户设置的该值保存在 DIMDLE 系统变量中。

④“基线间距”：设置基线标注方式的尺寸线之间的间距，在进行基线标注时 AutoCAD 会自动将正在标注的尺寸的尺寸线相对前一个尺寸的尺寸线，偏移用户输入的距离。AutoCAD 将该用户设置的该值保存在 DIMDLI 系统变量中。

⑤“隐藏”：设置隐藏部分尺寸线的方式，当用户选择了“尺寸线 1”选项，AutoCAD 将不绘制第一条尺寸界线一侧的尺寸线和箭头；如果选择了“尺寸线 2”选项，AutoCAD 将不绘制第二条尺寸界线一侧的尺寸线和箭头；AutoCAD 将这两个选项的设置分别保存在 DIMSD1 和 DIMSD2 两个系统变量中。

图 5.12 是上面介绍的有关设置的效果。

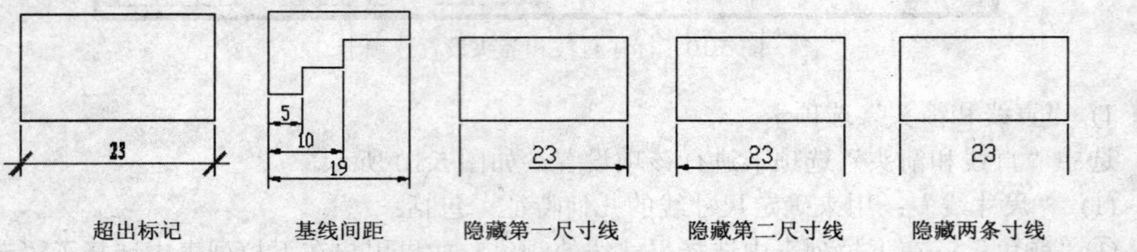

图 5.12　尺寸线设置效果

(2) “尺寸界线”。用来设置尺寸界线的几何特征，包括：

①“颜色”：在下拉列表中选择尺寸界线的颜色，设置的方法与设置尺寸线颜色的方法相同。AutoCAD 将用户设置的尺寸界线的颜色值保存在 DIMCLRE 系统变量中，用户也可以在命令行中输入该变量名，修改该变量的值。

②“线宽”：设置尺寸界线的线宽，AutoCAD 将用户设置的尺寸界线的线宽值保存在 DIMLWE 系统变量中。

③“超出尺寸线”：设置尺寸界线超出尺寸线的大小，AutoCAD 将用户设置的该值保存在 DIMEXE 系统变量中。

④“起点偏移量”：AutoCAD 在绘制尺寸界线时，通常将起点从用户所指定的点偏移一定的距离，用户可在该编辑框中设定这个偏移量。AutoCAD 将用户设置的该值保存在 DIMEXO 系统变量中。

⑤“隐藏”：设置隐藏部分尺寸界线的方式，当用户选择了“尺寸界线 1”选项，AutoCAD 将不绘制第一条尺寸界线；如果选择了“尺寸界线 2”选项，AutoCAD 将不绘制第二条尺寸界线；AutoCAD 将这两个选项的设置的分别保存在 DIMSE1 和 DIMSE2 两个系统变量中。

图 5.13 是上面介绍的有关设置的效果。

(3) “箭头”。用来设置箭头的形式和大小，包括：

①“第一个”：设置第一个箭头的形式，用户在该下拉列表中选择第一条尺寸界线一侧

箭头的形式后，AutoCAD 会自动改变第二个箭头的形式与第一个箭头相匹配。AutoCAD 将该设置保存在 DIMBLK1 系统变量中。

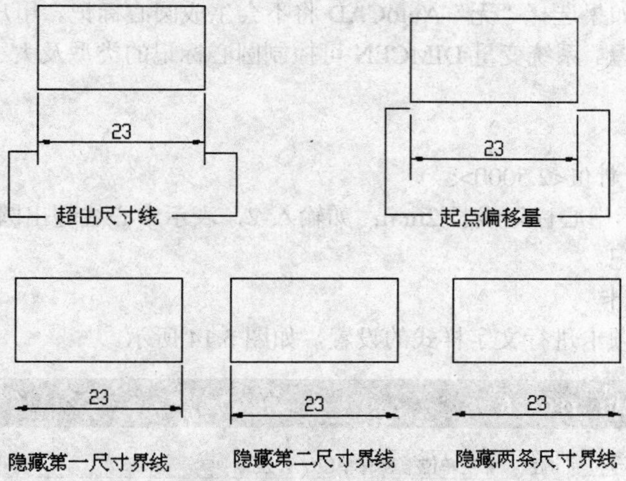

图 5.13　尺寸界线设置效果

②“第二个”：设置第二个箭头的形式，默认情况下，AutoCAD 将第二个箭头使用与第一个箭头相同的形式。用户也可在“箭头”组框的“第二个”下拉列表框中设置与第一个箭头形式不同的箭头形式。AutoCAD 将该设置保存在 DIMBLK2 系统变量中。

③“引线”：设置引线标注的箭头形式，AutoCAD 将该设置保存在 DIMLDRBLK 系统变量中。

④“箭头大小”：设置箭头的大小，该值是指箭头沿尺寸线方向的长度。AutoCAD 将该设置保存在 DIMASZ 系统变量中。

如果用户在命令行使用系统尺寸变量来设置箭头的形式，需要用户输入箭头形式名，表 5.1 提供的是各种箭头形式所对应的系统变量值。

表 5.1　箭头的系统变量值

系统变量值	对应的箭头形式	系统变量值	对应的箭头形式
“”	实心闭合	_OPEN30	30 度角
_CLOSEDBLANK	空心闭合	_DOTSMALL	小点
_CLOSED	闭合	_DOTBLANK	空心点
_DOT	点	_SMALL	空心小点
_ARCHTICK	建筑标记	_BOXBLANK	方框
_OBLIQUE	倾斜	_BOXFILLED	实心方框
_OPEN	打开	_DATUMBLANK	基准三角形
_ORIGIN	指示原点	_DATUMFILLED	实心基准三角形
_ORIGIN2	指示原点 2	_INTEGERAL	积分
_OPEN90	直角	_NONE	无

⑤“圆心标记”：在该组合框中用于控制是生成中心标记还是生成中心线及其大小。用户在“类型”编辑框中选择：“标记”AutoCAD 将生成中心标记；用户如果选择“直线”AutoCAD 将生成中心线；用户如果选择“无”AutoCAD 将不会生成圆心标记。用户在“大小”编辑框中可确定标记线的长短。系统变量 DIMCEN 可控制圆心标记的类型及大小。如果将该尺寸变量在命令行输入：

命令：DIMCEN

输入 DIMCEN 的新值<2.5000>:

如果输入 2，表示中心标记线长 2mm；如输入-2，表示中心线超出圆 2mm；如输入 0，表示不会生成圆心标记。

2) “文字”选项卡

选中“文字”选项卡进行文字样式的设置，如图 5.14 所示。

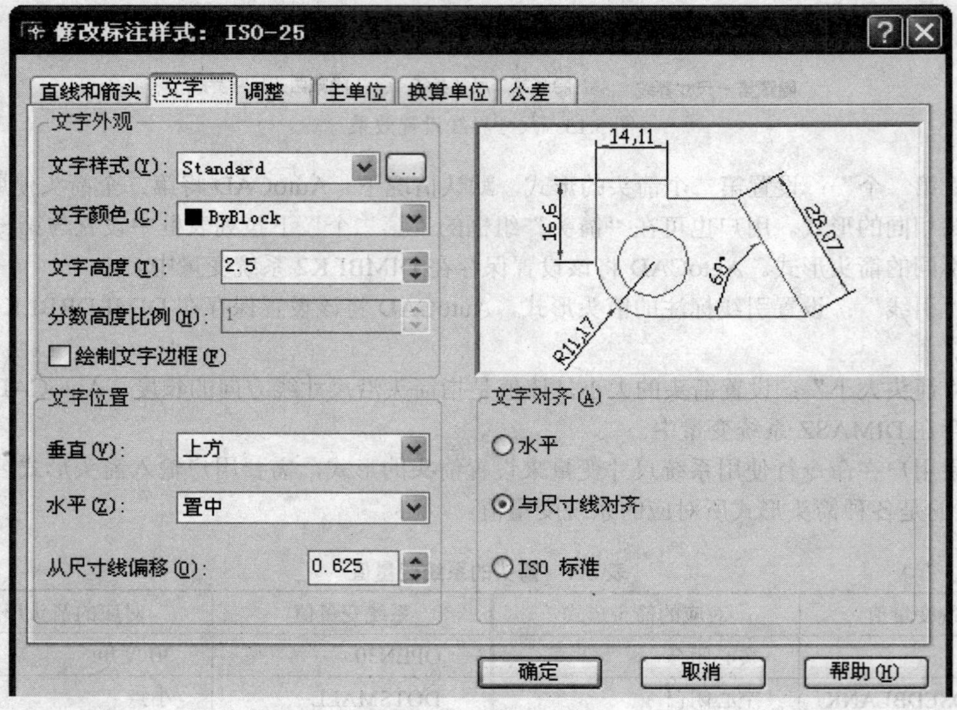

图 5.14 “文字”选项卡

(1) “文字外观”。用来设置标注文字的外观，包括：

① 文字样式：用户可在下拉列表中选择文字样式名，AutoCAD 将标注文字的文字样式名保存在 DIMTXSTY 系统变量中。

② 文字颜色：用户可在下拉列表中选择文字颜色，AutoCAD 将用户设置的文字颜色值保存在 DIMCLRT 系统变量中。

③ 文字高度：用户将在该编辑框中设置文字的高度，AutoCAD 将用户设置的文字高度值保存在 DIMTXT 系统变量中。

④ 分数高度的比例：用户可以设置标注文字的分数相对于标注文字的比例。标注时

AutoCAD 用该值乘以文字高度得到分数文字的高度，该值保存在 DIMTFAC 系统变量中。

⑤ 绘制文字边框：用户利用该框实现是否在文字四周绘制一个矩形边框，该设置将使系统变量 DIMGAP 的值变为负值。

(2) “文字位置”。用来设置标注文字的位置，包括：

① 垂直：设置标注文字与尺寸线在垂直尺寸方向上的对齐方式，该选项共有四种方式：置中、上方、外部、JIS 方式(按日本 JIS 标准放置文字)。存放该值的系统变量 DIMTAD 的取值可为 0、1、2、3，分别表示置中、上方、外部、JIS 方式。

② 水平：设置标注文字与尺寸线和尺寸界线沿尺寸方向上的对齐方式，该选项共有五种方式：置中、第一尺寸界线、第二尺寸界线、第一尺寸界线上方、第二尺寸界线上方。存放该值的系统变量 DIMJUST 的取值可为 0、1、2、3、4，分别表示以上五种方式。图 5.15 表示了选择“第一尺寸界线”和选择“第一尺寸界线上方”的不同效果。

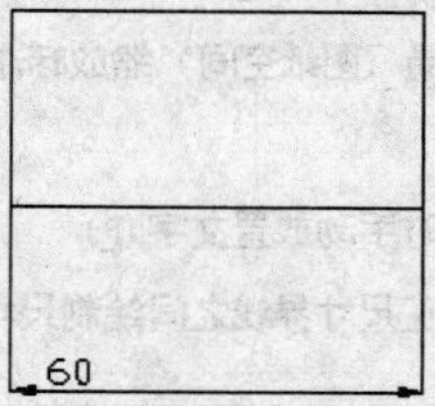

选择“第一尺寸界线”

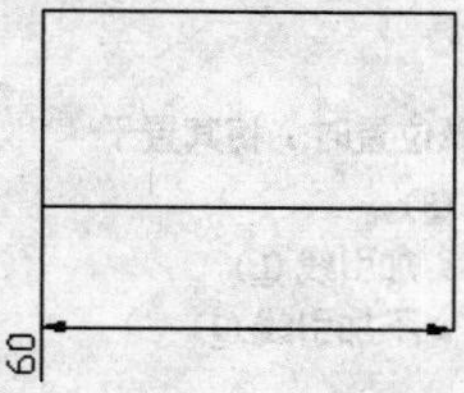

选择“第一尺寸界线上方”

图 5.15

③ 从尺寸偏移：设置标注文字与尺寸线之间的距离。该值保存在 DIMGAP 系统变量中。

④ “文字对齐”：用来设置标注文字的对齐方式，该选项共有三种方式：水平、与尺寸线对齐、ISO。AutoCAD 用两个系统变量来设置标注文字的对齐方式。系统变量 DIMTIH 控制尺寸线内标注文字的位置，其值如果为 ON(或 1)，表示尺寸延伸线间的尺寸文字水平书写；DIMTIH 的值如果为 OFF(或 0)表示尺寸延伸线间的尺寸文字与尺寸线平行。系统变量 DIMTOH 的取值可控制标注文字在尺寸线外的位置。DIMTOH 的值如果为 ON(或 1)，表示尺寸延伸线外的尺寸文字水平书写；DIMTOH 的值如果为 OFF(或 0)表示尺寸延伸线外的尺寸文字与尺寸线平行。“ISO”选项控制尺寸文字按 ISO 标准书写。

3) “调整”选项卡

选中“调整”选项卡调整尺寸标注要素的设置，如图 5.16 所示。

(1) “调整选项”。可根据尺寸界线之间的空间调整标注文字和箭头的位置。

① 文字或箭头，取最佳效果：按最佳效果放置文字和箭头。

② 箭头：在尺寸界线内优先放置箭头。

③ 文字：在尺寸界线内优先放置文字。

④ 文字和箭头：文字和箭头同时放置在尺寸界线内或尺寸界线外

以上四个选项可由系统变量 DIMATFIT 来控制，当尺寸界线的空间不足以同时放下标注文字和箭头时，本系统变量将确定这两者的排列方式。DIMATFIT 的取值含义如下：

0：将文字和箭头均放置于尺寸界线之外。

1：先移动箭头，然后移动文字。

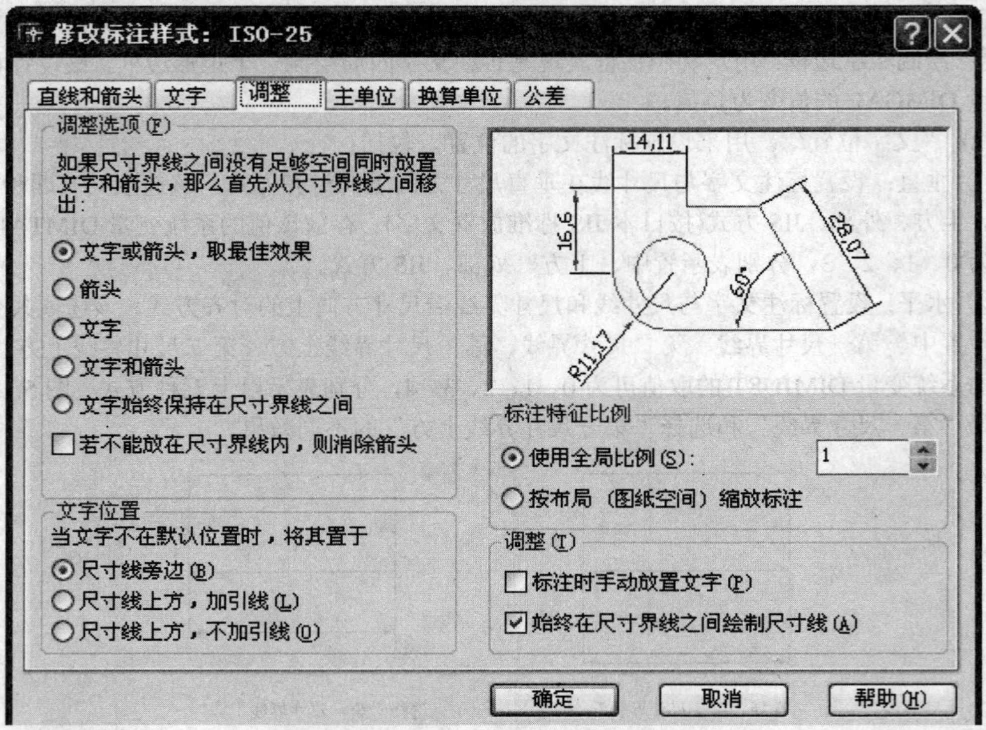

图 5.16 “调整”选项卡

2：先移动文字，然后移动箭头。

3：移动文字和箭头中较合适的一个。

⑤ 文字始终保持在尺寸界线之间：该设置保存在 DIMTIX 系统变量中。

⑥ 若不能放在尺寸界线内，则消除箭头：当尺寸界线之内的空间不够时，AutoCAD 将不生成箭头，该设置保存在 DIMSOXD 系统变量中。

(2) “文字位置”。设置不在默认位置的文字位置。在进行尺寸标注时，如不能将文字放置在默认位置时，AutoCAD 可由用户选择：“尺寸线旁”、“尺寸线上方加引线”、“尺寸线上方不加引线”三种方式设置文字位置。该设置保存在 DIMMOVE 系统变量中。

(3) “标注特性比例”。设置尺寸标注的全局比例或图纸空间的缩放比例。

使用全局比例：选择该项后，可在其右侧的编辑框中输入全局比例，该值用于缩放尺寸标注的各个要素，但不会改变 AutoCAD 测量到的标注数值，该设置保存在 DIMSCALE 系统变量中。

按布局(图纸空间)缩放标注：选择该项后，AutoCAD 将会根据当前模型空间中的视口与图纸空间中的视口来确定尺寸标注的缩放比例，此时，DIMSCALE 系统变量的值为 0。

(4) “调整”。该区域有以下两个选项：

① 标注时手动放置文字：AutoCAD 将忽略标注样式中的文字位置设置而将文字放在用户指定的定位点处。该设置保存在 DIMUPT 系统变量中。

② 始终在尺寸界线之间绘制尺寸线：AutoCAD 将始终在尺寸界线之间绘制尺寸线。该设置保存在 DIMTOFL 系统变量中。

4) “主单位”选项卡

选中“主单位”选项卡设置尺寸标注的主单位，如图 5.17 所示。

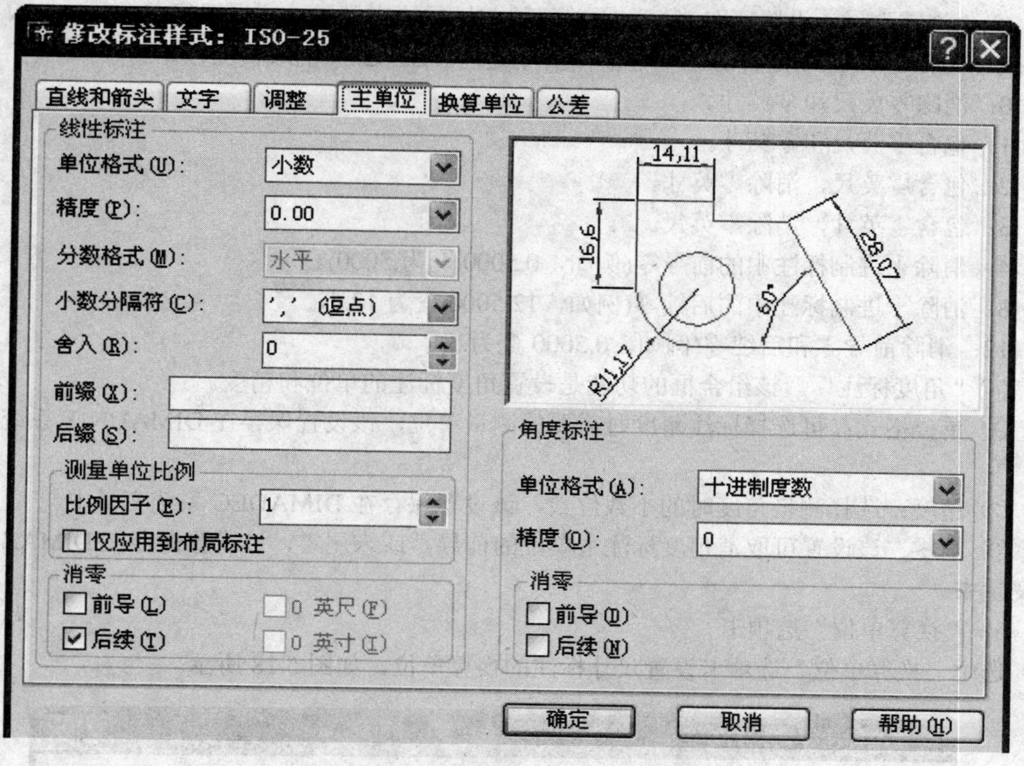

图 5.17 “主单位”选项卡

(1)“线性标注”。设置线性标注的单位。

①“单位格式”：用户可在下拉列表中选择需要的测量单位，该设置保存在 DIMLUNIT 系统变量中。

②“精度”：用户可在下拉列表中选择需要的测量精度，即小数点后的几位小数。该设置保存在 DIMDEC 系统变量中。

③“分数格式”：该选项是当用户使用分数、建筑单位时提供的：“水平”、“对角”、“非堆叠”三个选项，该设置保存在 DIMFRAC 系统变量中。

④“小数分隔符”：选择用什么样的符号作为小数点的标记，该设置保存在 DIMDSEP 系统变量中。

⑤“舍入”：设置测量值的圆整规则，比如，用户在该编辑框中输入 0.25，AutoCAD 将测量值在 0.25 附近进行圆整. 该设置保存在 DIMRND 系统变量中。

⑥“前缀”：设置标注文字的前缀，该设置保存在 DIMPOST 系统变量中。

⑦“后缀”：设置标注文字的后缀，该设置也保存在 DIMPOST 系统变量中。

(2) “测量单位比例”。用户在该编辑框中输入的是测量单位的比例因子。在标注时，AutoCAD 将使用该值乘以测量值后再进行标注，例如：测量值为 25，测量单位比例因子为 3，AutoCAD 将标注为 75。该设置保存在 DIMLFAC 系统变量中。如果用户选择了“仅应用到布局标注”选项，AutoCAD 将设置的测量单位比例因子只用于布局中生成的尺寸标注，此时，DIMLFAC 系统变量的值变为负值。

(3)“消零”。该设置可取消标注主单位的前导零或末尾零。该设置保存在 DIMZIN 系统变量中。DIMZIN 控制是否对主单位值作消零处理。DIMZIN 的取值为以下：

0：消除零英尺和零英寸。

1：包含零英尺和零英寸。

2：包含零英尺，消除零英寸。

3：包含零英寸，消除零英尺。

4：消除十进制标注中的前导零(例如，0.5000 变为.5000)。

8：消除十进制标注中的后续零(例如，12.5000 变为 12.5)。

12：消除前导零和后续零(例如，0.5000 变为.5)。

(4)“角度标注”。该组合框的功能是设置角度标注的单位和精度。

① 单位格式：可选择标注角度时需要的测量单位，该设置保存在 DIMAUNIT 系统变量中。

② 精度：选择测量角度时的小数位数，该设置保存在 DIMADEC 系统变量中。

③ 消零：该设置可取消角度标注主单位的前导零或末尾零，该设置保存在 DIMAZIN 系统变量中。

5) “换算单位”选项卡

选中“换算单位”选项卡设置尺寸标注的换算单位，如图 5.18 所示。

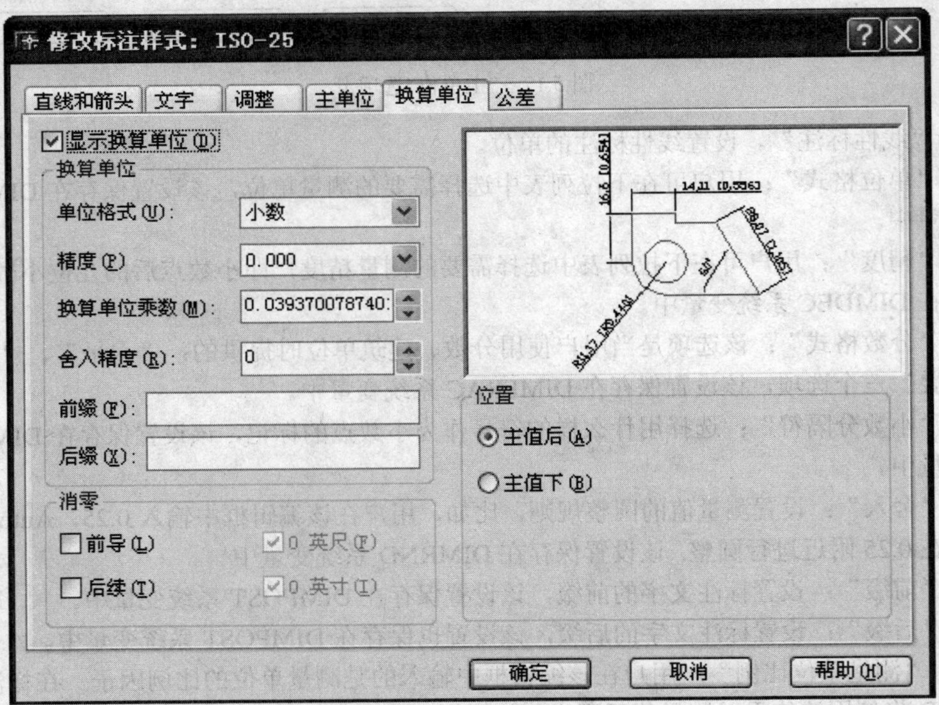

图 5.18 “换算单位”选项卡

(1) “显示换算单位”。该设置启用/禁止换算单位，如果启用换算单位，AutoCAD 在标注文字中将同时显示两种单位的测量值，该设置保存在 DIMALT 系统变量中。

(2) “换算单位”。用于设置换算单位。

① 单位格式：选择需要的测量单位，该设置保存在 DIMALTU 系统变量中。

② 精度：设置换算单位的测量精度，该设置保存在 DIMALTD 系统变量中。

③ 换算单位乘数：指定主单位与换算单位之间的换算系数，AutoCAD 用该系数乘以测量值得到换算单位的数值，该设置保存在 DIMALTF 系统变量中。

④ 舍入精度：用于输入标注换算单位的圆整值，该设置保存在 DIMALTRND 系统变量中。

⑤ 前缀：用于输入换算单位标注文字的前缀。该设置保存在 DIMAPOST 系统变量中。

⑥ 后缀：用于输入换算单位标注文字的后缀。该设置保存在 DIMAPOST 系统变量中。

(3) “消零”。用于控制换算单位中前面和后面的零字符显示，该设置保存在 DIMALTZ 系统变量中。

(4) “位置”。用于设置换算单位的位置

① 主值后：AutoCAD 将换算单位的数值标注在主单位数值之后。

② 主值下：AutoCAD 将换算单位的数值标注在主单位数值之下。

6) “公差”选项卡

选中“公差”选项卡设置尺寸标注的公差值，如图 5.19 所示。

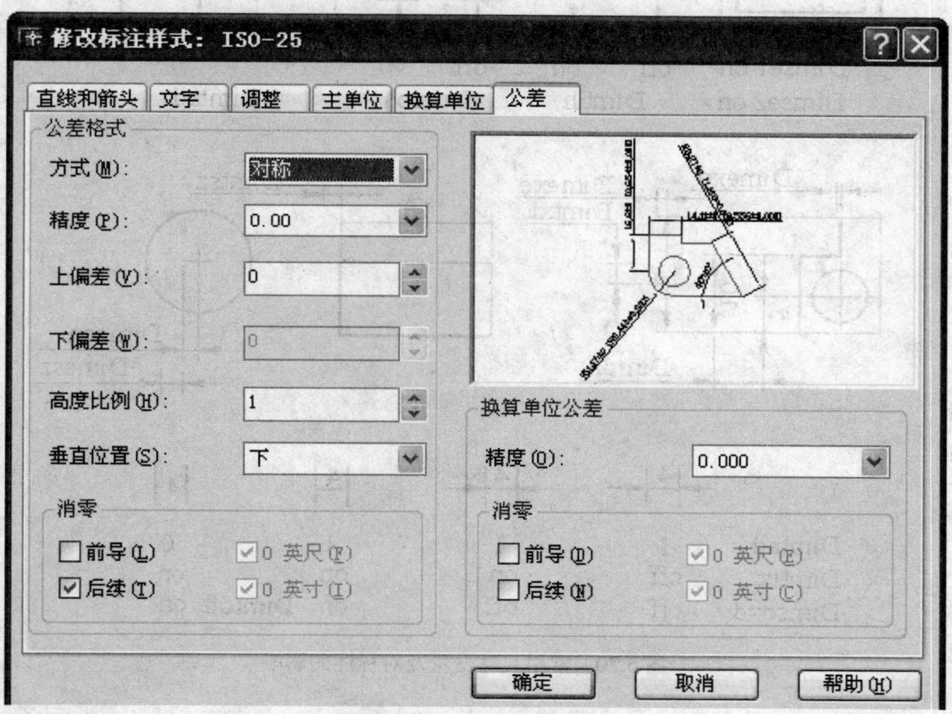

图 5.19 “公差”选项卡

(1)“公差格式”。设置标注主单位的公差及格式。

① 方式：选择公差的格式。系统变量 DIMTOL 的值为 1 时表示要标公差。

② 精度：选择公差的精度，该设置保存在 DIMTDEC 系统变量中。

③ 上偏差：设置上偏差的数值，该设置保存在 DIMTP 系统变量中。

④ 下偏差：设置下偏差的数值，该设置保存在 DIMTM 系统变量中。

⑤ 高度比例：设置公差文字与主标注文字的高度比例因子，AutoCAD 用该因子乘以主标注文字的高度得到公差文字的高度，该设置保存在 DIMTFAC 系统变量中。

⑥ 垂直位置：设置沿与尺寸线垂直方向上的公差文字定位方式，该设置保存在 DIMTOLJ 系统变量中。

⑦ 消零：控制前导零和后续零的显示。该设置保存在 DIMTZIN 系统变量中。

(2) "换算单位公差"。设置换算单位的公差。

① 精度：设置换算单位公差的精度。

② 消零：控制换算单位公差前导零和后续零的显示。

5.3.2 常用尺寸变量及对标注的影响

以下用表 5.2 列出常用尺寸变量的名称、缺省值及简要说明，用图 5.20 说明常用尺寸变量对尺寸标注的影响。

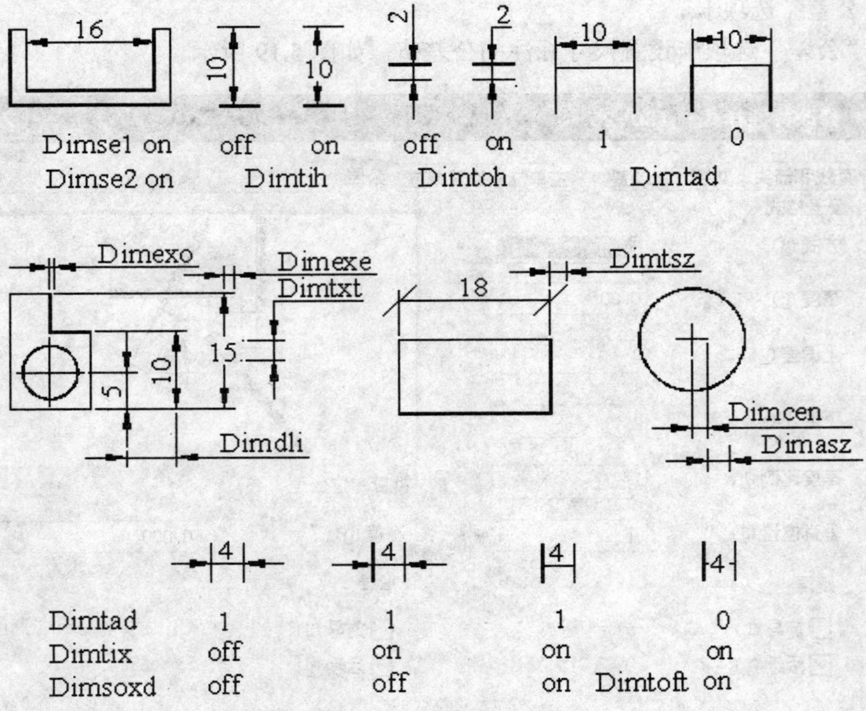

图 5.20 常用尺寸变量及对标注的影响

表 5.2　常用尺寸变量表

分类	名　称	缺省值	说　　明
尺寸总体	DIMSCALE	0.0	尺寸总体比例因子，控制尺寸实体的大小
	DIMASO	ON	ON—尺寸各组成部分为一个块实体，OFF—不为块
	DIMSHO	OFF	ON—拖动图形时尺寸实体重新计算，OFF—不计算
尺寸延伸线	DIMSE1	OFF	ON—不画第一延伸线，OFF—要画第一延伸线
	DIMSE2	OFF	ON—不画第二延伸线，OFF—要画第二延伸线
	DIMEXO	0.625	尺寸延伸线起点的偏移量
	DIMEXE	1.25	延伸线超出尺寸线的长度
	DIMTOFL	OFF	ON—强制在延伸线内画尺寸线，OFF—不强制
尺寸线	DIMDLI	3.75	用 BAS 标注时平行尺寸线的间距
	DIMDLE	0	箭头为短斜线时，尺寸线超出延伸线的长度
	DIMSOXD	OFF	ON—取消延伸线外的尺寸线，OFF—不取消
尺寸箭头	DIMASZ	2.5	尺寸箭头或箭头块的大小
	DIMTSZ	0	尺寸用箭头表示，>0—尺寸用短斜线表示
	DIMBLK	“*”	=“*”—尺寸两端画箭头，=块名—用块画箭头
	DIMBLK1	NONE	指定尺寸第一端的箭头块名(当 DIMSAH 为 ON 时)
	DIMBLK2	NONE	指定尺寸第二端的箭头块名(当 DIMSAH 为 ON 时)
	DIMSAH	OFF	OFF—不能用 DIMBLK1 和 DIMBLK2 定义箭头块
尺寸文字	DIMTXT	2.5	尺寸文字的高度
	DIMTAD	0	0—文字在尺寸线上方，1—文字在尺寸线中断处
	DIMTVP	0.0	当 DIMTAD 为 OFF 时，DIMTVP<1，文字在尺寸线中断处。DIMTVP*
	DIMTIH	ON	ON—延伸线之间的文字水平书写，OFF—与尺寸线平行书写
	DIMTOH	ON	ON—延伸线外的文字水平书写，OFF—与尺寸线平行书写
	DIMTIX	OFF	ON—强制将文字放在延伸线内，OFF—文字按常规放置
	DIMLFAC	1.0	尺寸长度比例因子，等于 1 时，测量值=实际长度；否则，测量值=实
	DIMRND	0.0	尺寸文字圆整值，等于 0 时，不圆整；否则要圆整
	DIMALT	OFF	ON—同时标注两种测量单位的文字，OFF—不同时标注
	DIMALTF	0.03937	两种测量单位变换时的比例因子
	DIMALTD	3	尺寸进行单位变换时的小数点位数
	DIMPOST	“*”	定义尺寸文字的后缀(字符串)，“*”无后缀
	DIMAPOST	“*”	定义替换尺寸文字的后缀(字符串)，“*”无后缀
	DIMZIN	0	0—取消零英尺，零英寸的标注；1—不取消；2—不取消零英尺；3—
尺寸公差	DIMLIM	OFF	ON—按极限尺寸标注，OFF—不按极限尺寸标注
	DIMTOL	OFF	ON—尺寸文字要标公差，OFF—尺寸文字不标公差
	DIMTP	0.0	尺寸允许的正偏差值
	DIMTM	0.0	尺寸允许的负偏差值

5.3.3 建立符合国标的尺寸标注

为使尺寸标注符合我国工程制图标准和使用习惯，可将有关尺寸变量值设置如下。

DIMTIH OFF ；尺寸文字与尺寸线方向一致
DIMTOH OFF ；尺寸文字与尺寸线方向一致
DIMTAD ON ；尺寸文字在尺寸线上方
DIMEXE 2.5 ；延伸线超出尺寸线 2.5mm
DIMDLI 7 ；平行尺寸线的间距为 7mm
DIMASZ 4 ；箭头长度为 4 mm
DIMTXT 3.5 ；尺寸文字高度为 3.5 mm
DIMEXO 0 ；延伸线起点与被标注轮廓线间距为 0

可将以上尺寸变量设定后存入样板图中，当使用时直接调入样板图，不用再设置。

5.3.4 用命令进行尺寸标注

尺寸标注可通过菜单或工具栏进行，标注方法类似，但是如果熟悉在命令行进行尺寸标注，对于今后编制自动标注程序将很有好处，下面主要介绍在命令行进行常见尺寸标注的方法，并应用了一些简要命令标注法。

1) 水平尺寸标注及垂直尺寸标注

- 命令：DIM ；尺寸标注的主命令
- 标注：HOR ；水平尺寸标注子命令

指定第一条尺寸界线原点或<选择对象>：P1 (输入第一尺寸起点)
指定第二条尺寸界线原点：P2 (输入第二尺寸起点)
创建了无关联的标注。
指定尺寸线位置或[多行文字(M)/文字(T)/角度(A)]：P3 (输入尺寸线位置)
输入标注文字<60.003>：60 (输入要标的尺寸文字)
标注：VER ；垂直尺寸标注子命令
指定第一条尺寸界线原点或<选择对象>：P2 (输入第一尺寸起点)
指定第二条尺寸界线原点：P4 (输入第二尺寸起点)
创建了无关联的标注。
指定尺寸线位置或[多行文字(M)/文字(T)/角度(A)]：P5 (输入尺寸线位置)
输入标注文字<40.132>：40 (输入要标的尺寸文字)
标注：(按 ESC 键退出)

图 5.21 是水平尺寸标注及垂直尺寸标注的效果。

2) 标注平行型尺寸

- 命令：DIM ；尺寸标注的主命令
- 标注：ALI ；平行标注子命令

指定第一条尺寸界线原点或<选择对象>：P1 (输入第一尺寸起点)
指定第二条尺寸界线原点：P2 (输入第二尺寸起点)
创建了无关联的标注。

指定尺寸线位置或[多行文字(M)/文字(T)/角度(A)]：P3 （输入尺寸线位置）
输入标注文字<30.122>：30 （输入要标的尺寸文字）
标注：(按 ESC 键退出)
图 5.22 是平行尺寸标注的效果。

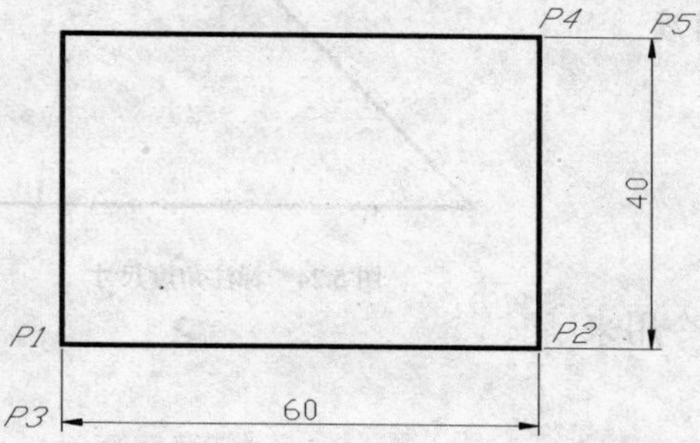

图 5.21 标注水平、垂直尺寸

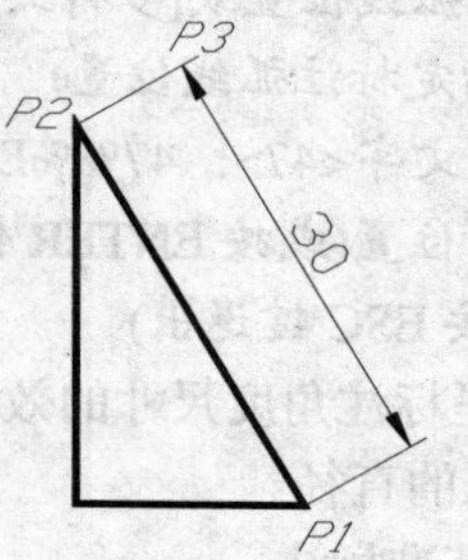

图 5.22 标注平行型尺寸

3) 标注半径尺寸

- 命令：DIM ；尺寸标注的主命令
- 标注：RAD ；半径标注子命令

选择圆弧或圆： P1(选择圆弧)
输入标注文字<260.67>：5 (输入半径值)
指定尺寸线位置或[多行文字(M)/文字(T)/角度(A)]：P2 (输入标注位置)
标注：(按 ESC 键退出)

4) 标注直径尺寸

- 命令：DIM ；尺寸标注的主命令
- 标注：DIA ；标注直径子命令

选择圆弧或圆：P1 (选择圆)
输入标注文字<30.115>：%%C30 (输入直径值)
指定尺寸线位置或[多行文字(M)/文字(T)/角度(A)]：P2 (输入标注位置)
标注：(按 ESC 键退出)
图 5.23 是标注半径、直径尺寸的效果。

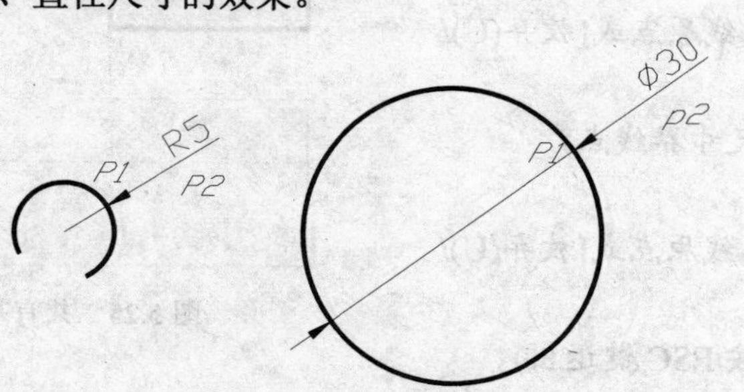

图 5.23 标注半径、直径尺寸

5) 标注角度尺寸

- 命令：DIM ；尺寸标注的主命令

● 标注：ANG　　　；标注角度子命令

选择圆弧、圆、直线或<指定顶点>：P1 (选择角的第一边)

选择第二条直线：P2 (选择角的第二边)

指定标注弧线位置或[多行文字(M)/文字(T)/角度(A)]：P3 (指定标注弧线位置)

输入标注文字<47>：47%%D (输入角度值)

输入文字位置(或按 ENTER 键)：

标注：(按 ESC 键退出)

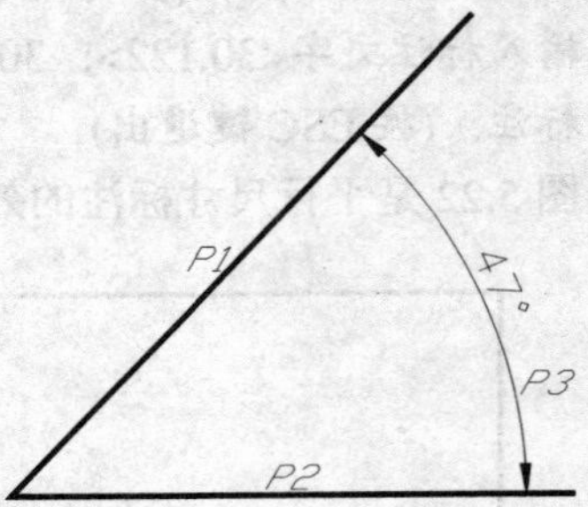

图 5.24　标注角度尺寸

图 5.24 是标注角度尺寸的效果。Diameter 命令用来标注圆和圆弧的直径。

6) 共有基准标注

Baseline 命令可以选取一个已存在的尺寸作为标注基准，来标注新的尺寸。所有新的尺寸都是以标注基准的第一尺寸界线作为基准，通过第二尺寸界线的起点来标注新的尺寸。命令格式如下，标注结果如图 5.25 所示。

命令：DIMLINEAR　　　；水平尺寸作为标注基准

指定第一条尺寸界线原点或<选择对象>：int

于　P1 (输入第一尺寸起点)

指定第二条尺寸界线原点：int

于　P2 (输入第二尺寸起点)

指定尺寸线位置或 P3(输入尺寸线位置)[多行文字(M)/文字(T)/角度(A)/水平(H)/垂直(V)/旋转(R)]：

标注文字=200

命令：DIMBASELINE；共有基准标注

指定第二条尺寸界线原点或[放弃(U)/选择(S)]<选择>：int

于　P4 (选第二尺寸界线点)

标注文字=400

指定第二条尺寸界线原点或[放弃(U)/选择(S)]<选择>：int

于　P5 (选第三尺寸界线点)

标注文字=600

指定第二条尺寸界线原点或[放弃(U)/选择(S)]<选择>：

选择基准标注：(按 ESC 键退出)

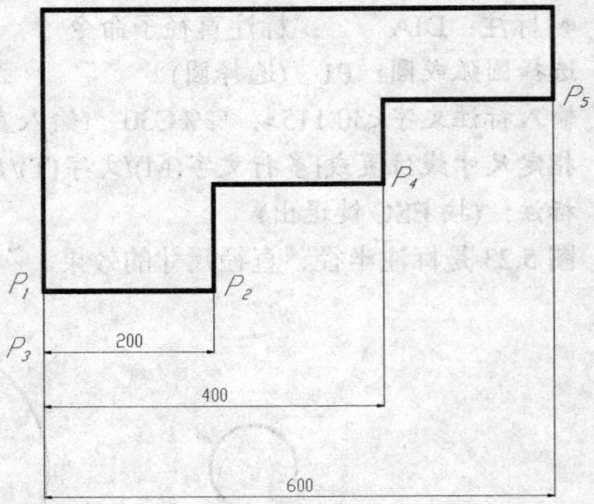

图 5.25　共有基准尺寸标注

7) 标注连续型尺寸

Continue 命令可以选取一个已存在的尺寸的第二尺寸界线的起点作为新尺寸的第一尺寸界线的起点，来标注连续尺寸。命令格式如下，标注结果如图 5.26 所示。

命令：DIMLINEAR　　　；标垂直尺寸作为标注基准

指定第一条尺寸界线原点或<选择对象>：int

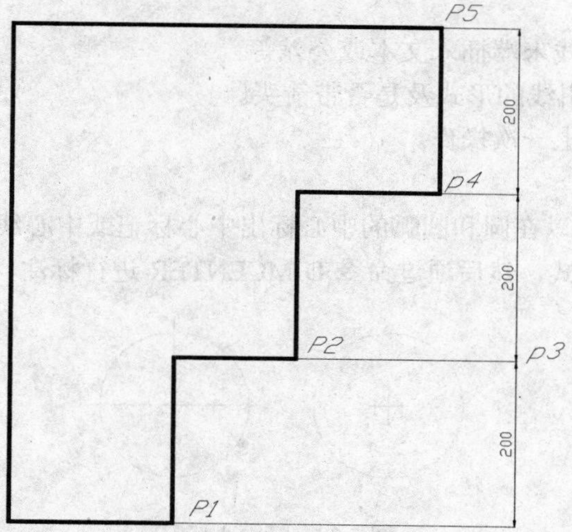

图 5.26　标注连续型尺寸

于　P1　(输入第一尺寸起点)

指定第二条尺寸界线原点：int

于　P2　(输入第二尺寸起点)

指定尺寸线位置或[多行文字(M)/文字(T)/角度(A)/水平(H)/垂直(V)/旋转(R)]：P3　(输入尺寸线位置)

标注文字=200

命令：DIMCONTINUE　(标注连续型尺寸)

指定第二条尺寸界线原点或[放弃(U)/选择(S)]<选择>：int

于　P4　(选第二尺寸界线点)

标注文字=200

指定第二条尺寸界线原点或[放弃(U)/选择(S)]<选择>：int

于　P5　(选第三尺寸界线点)

标注文字=200

指定第二条尺寸界线原点或[放弃(U)/选择(S)]<选择>：(按 ESC 键退出)

8) 标注旁注文本

leader 命令可以画出一条引出线，将注释与一个几何特征相连，引出线是一条由样条曲线或直线段和与其相连的箭头组成。命令格式如下，标注结果如图 5.27 所示。

命令：LEADER

指定引线起点：P1

指定下一点：P2

指定下一点或[注释(A)/格式(F)/放弃(U)]<注释>：P3

指定下一点或[注释(A)/格式(F)/放弃(U)]<注释>：A

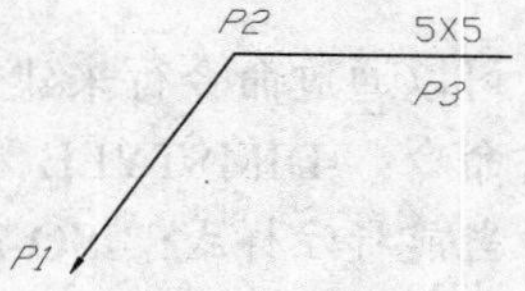

图 5.27　标注旁注文本

输入注释文字的下一行：(回车)

各选项的意义：

(1) 注释(A)：在引线末端插入文本或公差等。

(2) 格式(F)：确定引线的形式及是否带箭头。

(3) 放弃(U)：取消上一次操作。

9) 标注中心标记

Center Mark 命令可以在圆和圆弧的中心标出中心标记或中心线，先通过设置系统变量 DIMCEN 来设置标注格式，然后通过命令 DIMCENTER 进行标注，标注结果如图 5.28 所示。

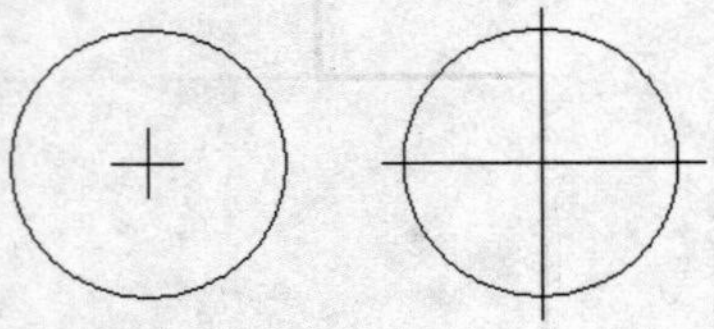

图 5.28　标中心标记

命令：DIMCEN

输入 DIMCEN 的新值<2.5000>:

如果输入 2，表示中心标记线长 2mm；如果输入-2，表示中心线超出圆 2mm；如果输入 0，表示不会生成圆心标记。

命令：DIMCENTER

选择圆弧或圆:

5.3.5　覆盖尺寸变量

Override 命令用来覆盖尺寸变量，修改指定尺寸实体的尺寸变量的设置，它只对指定的尺寸作修改，并不影响当前尺寸变量的设置。命令格式如下：

命令：DIMOVERRIDE

输入要替代的标注变量名或[清除替代(C)]: dimtxt　(修改文字高度)

输入标注变量的新值<22.0000>: 11　(修改为 11)

输入要替代的标注变量名：回车

选择对象: (选取的尺寸将按新的尺寸变量来标注)

若选 C 选项，将出现提示：

选择对象：将把选取的尺寸恢复成当前尺寸变量设置的形式。

5.3.6　更新尺寸标注样式

可以通过命令行来建立和修改尺寸标注样式，命令格式如下：

命令：-DIMSTYLE　　　；命令前用-号抑制对话框，出现命令序列。

当前标注样式: ISO-25

当前标注替代:

输入标注样式选项[保存(S)/恢复(R)/状态(ST)/变量(V)/应用(A)/?]<恢复>:

各选项说明如下：

(1) 保存(S)：将当前尺寸变量的设置保存到一个尺寸样式名中。

(2) 恢复(R)：选取一个已有的尺寸样式名，此样式作为当前尺寸变量的样式。

(3) 状态(ST)：显示所有标注系统变量的当前值，列出变量后结束本命令。

(4) 变量(V)：列出标注样式的系统变量的设置，并不改变当前设置。

(5) 应用(A)：以当前设置的尺寸变量更新选中的标注对象。

(6) ?：查询当前尺寸变量的样式名。

5.3.7 快速尺寸标注

Qdim 命令用来快速标注尺寸，可以快速创建一系列尺寸标注，对于标注一系列连续尺寸或一系列圆和圆弧来说特别有效，如图 5.29 所示。命令格式如下：

以下操作可快速标注出一系列圆中心距：

- 命令：QDIM

关联标注优先级=端点

选择要标注的几何图形：找到 1 个(选择第一个圆)

选择要标注的几何图形：找到 1 个，总计 2 个(选择第二个圆)

选择要标注的几何图形：找到 1 个，总计 3 个(选择第三个圆)

选择要标注的几何图形：回车

指定尺寸线位置或[连续(C)/并列(S)/基线(B)/坐标(O)/半径(R)/直径(D)/基准点(P)/编辑(E)/设置(T)]<连续>：(指定尺寸线位置 同时标注出中心距)

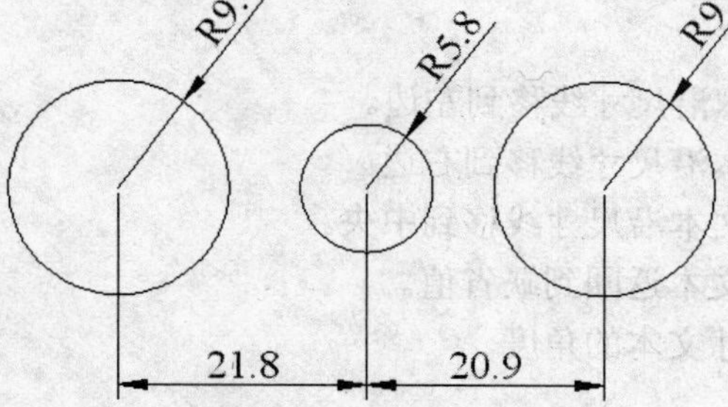

图 5.29 快速标注尺寸

以下操作可快速标注出一系列圆的半径：

- 命令：QDIM

关联标注优先级=端点

选择要标注的几何图形：找到 1 个(选择第一个圆)

选择要标注的几何图形：找到 1 个，总计 2 个(选择第二个圆)

选择要标注的几何图形：找到 1 个，总计 3 个(选择第三个圆)

选择要标注的几何图形：回车

指定尺寸线位置或[连续(C)/并列(S)/基线(B)/坐标(O)/半径(R)/直径(D)/基准点(P)/编辑(E)/设置(T)]<连续>：R

指定尺寸线位置或[连续(C)/并列(S)/基线(B)/坐标(O)/半径(R)/直径(D)/基准点(P)/编辑(E)/设置(T)]<半径>:（指定第一个圆，同时标注出各圆半径。）

5.3.8 尺寸编辑

1) 编辑尺寸文本

dimedit 命令可用来编辑尺寸文本和对尺寸线重新定位，可改变文本值，并旋转尺寸文本。命令格式如下：

命令： DIMEDIT

输入标注编辑类型[默认(H)/新建(N)/旋转(R)/倾斜(O)]<默认>:

Command: dimedit

Enter type of dimension editing[Home/New/Rotate/Oblique]<Home>:

各选项说明如下：

(1) 默认(H)：使尺寸文本回到原来的缺省状态，保持原定义的值。

(2) 新建(N)：用来输入新的标注文字或选择“确定”接受缺省的测量长度。

(3) 旋转(R)：旋转尺寸文本。

(4) 倾斜(O)：调整线型标注尺寸界线的倾斜角度。

2) 控制尺寸文本的位置

dimtedit 命令可用来移动和旋转尺寸文本，对尺寸文本进行重新定位。命令格式如下：

命令：DIMTEDIT

选择标注：(选取尺寸文本)

指定标注文字的新位置或[左(L)/右(R)/中心(C)/默认(H)/角度(A)]:

各选项说明如下：

(1) 左(L)：将尺寸文本沿尺寸线移到左边。

(2) 右(R)：将尺寸文本沿尺寸线移到右边。

(3) 中心(C)：将尺寸文本沿尺寸线移到中央。

(4) 默认(H)：将尺寸文本返回到缺省值。

(5) 角度(A)：改变尺寸文本的角度。

5.4 公差标注

绘制工程图形时，除了需要尺寸标注外，还需要标注形位公差。AutoCAD 提供了多种标注常用形位公差的方式。以下介绍形位公差的标注。

Tolerance 命令用来生成形位公差控制框和相应的尺寸标注，其中包括形位公差符号、形位公差值和代号等。形位公差定义图形中形状、轮廓、定向、定位的最大允许误差以及几何图形的跳动允差。它们指定某些函数的精度，并与 AutoCAD 中所绘制的对象匹配。

AutoCAD 在图形的形位公差框格中标出形位公差。这些框划分为包含公差特征符号的框格，其后是一个或多个公差值。公差前可以加直径符号，后面可带基准和包容条件符号，如图 5.30 所示。其命令格式如下：

Command：Tolerance

执行该命令将出现 GeometricTolerance 对话框，如图 5.31 所示。

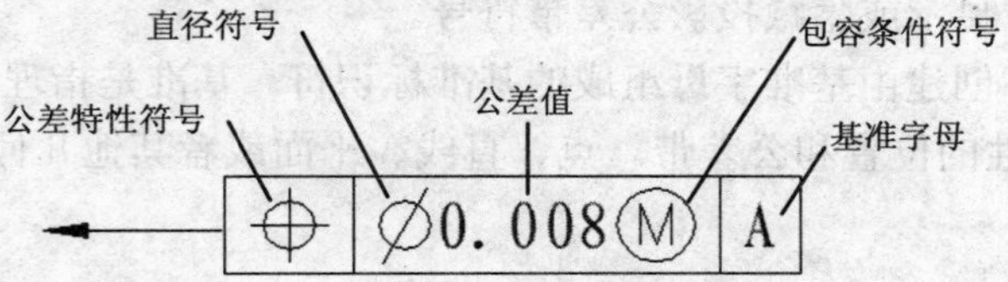

图 5.30　形位公差框格说明

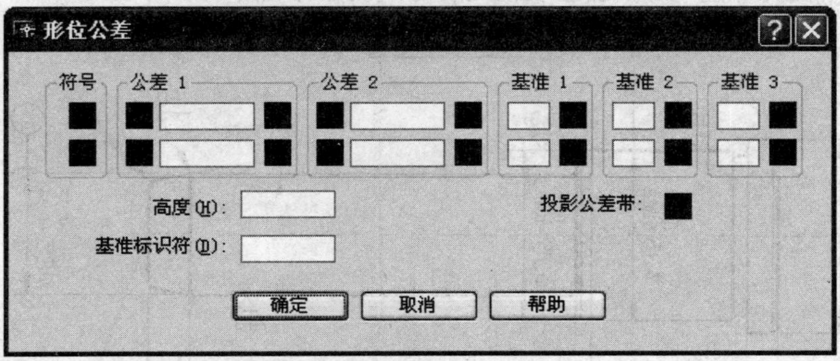

图 5.31　形位公差对话框

下面介绍对话框各项含义：

(1) 符号：选取公差特性符号，点击黑框将显示“符号”对话框，如图 5.32 所示。对话框显示出定位、形状、轮廓和跳动等公差特征符号，选择要使用的符号后，此符号在黑色方框中显示出来。

(2) 公差 1：该组框创建第一组形位公差值，单及左边的黑色图标可以添加或删除直径符号。在中间的编辑框中输入形位公差的数值。单及右边的黑色图标，将显示“包容条件”对话框，如图 5.33 所示。

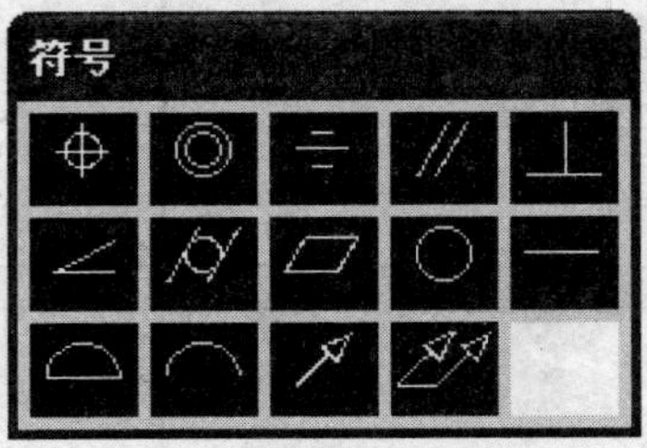

图 5.32　形位公差特征符号

图 5.33　包容条件对话框

(3) 公差 2：该组框创建第二组形位公差值。

(4) 基准 1：该组框确定形位公差的第一基准，在编辑框中输入形位公差的基准代号，单击右侧黑色图标显示“包容条件”对话框并选择需要的符号。

(5) 基准 2：该组框确定形位公差的第二基准，使用方法与基准 1 相同。

(6) 基准 3：该组框确定形位公差的第三基准，使用方法与基准 1 相同。

(7) 高度：在公差框中创建投影公差带的值，该值控制固定垂直部分延伸区的高度变化，并且以位置公差来指定公差。

(8) 投影公差带：显示或隐藏投影公差带符号。

(9) 基准标识符：创建由基准字母组成的基准标识符。基准是指理论上精确的几何参照，由它可以建立其他特性的位置和公差带。点、直线、平面或者其他几何图形都能作为基准。

■ 练习

(1) 完成下图并标注尺寸，公差及粗糙度等，设零件轮廓线条的粗度是 1mm。

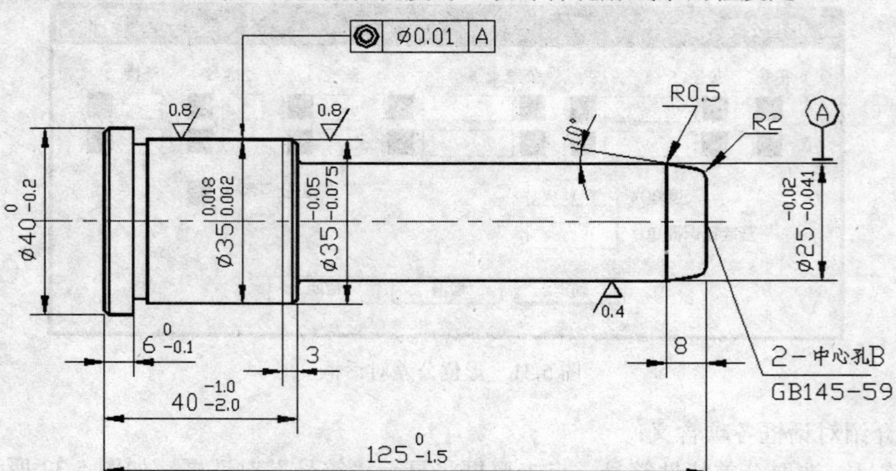

(2) 完成下图并标注尺寸，公差及粗糙度等，设零件轮廓线条的粗度是 1mm。

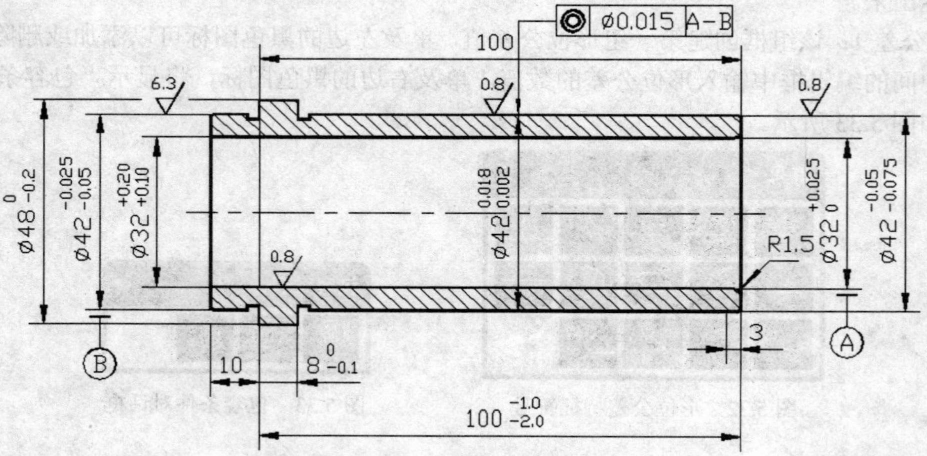

6 块和属性方法

将图中重复出现的结构和符号定义成块或建立块库，然后用插入的方法在以后的图中任意位置插入，并可多次使用，这不仅减少了大量重复劳动，而且使绘图编辑更为简易。块是 AutoCAD 中提高工作效率的一项重要技术。

属性是附属于块的文本信息，它为产品的数据管理提供了方便，是 CAD 技术中又一个重要概念和功能。

6.1 定义块命令(BLOCK)

用 BLOCK 命令可把图中一组实体或整个图形定义成块，然后在当前图中可随时插入。

1) 调用方式

- 菜单：绘图→块
- 工具条：绘图→ 
- 命令行：BLOCK(或 BMAKE)

2) 命令序列

以图 6.1(a)为例，将粗糙度符号定义成块 CC：

命令：-BLOCK （“-”号可抑制对话框出现）

输入块名或[?]：CC(块名)

指定插入基点：INT(插入基点)

选择对象：（“C” 窗口第一点 PC1)

指定对角点：(窗口第二点 PC2)

选择对象：(Enter，结束实体选择)

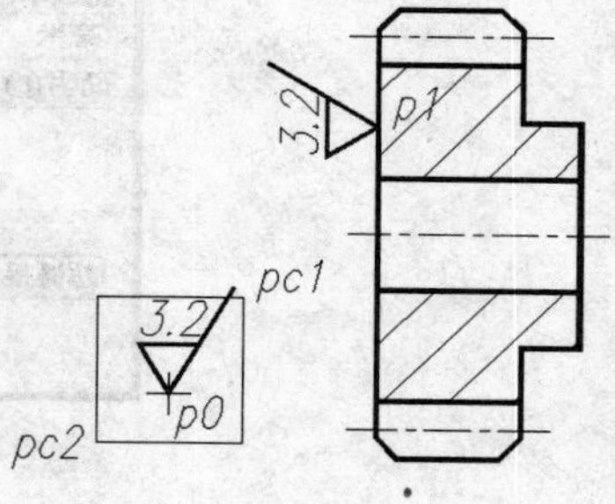

(a) (b)

图 6.1

3) 说明

(1) 块名由字母、数字和字符等组成，长度小于等于 31 个字符。若用户输入的块名与已定义的块名重名时，系统将提示：

块“CC”已经存在，重新定义它吗？[Yes/No]<N>:

若用“Y”回答，系统将对该块重新定义，图形将重新生成，其中的旧块被同名的新块替换。

(2) 插入基点是该块以后被插入时的定位点。插入基点一般选在块的几何中心或边界点。

(3) 用 BLOCK 命令定义的块实体是保存在当前图形文件中，可在当前图形中被调用和编辑，但它不能被其他图形调用。若要其他图形共享，可用 WBLOCK 命令将块写入磁盘文件，以便其他图形调用。

(4) 块在 AutoCAD 中作为一个单独的实体处理。例如在编辑过程中，只要选中块中任一实体，就可对整个块进行擦除、移动等编辑操作。

(5) 块可由不同图层上的实体组成，层的信息也保存在块中。

(6) 块可以嵌套，一个块里可以包含多个不同名的子块，块套块的深度是无限的。

4) VLISP 中调用 BLOCK 命令的语句格式

(Command "block" "cc" p0 "c" pc1 pc2 "")

；将“C”窗口中实体定义成块，块名为“CC”，插入基点为 P0

5) “块定义”对话框的使用

调用 BLOCK(或 BMAKE)命令后，系统打开“块定义”对话框，如图 6.2 所示。其选项说明如下：

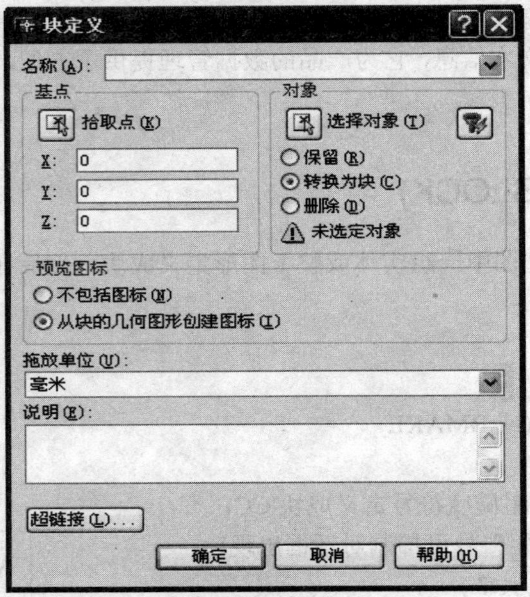

图 6.2 块定义对话框

(1) “名称”下拉列表框：用于输入新块名。

(2) “基点”操作框：用于设置块的插入基点。“拾取点”按钮选中后，将转入图形屏幕拾取块的插入基点。

(3) “对象”操作框：用于选取需要包括在新块中的对象，同时可以选择：

①“保留”：保留所选图形。

②“转换为块”：将所选图形转换为块。

③“删除”：定义了块后，删除所选图形。

④“选择对象”：按钮按下后，系统转入图形屏幕，用户可选取定义为块的图形对象，选完后回车返回。

(4) “预览图标”操作框：可以预览所选图形对象，在这里可以用一个图标的形式预览所选图形。

①“不包括图标”：选中后，则不显示预览图标。

②“从块几何形状创建图标”：选中后，将在预览框中显示一个所选对象的图标。

(5) “拖放单位”下拉列表框：用于指定块插入的比例单位。

(6) “说明”文本编辑框：用于输入与块定义有关的说明。

完成上面各项操作后，单击“确定”按钮，即可实现一个块定义操作。

6.2 插入块命令(INSERT)

用 INSERT 命令可把当前图形中已定义的块或磁盘中的其他图形文件以块实体的形式插入到当前的指定位置。

1) 调用方式

- 菜单：插入→块
- 工具条：绘图→ 
- 命令行：INSERT

2) 命令序列

以图 6.1(b)为例，将粗糙度符号(块 CC)插入图中点 P1：

命令：-INSERT （“-”号可抑制对话框出现)

输入块名或[?]：CC(块名)

指定插入点或[比例(S)/X/Y/Z/旋转(R)/预览比例(PS)/PX/PY/PZ/预览旋转(PR)]：(插入点 P1)

输入 X 比例因子，指定对角点，或[角点(C)/XYZ]<1>：1 (X 比例因子)

输入 Y 比例因子或<使用 X 比例因子>：1 (Y 比例因子

指定旋转角度<0>：90(旋转角度)

3) 说明

(1) 回答块名可用以下几种方式：

① ？：列出当前图形中已定义的块名。

② 块名：给出已定义的块名。

③ *块名：将已定义的块打碎，以便对构成块的实体进行单独编辑。

④ 图形文件名：将磁盘上已有的图形文件名作为块名调到当前图形中作为块定义，然后绘制这个新定义的块。利用这一功能，可建立由多个图形文件组成的零件图形库或符号库，其中的每一个图形文件都是在图形编辑状态下建立的，可以方便地将其插入到其他图中。

⑤ 块名=图形文件名：块名是由磁盘中的图形文件调入后建立的新块名。文件类型(.DWG)不必给出。该图形成为当前图形的一部分，且成为块定义。

(2) 插入点就是确定块位置的定位点。输入块的插入点时，可采用“拖动”方式。

(3) 输入块实体绘制的比例因子可用三种方式：

① 分别输入 X 和 Y 方向的比例因子。若比例因子有负值，则产生相应方向的镜像图。

② 当用“C”回答第三个提示时，系统将提示：“另一角点”，该点和插入点构成一个矩形框，矩形框的边长就是输入的 X 和 Y 方向的比例因子。

③ 输入 XYZ，表示插入一个三维块，此时要求输入 X、Y、Z 的比例因子。

(4) 输入旋转角度时，可直接输入一个角度，也可用拖动方式输入一点来指定角度。

(5) 若块带有属性，还将接着出现输入属性值的提示。

(6) 块中可包含“0”层和“非 0”层上的实体，插入时，块中“0”层上的实体随当前层变化，“非 0”层上的实体则保留原有信息。若块中“非 0”层的层名与当前层重名，则当前层优先。

4) VLISP 中调用 INSERT 命令的语句格式

(Command "insert" "cc" p1 1 1 90)

；将块“CC”插入到 P1 点，X 比例因子和 Y 比例因子均为 1，旋转角度为 90 度。

(Command "insert" "a：\bb" pp 1 1 0)

；将 A 盘中图形 BB。DWG 插入到当前图中 PP 点，X 比例因子和 Y 比例因子均为 1，旋转角度为 0 度。

5) “Insert(插入)”对话框的使用

执行 INSERT 命令后，弹出“插入”对话框，如图 6.3 所示。对话框中各选项基本与命令序列中的选项相同，这里不再赘述。

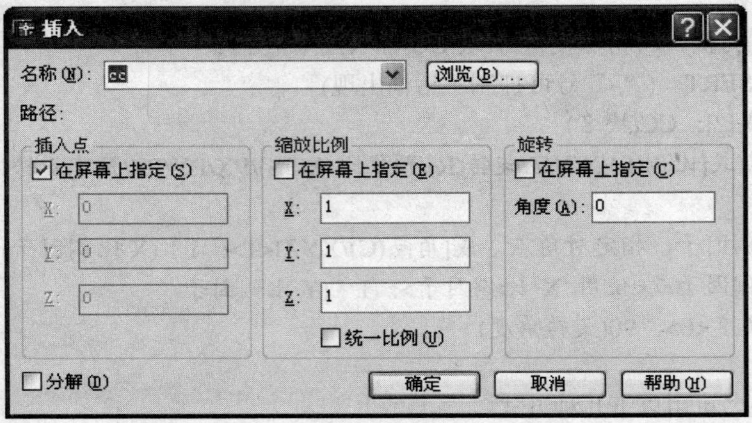

图 6.3 “块插入”对话框

6.3 多重插入块命令(MINSERT)

用 MINSERT 命令可按矩形阵列方式将块多次插入。

1) 调用方式

命令行：MINSERT

2) 命令序列

如图 6.4 所示，将已定义的块 LK(图 6.4(a))用 MINSERT 命令插入到图 6.4(c)中。

命令：MINSERT

输入块名或[?]<CC>：LK(块名)

指定插入点或[比例(S)/X/Y/Z/旋转(R)/预览比例(PS)/PX/PY/PZ/预览旋转(PR)]：INT (插入点)于(点 P0)

输入 X 比例因子，指定对角点，或[角点(C)/XYZ]<1>：1 (X 比例因子)

输入 Y 比例因子或<使用 X 比例因子>：1 (Y 比例因子)

指定旋转角度<0>：0 (旋转角度)

输入行数 (---)<1>：2 (行数)

输入列数 (|||)<1>：3 (列数)

输入行间距或指定单位单元(---)：20 （行距）

指定列间距 (|||)：15 （列距）

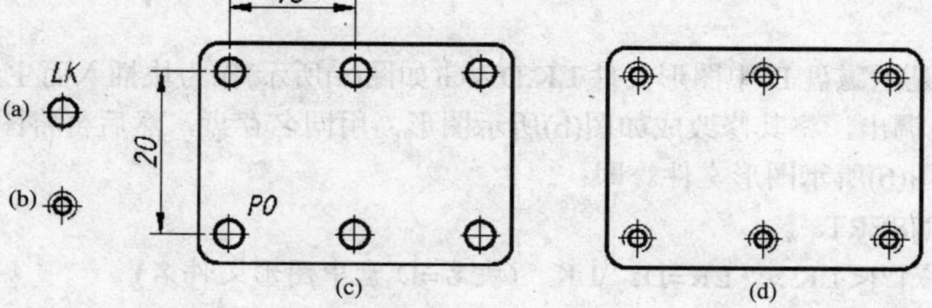

图 6.4

6.4 块的分解、修改或替换

6.4.1 块的分解

块在图中是作为一个单一的实体进行处理，若要对块中某一实体进行修改，就需要将块打碎，使其分解成单个的实体。分解块的方法有两种：

(1) 在块插入后用 EXPLODE 命令将块炸开。

- 命令：EXPLODE
- 选择实体：(选择块实体)

(2) 在块插入时，回答提示“输入块名或[？]<aa>：”用“*块名”将块打碎，以供用户修改其中的实体。

6.4.2 块的修改或替换

一个图形中若含有多个相同的块，或者被插入的是一个图形文件，则还可用替换块的方法来修改整个图形。如图 6.4 所示，如果想将图 6.4(c)中六个相同的圆孔(用 MINSERT 或 INSERT 命令插入的块)改成图 6.4(d)中六个相同的螺孔，则只需将图 6.4(a)所示块修改成图 6.4(b)所示块，然后用 BLOCK 命令重新定义，便可迅速达到目的。

修改或替换块的操作方法如下：

(1) 用 EXPLODE 命令将图(a)所示块分解并修改成图(b)所示图形(或重新绘制)。

(2) 用 BLOCK 命令将图(b)重新定义成块，注意新块名及插入基点与原块相同。即：

命令：-BLOCK

输入块名或[?]：LK

块“LK”已存在。是否重定义？[是(Y)/否(N)]<N>：Y （重新定义块“LK”）

指定插入基点：INT （指定插入基点）

Of （捕捉中心点）

选择对象：(窗口右上角点)

指定对角点：(窗口左下角点)

选择对象：(Enter，结束实体选择)

块“LK”已重定义

此时新定义的块 LK 从屏幕上消失，图(c)中的所有块被新块替换，最后得到如图(d)所示图形。

假设图(c)是用磁盘 D 中图形文件 LK.DWG(如图(a)所示)作为块插入而生成的图形，则要将图 LK.DWG 调出，将其修改成如图(b)所示图形，用同名存盘，然后再将图(c)调出，重新插入修改后如图(b)所示图形文件。即：

命令：MINSERT

输入块名或[?]< LK >: LK=D: \LK　(块名=D 盘中图形文件名)

块 LK 已经存在，重新定义它吗?[Yes/No]<N>: Y　(重新定义)

块 LK 已经重新定义。

指定插入点或[比例(S)/X/Y/Z/旋转(R)/预览比例(PS)/PX/PY/PZ/预览旋转(PR)]:

按 Esc 键，退出。此时，将看到调用 D 盘中新文件 LK.DWG 插入的块 LK 替换了以前的块定义，图(c)变成如图(d)所示。

6.5 指定基点命令(BASE)

AutoCAD 也允许任何 DWG 文件作为图块使用，其插入基点缺省为(0，0)也可在整个图形存盘前用 BASE 命令指定基点，以备以后用 INSERT 命令插入该图形时定位之用。

命令序列(图 6.5)：

命令：BASE

输入基点<0.0000，0.0000，0.0000>: (点 P0) (指定基点)

许多二次开发应用软件中的图库实际上就是这类图块的集合。

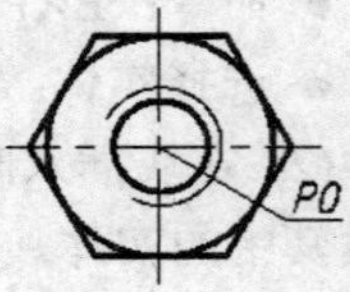

图 6.5

6.6 写块命令(WBLOCK)

用 WBLOCK 命令可将图形的全部或一部分定义成块，并以图形文件(.DWG)形式存入磁盘，以便与其他图形共享。

1) 命令序列

命令：-WBLOCK

执行此命令后，弹出“创建图形文件”对话框，在该框的“文件名”编辑框中输入文件名，然后单击“保存”退出该对话框，接着命令行出现如下提示：

输入现有块名或[=(块=输出文件)/*(整个图形)]<定义新图形>:

2) 选项说明

(1) 块名：输入现有的块名，将该块写入一个文件中。

(2) =：将与文件名同名的块写入磁盘。

(3) *：将整个图形写入磁盘，它类似于 SAVE 命令的作用，只是未调用的块不写入文件，它提供了将当前图形存盘时清除无用块的方法，它还会清除那些无用的层、线型和文本字型。

类似于 PURGE 命令。

(4) 空格键(或 Enter 键)：它类似于执行 BLOCK 命令，系统要求指定插入基点和选择实体。被选实体写入指定的磁盘文件。例如将图 6.5 所示图形写入磁盘，其操作过程如下：

命令：-WBLOCK

在对话框中输入文件名后单击“保存”退出，接着命令行出现如下提示：

输入现有块名或[=(块=输出文件)/*(整个图形)]<定义新图形>：(空格键或 Enter 键)

指定插入基点：(指定插入基点 P0)

选择对象：(用窗口选择实体)

创建了该文件后被选的对象将消失，用户可用“OOPS”命令将其恢复。

3) “写块”对话框的使用

执行 WBLOCK 命令，弹出“写块”对话框，如图 6.6 所示。该对话框与图 6.2 有些不同，要求用户必须在“目标”框中输入要建立的块文件的名称和路径。另外，还必须在“源”框中确定块的定义范围。其中，“块”是指现有的块，“整个图形”是指当前正在绘制的整个图形。

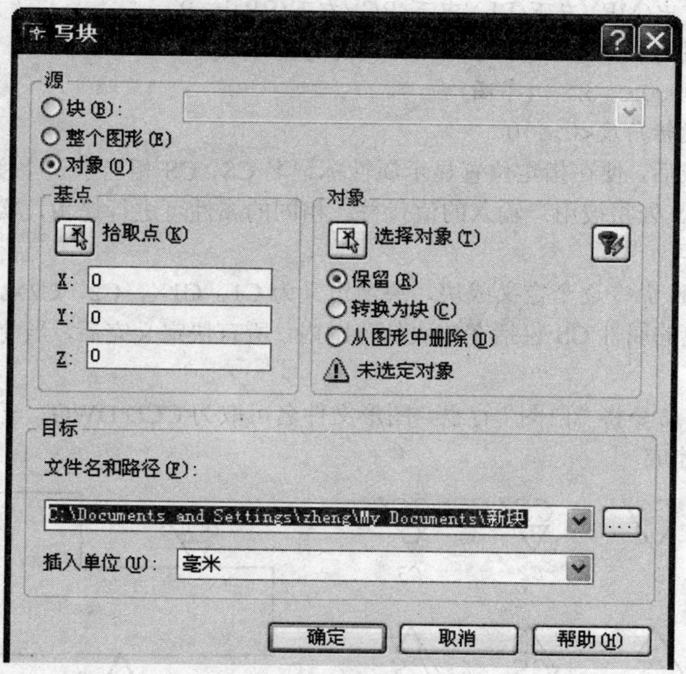

图 6.6 “写块”对话框

6.7 块图形库的建立与调用

将设计工作中经常出现的图形和符号(如机械制图中的标准件、焊接符号、粗糙度符号等、建筑制图中的门窗等)汇集起来，组成图形库。当绘制一张图时可用块插入的方法来调用这些图形或块。则可减少大量绘图工作量，提高工作效率、缩短设计周期。下面以粗糙度符号为例说明块图形库的建立与调用方法。

6.7.1 建立含有属性的粗糙度符号块库(CCD.DWG)

(1) 在屏幕上绘制如图 6.7 所示粗糙度符号。

(2) 粗糙度值是变化的可定义成属性，对每一个块的属性定义方式如下(以块 C1 为例)：

命令：-ATTDEF(“-”号可抑制对话框出现)

当前属性模式：不可见=N 固定=N 验证=N 预置=N

输入要修改的选项[不可见(I)/固定(C)/验证(V)/预置(P)]<完成>：(Enter)

输入属性标记名：CS(属性标记名)

输入属性提示：粗糙度值 (属性提示可用汉字)

输入默认属性值：(Enter) (缺省属性值)

当前文字样式：Standard

当前文字高度：2.5000

指定文字的起点或[对正(J)/样式(S)]：J

输入选项[对齐(A)/调整(F)/中心(C)/中间(M)/右(R)/左上(TL)/中上(TC)/右上(TR)/左中(ML)/正中(MC)/右中(MR)/左下(BL)/中下(BC)/右下(BR)]：R

指定文字基线的右端点：(指定属性文字底线右端点)

指定高度<2.5000>：3.5 (字高)

指定文字的旋转角度<0>：0

上述对话完成后，便在指定位置显示属性标记名 CS，CS 相当于一个变量，在用 INSERT 命令插入块时，CS 处将被用户输入的值代替。相同的属性可进行拷贝，实际上只需定义 C1 和 C1X 的属性即可。

(3) 用 BLOCK 命令逐个定义成块，块名定义为 C1，C1X，C2，C2X，…，注意，选实体时，必须将相应的属性 CS 包括在该块的范围内。所有块定义完后，当前屏幕应呈一张“白图”。

(4) 用 SAVE 命令将“白图”存盘，图形文件名可取为 CCD.DWG。至此带属性的块图形库 CCD.DWG 已建成。

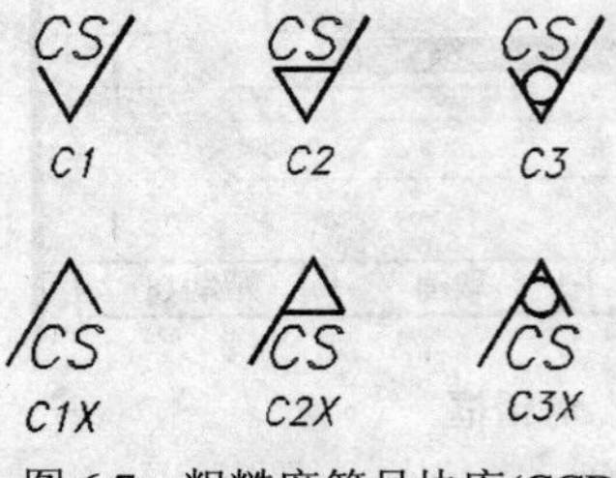

图 6.7 粗糙度符号块库(CCD.DWG)

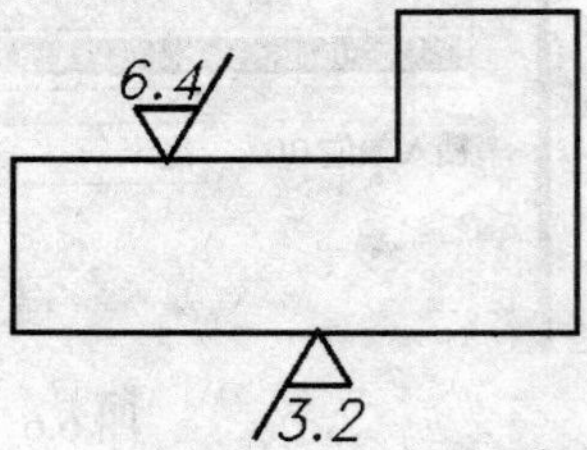

图 6.8 块的插入

6.7.2 块图形库的调用

要调用块库中的块，必先将块库调入。如图 6.8 要标注图中的粗糙度，可通过如下操作：

用 INSERT 命令调入块库 CCD.DWG(假设在 D 盘中)

命令：-INSERT

输入块名或[?]<cc>: D: CCD (调入 D 盘中的块库 CCD.DWG)

指定插入点或[比例(S)/X/Y/Z/旋转(R)/预览比例(PS)/PX/PY/PZ/预览旋转(PR)]: (按 Esc 键)

至此块库 CCD.DWG 已调入内存，因是一张“白图”，屏幕上没有什么变化。

再用 INSERT 命令调用块库中之块 C2(或 C2X)：

命令：-INSERT

输入块名或[?]<ccd>: C2 (调用块 C2)

指定插入点或[比例(S)/X/Y/Z/旋转(R)/预览比例(PS)/PX/PY/PZ/预览旋转(PR)]: (指定插入点 P1)

输入 X 比例因子，指定对角点，或[角点(C)/XYZ]<1>: 1 (X 比例因子)

输入 Y 比例因子或<使用 X 比例因子>: 1 (Y 比例因子)

指定旋转角度<0>: 0 (旋转角度)

输入属性值: (回车)

粗糙度值: 6.4

由于定义的块含有属性 CS，因此最后提示输入属性值，输入不同属性值，可使同一个图块标出不同的粗糙度，也可在图中插入多个不同的粗糙度符号。属性概念的引入，使块的处理能力得以极大扩展。块库中块的数量大大减少，从而也节省了磁盘空间。

6.8 属性

属性是存贮在块定义中的文字信息，用来描述该块的某些特征，如建筑中门窗的规格，电子元件的型号，机械零件的名称、材料、重量、制造厂家等，块附加了属性信息后，使块的处理能力得以极大地扩展，例如用一个粗糙度符号图块就可以表示一系列不同粗糙度值的符号。

属性是块中附加的一种特殊文字信息，是块的一个重要组成部分。实际上，块=图形+文本+属性说明。

(1) 属性要在块定义之前用专门的命令 ATTDEF 进行定义。属性定义包括属性显示方式、属性名、属性提示、缺省值、属性在块中的位置等。

(2) 属性名是说明属性的名称和含义的字符串，类似于变量名，一个属性被定义后，属性名便出现在图形的指定位置，定义块时应将此属性名包括进去。当块被插入时，AutoCAD 会用属性提示输入属性值。属性值是说明属性具体内容的字符串，一个块插入后，属性值就显示并取代属性名的位置。

(3) 在块定义之前，属性同文本(TEXT)一样，可用 CHANGE 命令来修改属性名、属性提示、和缺省值等字符串。在块插入后，属性有专门的修改命令：ATTDISP — 修改属性的可见性，ATTEDIT -- 修改可见属性的值、位置和方向等。

(4) 可用属性提取命令 ATTEXT 从图形文件中将属性值单独提取出来，并以数据文件形式收集成磁盘文件，可供外部数据库管理系统(如 DBASEIII、FOXBASE、FoxPro、Visual FoxPro 等)，高级语言程序实现材料明细表生成、进行工程或产品成本核算和统计等。

(5) 一个块可以含有多个属性，同一个属性在块被多次调用时，可以指定不同的属性值。含有属性的块被作为一个单一的实体处理，例如当块被移动或删除时，属性也随之移动或删除。

6.8.1 定义属性命令(ATTDEF)

用 ATTDEF 命令可在块定义前定义一个属性，包括属性显示方式、属性名、属性提示、缺省值，以及属性字符串的位置、字体、高度和旋转角度等。

1) 调用方式

- 菜单：绘图→块→定义属性
- 命令行：ATTDEF

2) 定义属性块的操作步骤

设零件图中的零件名称、材料、重量和规格要用属性来表示，每个属性的意义如表 6.1 所示。

表 6.1

	属性名	属性提示	缺省值	属性方式
零件名称	MC	名称:	(空)	可见，变量不验证，不预置
材料	CL	材料:	45	不可见，变量验证，不预置
重量	ZL	重量:	(空)	不可见，变量不验证，不预置
规格	GG	规格:	(空)	不可见，变量不验证，不预置

如图 6.9(a)所示，定义属性块的操作步骤如下：

(1) 首先绘制零件图(以一矩形框表示)，然后定义属性。属性定义方式可在命令行上进行，也可用对话框进行。

① 在命令行上定义属性。

命令：-ATTDEF ；“-”号可抑制对话框出现

当前属性模式：不可见=N 固定=N 验证=N 预置=N

输入要修改的选项[不可见(I)/固定(C)/验证(V)/预置(P)]<完成>: (Enter)

属性为可见，变量，不验证，不预置。

输入属性标记名：MC (属性名)

输入属性提示：名称 (属性提示)

输入默认属性值：(Enter) (缺省属性值为空)

当前文字样式：Standard

当前文字高度：3.5000

指定文字的起点或[对正(J)/样式(S)]：(属性文字起点)

指定高度<3.5000>: 3.5 (字高)

指定文字的旋转角度<0>: 0 (旋转角度)

上述过程定义了零件图的一种属性，即零件名称。此时在图中指定位置出现属性名 MC。

从属性的定义过程可知，属性定义有四种选择方式：

- 不可见：定义属性在图中的可见性。取 N，属性可见；取 Y，属性不可见。
- 固定：确定属性是否为常量。取 Y，属性为常量，不论图块插入几次，属性值均不会改变，编辑命令亦不能改变它；取 N，属性为变量，在插入图块时，要求输入属性值。

● 验证：确定在插入图块时，属性值是否需要验证。取 Y，在插入时，输入属性值后，再将它显示出来，让使用者验证输入是否正确，不正确时可重输属性值。

● 预置：确定属性值是否采用预置方式。取 N，即属性值不采用预置方式，不利用缺省值。取 Y，则采用预置方式，当块被插入时，将不要输入属性值，而是自动赋予缺省值。如果定义属性时未确定缺省值，则预置的结果属性值为空。

属性的四种选择方式可通过键入 I、C、V 和 P 来设置，并按 Enter 键继续属性定义。

下面再将材料属性定义为不可见、变量、验证、不预置方式：

命令：-ATTDEF

当前属性模式：不可见=N　固定=N　验证=N　预置=N

输入要修改的选项[不可见(I)/固定(C)/验证(V)/预置(P)]<完成>：I　(属性为不可见)

当前属性模式：不可见=Y　固定=N　验证=N　预置=N

输入要修改的选项[不可见(I)/固定(C)/验证(V)/预置(P)]<完成>：V　(属性为要验证)

当前属性模式：不可见=Y　固定=N　验证=Y　预置=N

输入要修改的选项[不可见(I)/固定(C)/验证(V)/预置(P)]<完成>：(Enter)

输入属性标记名：CL　(属性名)

输入属性提示：材料　(属性提示)

输入默认属性值：45　(缺省属性值为 45 号钢)

当前文字样式：Standard

当前文字高度：3.5

指定文字的起点或[对正(J)/样式(S)]：(属性文字起点)

指定高度<3.5>：3.5　(字高)

指定文字的旋转角度<0>：0　(旋转角度)

此时在图中指定位置出现材料属性名 CL。

其余两个属性(重量和规格)的定义过程同上，其结果如图 6.9(a)所示。

② 使用对话框定义属性。执行 ATTDEF 命令后，将弹出“属性定义”对话框，如图 6.10 所示，在该对话框中，用户可进行属性定义。该对话框中各项的意义及使用与前面命令序列中的介绍相同，这里不再赘述。

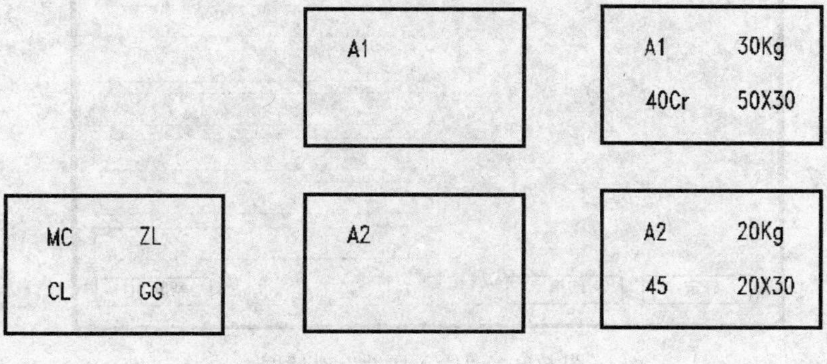

(a)　(b)　(c)

图 6.9

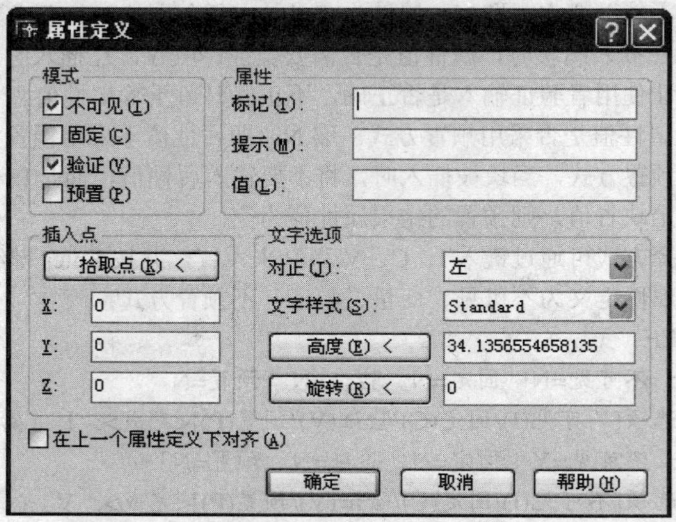

图 6.10 “属性定义”对话框

(2) 定义属性块。属性定义完后，再用 BLOCK 命令将属性和图形一起定义成属性块(设块名为 MP)，块定义完后，图 6.10(a)从屏幕上消失。要恢复图 6.10(a)可立即用“OOPS”命令。注意，在块定义前，属性名字串仍然属于文本实体，可用各种编辑命令对其进行编辑(如移动、旋转等)，也可用 CHANGE 命令来修改属性定义，包括属性文本特性(如字型、字高、旋转角等)、属性名、属性提示和缺省值等。

(3) 属性值的输入。带有属性的块，用 INSERT 命令插入时要求用户输入属性值，输入属性值可用下面三种方式：

① 用对话框输入属性值。系统变量 ATTDIA 可控制对话框的使用。当系统变量 ATTDIA 为非 0 值时，INSERT 命令在要求用户输入属性值时，将显示如图 6.11 所示对话框。

图 6.11 “输入属性”对话框

在输入框中显示属性的缺省值时，用户可在对话过程中任意检查和修改所有属性值。当所有属性值都输入后，拾取“确定”按钮，使系统回到“命令：”提示。注意，使用对话框输入方式前，必须设置系统变量 ATTDIA 为非 0 值，ATTREQ 的值为 1。

② 直接输入属性值。当系统变量 ATTDIA 为 0 值时，INSERT 命令采用“直接输入方式”输入属性值。用 INSERT 命令插入属性块时，AutoCAD 不仅要求指定块的位置、比例、旋转角度，而且要求输入块的属性值，属性值的输入顺序正好与属性定义顺序相反。

命令：-INSERT

输入块名或[?]<ccd>：MP(块名)

指定插入点或[比例(S)/X/Y/Z/旋转(R)/预览比例(PS)/PX/PY/PZ/预览旋转(PR)]：(插入点)

输入 X 比例因子，指定对角点，或[角点(C)/XYZ]<1>：1 (X 比例因子)

输入 Y 比例因子或<使用 X 比例因子>：1 (Y 比例因子)

指定旋转角度<0>：0 (旋转角度

输入属性值：(输入属性值)

规格：50 × 30

重量：30kg

材料<45>：40Cr

验证属性值

材料<40Cr>：(Enter)

名称：A1

至此，第一次插入结束，图中出现第一个零件，并显示它的名称为属性值 A1，其余属性因定为不可见则不显示。用同样方法可插入另一个零件 A2，结果如图 6.10(b)所示。

③ 间接输入属性值。系统变量 ATTREQ 可控制属性值的输入，该变量的初始值为 1，即允许用户在插入块时直接输入属性值；将该变量的值改为 0 后再插入属性块时，将取消属性值的输入过程，所有属性都被置为缺省值，如果没有缺省值则置为空。这样用户就可以在完成图形绘制后用属性编辑命令 ATTEDIT 来修改属性值。属性编辑命令 ATTEDIT 详见 6.8.3。

6.8.2 显示属性命令(ATTDISP)

用 ATTDISP 命令可控制属性的可见性。

1) 命令序列

命令：ATTDIS

输入属性的可见性设置[普通(N)/开(ON)/关(OFF)]<普通>：

2) 选项说明

(1) 普通(N)：属性值按属性定义的可见性来显示，如图 6.10(b)所示。

(2) 开(ON)：所有属性值都可见，如图 6.10(c)所示。

(3) 关(OFF)：所有属性值都不可见。

6.8.3 编辑属性命令(ATTEDIT)

用 ATTEDIT 命令可对块插入后的属性进行个别或整体编辑。

1) 编辑单个块的属性

命令：ATTEDIT

选择块参照：(选择一个有属性的块)

选择一个具有属性的块后，将弹出一个“编辑属性”对话框，如图 6.12 所示。用户可在其编辑框中修改所选块的各属性值。

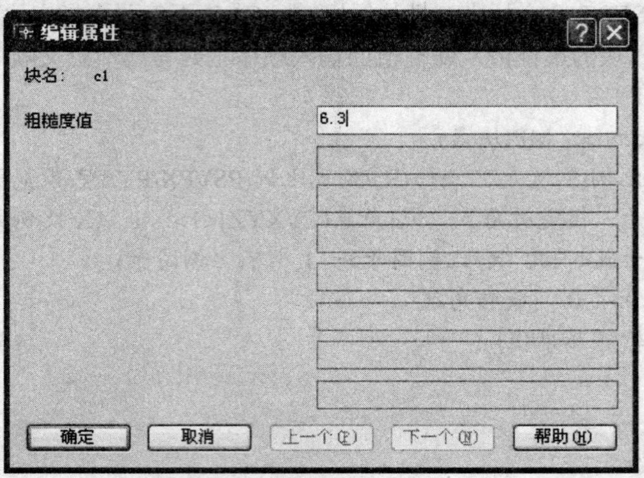

图 6.12 “编辑属性”对话框

2) 编辑块的全局属性

命令：-ATTEDIT

是否一次编辑一个属性？[是(Y)/否(N)]<Y>:

键入 Y 或回车，则一次仅编辑一种属性；键入 N，则编辑所有的块属性。

输入块名定义<*>: c1 (输入一个块名或回车)

输入属性标记定义<*>: cs (输入属性名或回车)

输入属性值定义<*>: (输入属性值或回车)

选择属性：找到 1 个

选择属性：(回车)

已选择 1 个属性。

输入选项[值(V)/位置(P)/高度(H)/角度(A)/样式(S)/图层(L)/颜色(C)/下一个(N)]

<下一个>: h (改变高度)

指定新高度<6.5>: 3.5

输入选项[值(V)/位置(P)/高度(H)/角度(A)/样式(S)/图层(L)/颜色(C)/下一个(N)]<下一个>: (回车)

AutoCAD 用“×”标记选择集中的第一个属性。可以修改选定属性的任一特性，如属性值、位置、字高、转角、字体、所在层、颜色等。

6.8.4 提取属性命令(ATTEXT)

用 ATTEXT 命令可从图形中提取属性信息，并生成扩展名为.TXT 的数据文件存入磁盘，以供数据库管理系统 dBASEⅢ、FOXBASE、FoxPro、Visual FoxPro 等高级语言程序生成材料明细表、进行成本核算和统计等。

1) 命令行操作提取属性数据

属性提取有三种格式，即 CDF 提取，SDF 提取和 DXF 提取。

(1) CDF 提取。

命令：-ATTEXT

输入提取类型或启用对象选择[CDF(C)/SDF(S)/DXF(D)/对象(O)]<CDF>：C　(CDF 提取)

键入 C 后，系统弹出一个“选择样板文件”对话框，此时应输入一个事先创建的样本文件名(TEMP.TXT)。样本文件的格式见后面叙述。

接着弹出一个“创建提取文件”对话框，此时应输入一个提取文件名(TEMPC.TXT)。对于 CDF 和 SDF 格式的提取文件的扩展名为“.txt”，而 DXF 格式的提取文件的扩展名为“.dxx”。

CDF 提取后，生成的提取文件 TEMPC.TXT 内容可在文本编辑器中查看：

'MP'，101.0000，38，0000，' A1'，' 40Cr'，' 30kgf'，' 50×30'

'MP'，101.0000，11，0000，' A2'，' 40# '，' 20kgf'，' 20×30'

这种格式生成的数据文件类型为.TXT，它把每个提取块中指定的属性值都提取出来作为它的一个记录，每个记录中字段之间用逗号分开，字符型字段用定界符(单引号)括起。这种格式的数据文件能和 BASIC 程序进行处理，也可直接被数据库管理系统程序使用。如在 dBASE Ⅲ、FOXBASE、FoxPro 中，可用下面命令将提取文件中的数据送入数据库中：

• APPEND FROM<CDF 提取文件名> DELIMITED

(2) SDF 提取。SDF 提取后，生成的提取文件(TEMPS.TXT)格式如下：

MP	101.0000	110000A2	45#	20kgf	20×30
MP	101.0000	38.0000A1	40Cr	30kgf	50×30

用这种格式生成的数据文件类型为 .TXT，它把每个提取块的指定的属性都提取出来作为它的一个记录。与 CDF 格式不同的是：每个记录中属性值字段之间不用分隔符和字符串定界符，但每个字段都占有预先在样本中定义好的宽度。

这种格式的数据文件与 dBASEⅢ、FOXBASE、Foxpro 中用“COPY<库文件> to<.TXT 文件> SDF”命令生成的数据文件格式完全相同，在数据库管理系统中可用“APPEND FROM<SDF 提取文件名> SDF”命令将提取文件内容送到数据库中。这种格式的数据库文件也可直接由 FORTRAN 程序进行处理。

(3) 样本文件的格式与建立。CDF 提取和 SDF 提取都需要首先建立一个样本文件，用来确定提取的属性内容和文件记录的格式。这个文件可由文本编辑程序来建立，其扩展名必须是“.TXT”。在样本文件中，

字符型字段的定义格为：

　　字段名　　Cwww000　(www 为字段宽度)

数值型字段的定义格式为：

　　字段名　　Nwwwddd　(www 为字段宽度；ddd 确定小数部分的位数)

若字段名为属性名时，必须是用属性定义命令定义过的属性名。字段名也可是与块有关的信息，如块的嵌套级(LEVEL，数值型)，块名(NAME，字符型)，插入点坐标(X，Y，数值型)，层名(LAYER，字符型)，比例系数(XSCALE，YSCALE，数值型)，旋转角(ORIENT，数值型)。这些信息出现在样本文件中时，字段名前面必须冠以“BL：”。

例如，为了得到图 6.10(b)的提取文件 TEMPC.TXT，需事先用文本编辑器建立样本文件

TEMP.TXT。创建样本文件可用 Windows98 附件中的记事本，输入下面样本信息，并以“.txt”为扩展名保存。

BL：NAME　　C008000　(块名，字符型，8 位)
BL：X　　N008004　(X 坐标，数值型，8 位，小数 4 位)
BL：Y　　N008004　(Y 坐标，数值型，8 位，小数 4 位)
MC　　C010000　(名称，字符型，10 位)
CL　　C010000　(材料，字符型，10 位)
ZL　　C008000　(重量，字符型，8 位)
GG　　C008000　(规格，字符型，8 位)

样本文件也可在数据库管理系统中用有关命令生成，其操作过程如下：

C> FOXBASE　(进入 FOXBASE)

CREAT TEMP　(建立与样本文件中字段名、数据类型、字段宽度和小数位数完全相同的数据库 TEMP.DBF)

COPY TO TEMP.TXT SDF　(生成样本文件 TEMP.TXT)

QUIT　(退出 FOXBASE)

(4) DXF 提取。

Command：-ATTEXT

CDF，SDF or DXF Attribute extrack (or Entities)?<C>：D　(DXF 提取)

Extrack file name <t6-6>：TEMPDXF　(生成提取文件 TEMPDXF.DXX)

12　entities in extrack file.　(提取文件有 12 个实体)

用这种格式生成的数据文件类型为.DXX。内容与属性块及属性在 AutoCAD 图形交换文件实体段中内容完全一样。

2) 用对话框操作提取属性数据

执行 ATTEXT 命令后系统将弹出“属性提取”对话框，如图 6.13 所示。框中各控件的功能简介如下：

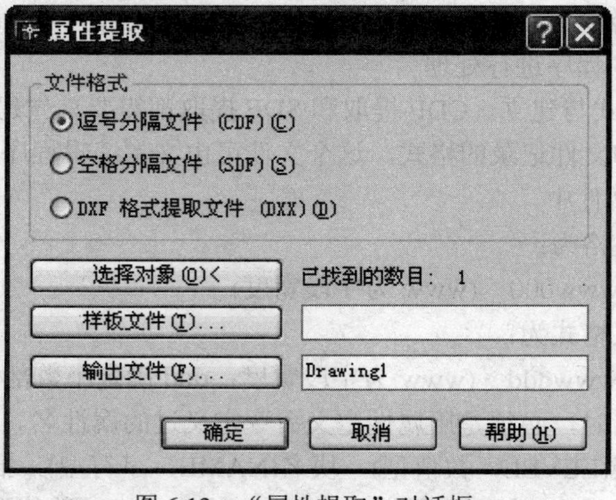

图 6.13　“属性提取”对话框

(1) “文件格式”操作框。用户可在该框中选择提取属性数据的输出文件格式，这三种文件格式与前面介绍的一样。

(2) “选择对象”按钮。单击此按钮，关闭对话框，用户可用鼠标选择具有属性的块。

(3) “样板文件”按钮。单击此按钮，将弹出一个选择文件对话框，用来选择“CDF”和“SDF”格式的样本文件，也可在编辑框中直接输入样本文件的路径及文件名，缺省的文件扩展名是“.txt”。如果选择的是“DXF”格式，则此按钮无效。

(4) “输出文件”按钮。单击此按钮，将弹出一个对话框，用来输入提取属性数据的输出文件名，也可在编辑框中直接输入提取属性数据的输出文件名。文件扩展名与前面介绍的一样。

■ 练习

制作下图所示带属性的标题栏图块，要求在“设计”、“审核”、“比例”等输入处用属性输入。

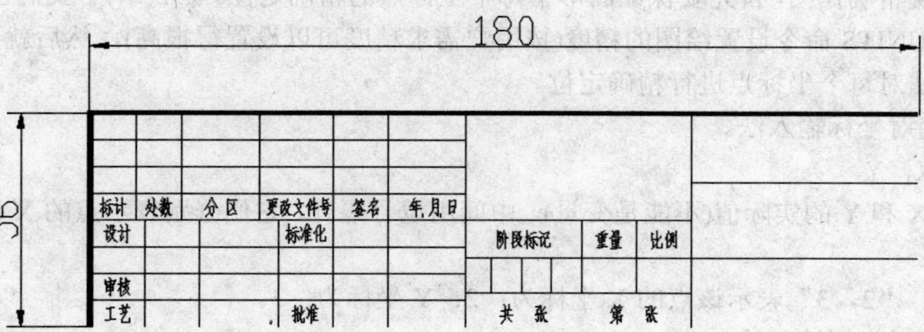

7 精确作图技术

手工绘制的图纸，不可能做到精确作图，绘图的精度只能通过手工标注尺寸精度来体现，这样设计的图纸的信息不可能自动地获取，也不可能自动地传递，而通过计算机完全可以做到精确设计和精确绘图，并且通过计算机设计的图纸的设计数据可以自动地获取和传递，从而实现计算机辅助设计(CAD)与计算机辅助制造(CAM)的有机集成，实现设计制造的自动化。本章介绍在计算机上如何实现精确作图的方法与技术。

7.1 精确作图中坐标点的输入方法

要实现精确作图，首先要保证图形中每个坐标点的精确定位。在2(章)中我们已经讨论过，可以通过UNITS命令设置绘图的精度(按用户需求精度可以设置得很高)，然后就可以通过以下5种方法对每个坐标点进行精确定位。

(1) 绝对坐标输入法。

X，Y

键入X和Y的实际值(不能是变量)，中间用逗号隔开，它们分别表示点的X坐标和Y坐标之值。

例如：“2，3”表示该点的X坐标为：2；Y坐标为：3。

(2) 相对坐标输入法。

@△X，△Y

其中，@表示相对坐标，△X与△Y值则是相对于前一点在X和Y方向的增量。

例如：“@2，-3”表示该点相对于前一点的X坐标增量为2；Y坐标增量为-3。

(3) 极坐标输入法。

@距离<方位角

它是指相对于前一点的距离和方位角(与X轴正向的夹角)

例如：“@50<35”表示该点相对于前一点的距离为50，方位角为35°。

(4) 使用目标捕捉输入法。使用计算机软件中设置好的各种目标捕捉功能，可以实现点的精确定位，将在7.2(节)中进行详细的讨论.

(5) 使用正交或极轴跟踪输入法。将在7.4(节)中详细地讨论这种输入方法.

7.2 计算机精确绘图中使用目标捕捉

要实现精确绘图，不少计算机软件中设计了目标捕捉功能，通过目标捕捉功能用户可以在任何绘图操作需要精确定位坐标点时，准确找到所需的精确点。可以这样说，目标捕捉功能实际上是软件开发商，为用户提供的一套精确的“软件绘图仪”，而且这套“软件绘图仪”比工程设计人员所用的传统绘图仪其功能要强大得多，精度要高得多，用好这套绘图仪可以完全实现计算机辅助几何设计中的精确绘图。

7.2.1 目标捕捉功能的调用

可以用以下三种方法调用目标捕捉功能：

(1) 调用对象捕捉对话框。如图 7.1 在 AutoCAD 屏幕下方对象捕捉按钮上击右键并选中“设置”选项，出现如图 7.2 所示对话框。

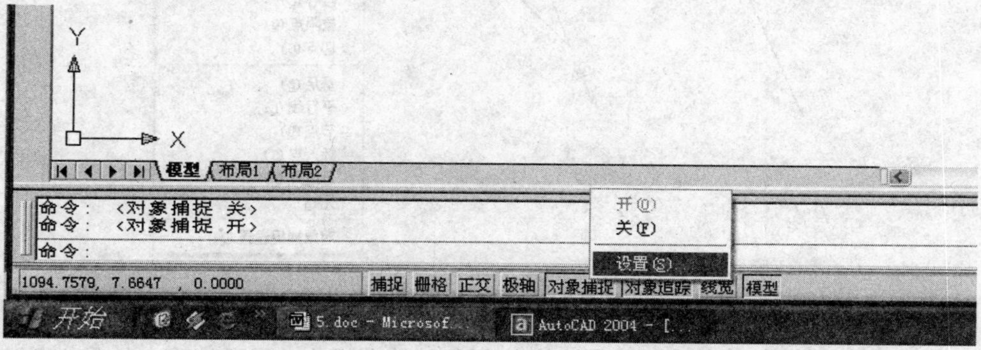

图 7.1 设置对象捕捉

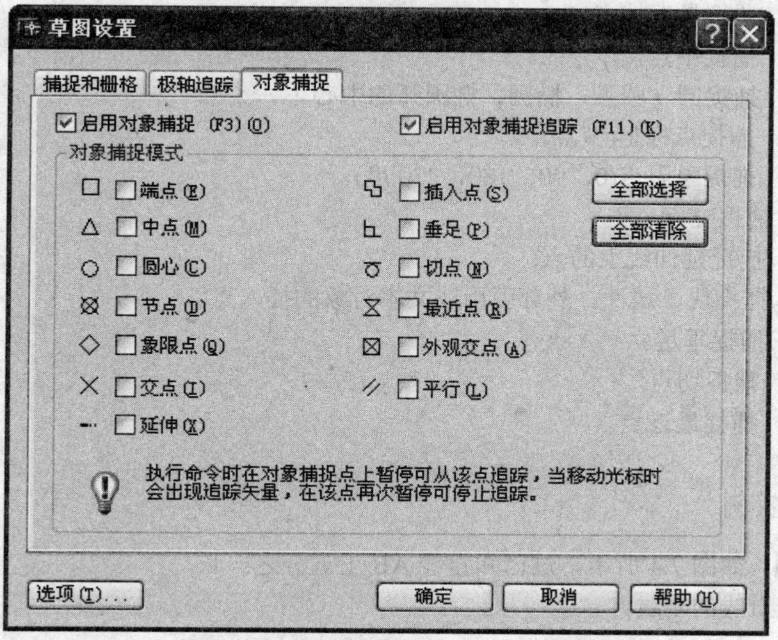

图 7.2 “对象捕捉”对话框

在图 7.2 对象捕捉对话框中可以设置各种对象捕捉功能。

(2) 使用对象捕捉快捷菜单。在进行绘图操作时，如需精确定位目标点，可以即时调用对象捕捉快捷菜单。

图 7.3 是在执行画线命令时，使用 Ctrl+鼠标右键，调出的对象捕捉快捷菜单，在该快捷菜单中，用户可以选取各种捕捉方式。

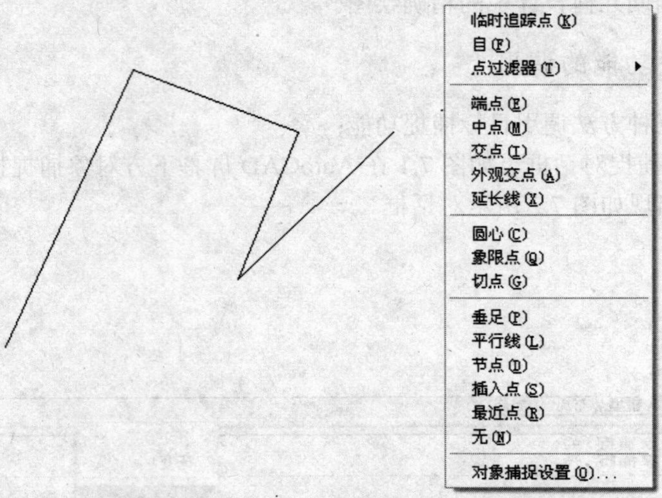

图 7.3 对象捕捉快捷菜单

(3) 使用缩写的目标捕捉方法。用户在执行各种绘图操作，需要精确定位时，可以用缩写的方式实现点的精确定位，以下是各种缩写方式的含义：

"End"：捕捉最近端点。

"Mid"：捕捉中点。

"Cen"：捕捉圆、圆弧、椭圆、椭圆弧的中心。

"Nod"：捕捉点标记(节点)。

"Qua"：捕捉象限点(0，90，180，270 度)。

"Int"：捕捉交点。

"Ext"：捕捉延伸线上的点。

"Ins"：捕捉块、属性、外部引用或文本对象的插入点。

"Per"：捕捉垂足。

"Tan"：捕捉切点。

"Nea"：捕捉最近点。

7.2.2 应用实例

【例 7.1】 如图 7.4 所示，过已知直线 AB 上五分之一长度上的点作该直线的垂线。

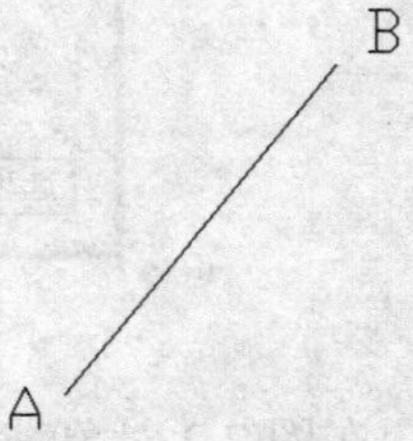

图 7.4

作法如下：

(1) 作直线 AB。

命令：LINE

指定第一点：A

指定下一点或[放弃(U)]：B

指定下一点或[放弃(U)]：回车

(2) 把直线 AB 五等分，设置点标记。菜单→格式→点样式。出现如图 7.5 所示对话框。

在图 7.5 中选择一种点标记样式。

(3) 五等分 AB。菜单→绘图→点→定数等分。

命令：_divide

选择要定数等分的对象：选 AB

输入线段数目或[块(B)]：5

结果如图 7.6 所示。

(4) 过五等分点 C，作直线 CB。

命令：LINE

指定第一点：NOD　(捕捉节点)

于　(于 C 点)

指定下一点或[放弃(U)]：END(捕捉端点)

于　(于 B 点)

指定下一点或[放弃(U)]：回车

(5) 90° 旋转直线 CB。

命令：_rotate

UCS 当前的正角方向：ANGDIR=逆时针　ANGBASE=0

选择对象：L　(最后一个对象，即线段 CB)

找到 1 个

选择对象：回车结束对象选择

指定基点：nod　(捕捉节点)

于　(于 C 点)

指定旋转角度或[参照(R)]：90

结果如图 7.7 所示，CD 即为所求直线。

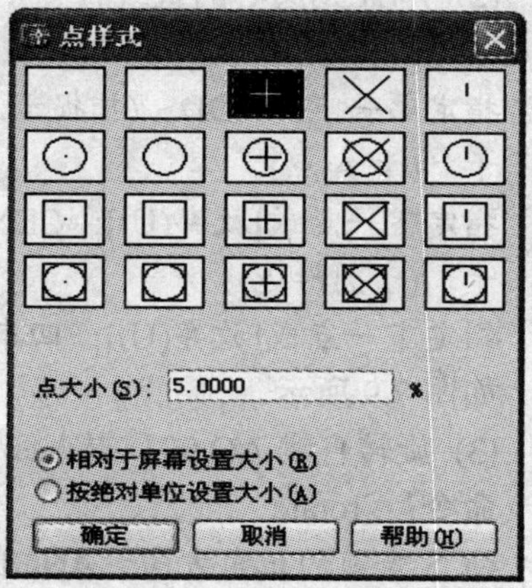

图 7.5　“点样式”对话框

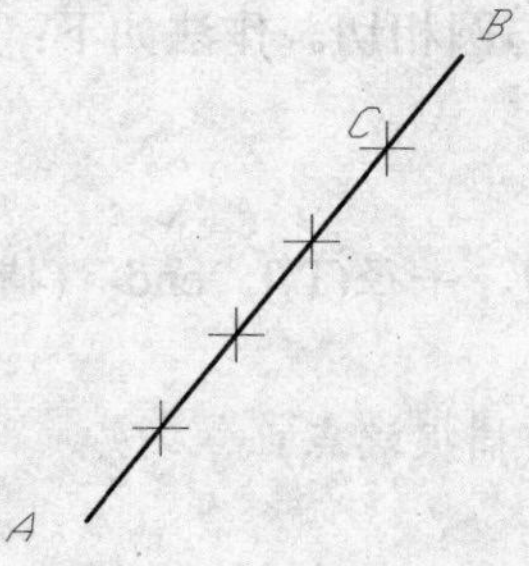

图 7.6　五等分直线图

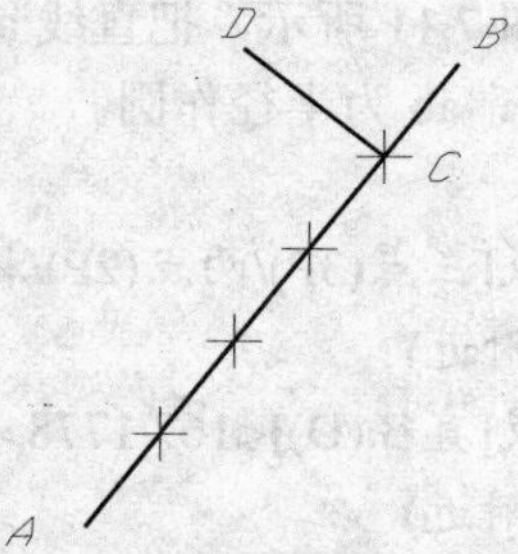

图 7.7　旋转直线

【例 7.2】 如图 7.8 所示，过圆上任意点 A 作圆的切线。确认设置好点标记后：

(1) 作圆上的点 A。

命令：POINT

当前点模式：PDMODE=2　PDSIZE=0.0000

指定点：NEA　(捕捉最近点)

到　(在 A 点附近左击鼠标)

(2) 作 A 到圆心的直线。
命令：_line
指定第一点：NOD （捕捉节点）
于 （于 A 点）
指定下一点或[放弃(U)]：CEN （捕捉圆心）
于 （于圆附近）
指定下一点或[放弃(U)]：回车结束
如图 7.9 所示。
(3) 旋转直线 AO 90° 得直线 AB 即为所求，如图 7.10 所示。
命令：_rotate
UCS 当前的正角方向：ANGDIR=逆时针 ANGBASE=0
选择对象：(选 AO)
选择对象：(回车结束选择)
指定基点：nod （捕捉节点）
于 （于 A 点）
指定旋转角度或[参照(R)]：90

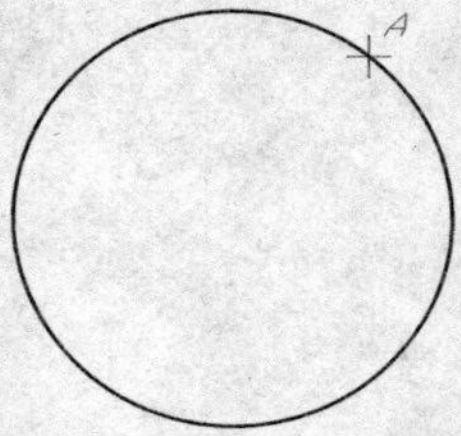

图 7.8

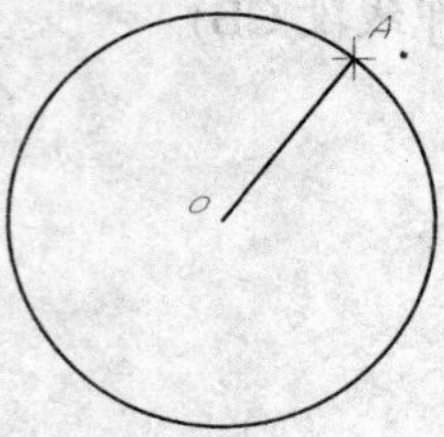

图 7.9 作连心线

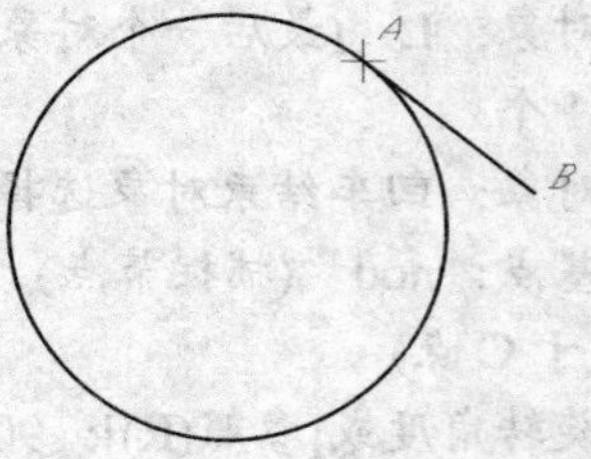

图 7.10

【例 7.3】 如图 7.11 所示，把直线 ab 编辑为与圆相切。作法如下：
(1) 以 a 为圆心，ab 为半径作圆。
命令：_circle
指定圆的圆心或[三点(3P)/两点(2P)/相切、相切、半径(T)]：end （捕捉端点）
于 （直线上 a 附近）
指定圆的半径或[直径(D)]<167.1778>：END （捕捉端点）
于 （直线上 b 附近）
(2) 以 a 为起点，象限点为终点作线，如图 7.12 所示。
命令：_line
指定第一点：END （捕捉端点）
于 （直线上 a 附近）
指定下一点或[放弃(U)]：QUA （捕捉象限点）
于 （圆象限点附近）
指定下一点或[放弃(U)]：(回车结束)
(3) 旋转该线，用 cen 捕捉转角，转到过圆心，如图 7.13 所示。

命令：_rotate

UCS 当前的正角方向：ANGDIR=逆时针　ANGBASE=0

选择对象：(选择水平线)

选择对象：(回车结束选择)

指定基点：end(捕捉端点)

于　(直线上 a 附近)

指定旋转角度或[参照(R)]：cen　(捕捉圆心)

于　(于圆附近)

(4) 再转该线 90 度，如图 7.14 所示。

命令：_rotate

UCS 当前的正角方向：　ANGDIR=逆时针　ANGBASE=0

选择对象：L　(选过圆心的线)

选择对象：(回车结束选择)

指定基点：end　(捕捉端点)

于　(直线上 a 附近)

指定旋转角度或[参照(R)]：90

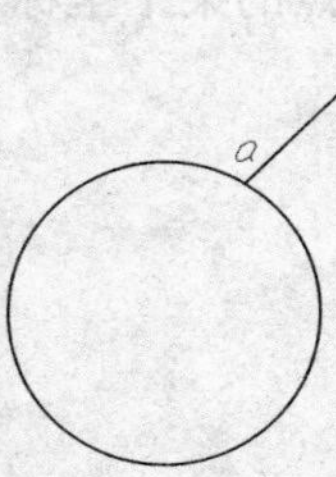

图 7.11

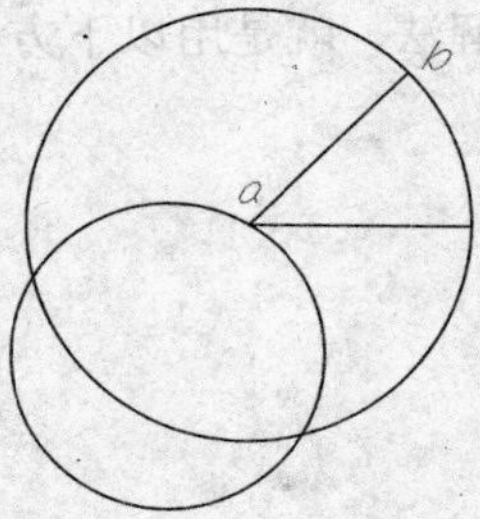

图 7.12

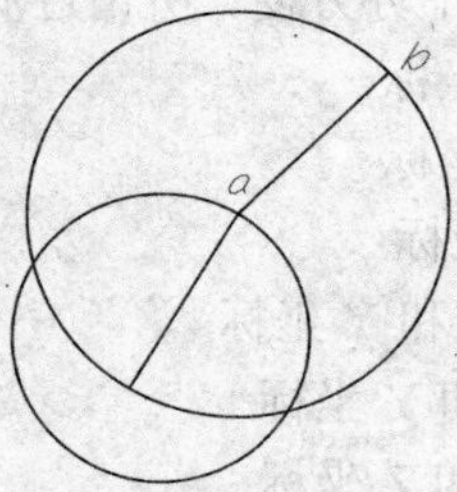

图 7.13

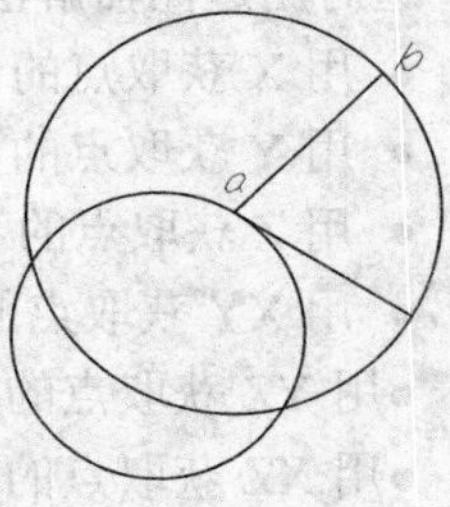

图 7.14

【例 7.4】 如图 7.15 所示，不作辅助线，作以下三个圆满足两两相切。

方法 1：

命令：CIRCLE

指定圆的圆心或[三点(3P)/两点(2P)/相切、相切、半径(T)]：(任意指定圆心)

指定圆的半径或[直径(D)]：60

命令：CIRCLE

指定圆的圆心或[三点(3P)/两点(2P)/相切、相切、半径(T)]：(任意指定圆心)

指定圆的半径或[直径(D)]<60.0000>：80

命令：MOVE

选择对象：L

找到 1 个

选择对象：(回车结束选择)

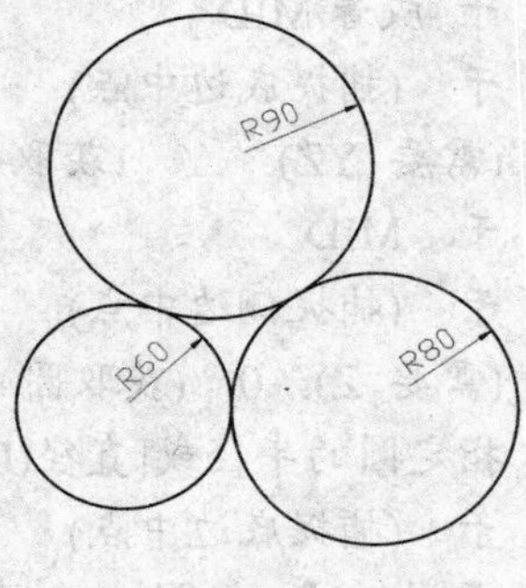

图 7.15

指定基点或位移：_qua

于　(选择 R=80 的左侧象限点)

指定位移的第二点或<用第一点作位移>：_qua

于　(选择 R=60 的右侧象限点)

命令：CIRCLE

指定圆的圆心或[三点(3P)/两点(2P)/相切、相切、半径(T)]：T

指定对象与圆的第一个切点：

指定对象与圆的第二个切点：

指定圆的半径<80.0000>：90

方法 2：第二种方法由读者思考完成。

7.3　计算机精确绘图中使用目标跟踪

7.3.1　过滤器解法

在计算机绘图中，某些点的三个坐标(X 坐标，Y 坐标，Z 坐标)分别由不同点的坐标来给定，这时用过滤器解法将十分方便。所谓过滤器解法，就是用以下方式获取点的某个坐标值：

- 用.X 获取点的 X 坐标
- 用.Y 获取点的 Y 坐标
- 用.Z 获取点的 Z 坐标
- 用.XY 获取点的 X 和 Y 坐标
- 用.YZ 获取点的 Z 和 Y 坐标
- 用.XZ 获取点的 X 和 Z 坐标

【例 7.5】 如图 7.16 所示，过矩形的中心作圆与它的底边相切(不能作辅助线)。作法如下：

命令：CIRCLE

指定圆的圆心或[三点(3P)/两点(2P)/相切、相切、半径(T)]：.X(获取圆心的 X 坐标)

于 威者 MID

于　(捕捉底边中点)

(需要 YZ)：.Y　(获取圆心的 Y 坐标)

于　MID

于　(捕捉侧边中点)

(需要 Z)：0　(获取圆心的 Z 坐标)

指定圆的半径或[直径(D)]<90.0000>：MID

于　(捕捉底边中点)

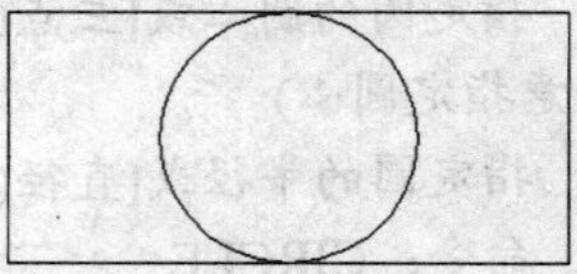

图 7.16

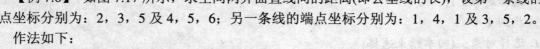

【例 7.6】 如图 7.17 所示，求空间两异面直线间的距离(即公垂线的长)，设第一条线的端点坐标分别为：2，3，5 及 4，5，6；另一条线的端点坐标分别为：1，4，1 及 3，5，2。

作法如下：

(1) 先作这两条异面直线。

命令：LINE
指定第一点：2，3，5
指定下一点或[放弃(U)]：4，5，6
指定下一点或[放弃(U)]：回车
命令：LINE
指定第一点：1，4，1
指定下一点或[放弃(U)]：3，5，2
指定下一点或[放弃(U)]：回车

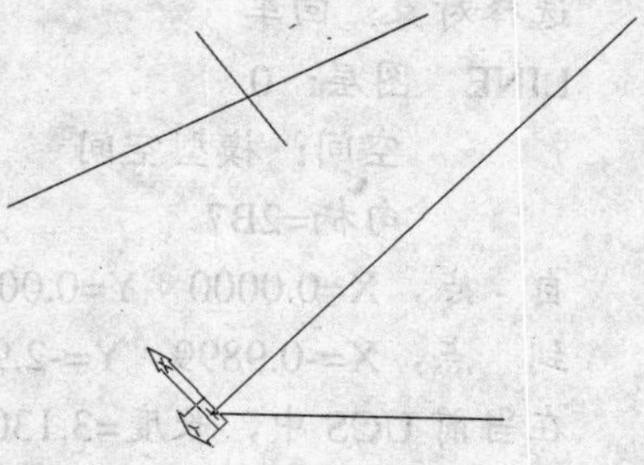

图 7.17

(2) 以第一线为 Z 轴建立 UCS 坐标系，原点定在线的端点。

命令：UCS
当前 UCS 名称：*世界*
输入选项[新建(N)/移动(M)/正交(G)/上一个(P)/恢复(R)/保存(S)/删除(D)/应用(A)/?/世界(W)]<世界>：N
指定新 UCS 的原点或[Z 轴(ZA)/三点(3)/对象(OB)/面(F)/视图(V)/X/Y/Z]<0，0，0>：ZA
指定新原点<0，0，0>：END
于
在正 Z 轴范围上指定点<2.0000，3.0000，7.0000>：NEA
到

所建新坐标系如图 7.17 所示。

(3) 作第二线在当前 UCS 下的投影线，作法如下：

命令：LINE
指定第一点：.XY
于 END (到第二线的第一端点，得到投影线的第一点的 X 和 Y 坐标)
于 (需要 Z)：0 (投影线的第一点的 Z 坐标)
指定下一点或[放弃(U)]：.XY
于 END (到第二线的第二端点，得到投影线的第二点的 X 和 Y 坐标)
于 (需要 Z)：0 (投影线的第二点的 Z 坐标)
指定下一点或[放弃(U)]：回车

(4) 过坐标原点作投影线的垂线即为公垂线。

命令：LINE
指定第一点：0，0，0
指定下一点或[放弃(U)]：PER
到 (到投影线上捕捉垂足)
指定下一点或[放弃(U)]：回车

(5) 用 LIST 命令查看公垂线的长(答案：3.1305)。

命令：LIST
选择对象：L (选择公垂线)
找到 1 个

选择对象：回车

LINE　图层：0

　　空间：模型空间

　　句柄=2B7

自　点，X=0.0000　Y=0.0000　Z=0.0000

到　点，X=-0.9899　Y=-2.9698　Z=0.0000

在当前 UCS 中，长度=3.1305，在 XY 平面中的角度=252

　　三维长度=3.1305，与 XY 平面的角度=0

　　增量 X=-0.9899，增量 Y=-2.9698，增量 Z=0.0000

从公垂线的数据库可以看出公垂线的长是 3.1305mm。

【例 7.7】 如图 7.18 所示，利用过滤器解法，以图示立方体的中心为球心，作一个球半径为 30 的球面。假设立方体已作好，用以下命令作球面：

命令：3D

输入选项[长方体表面(B)/圆锥面(C)/下半球面(DI)/上半球面(DO)/网格(M)/棱锥面(P)/球面(S)/圆环面(T)/楔体表面(W)]：S

指定中心点给球面：.X　(获取球心的 X 坐标)

于　MID　(捕捉一个底边中点)

于　(需要 YZ)：.Y(获取球心的 Y 坐标)

于　MID　(捕捉另一底边中点)

于　(需要 Z)：MID　(获取球心的 Z 坐标)

于　(捕捉侧边中点)

指定球面的半径或[直径(D)]：30

输入曲面的经线数目给球面<16>：回车

输入曲面的纬线数目给球面<16>：回车

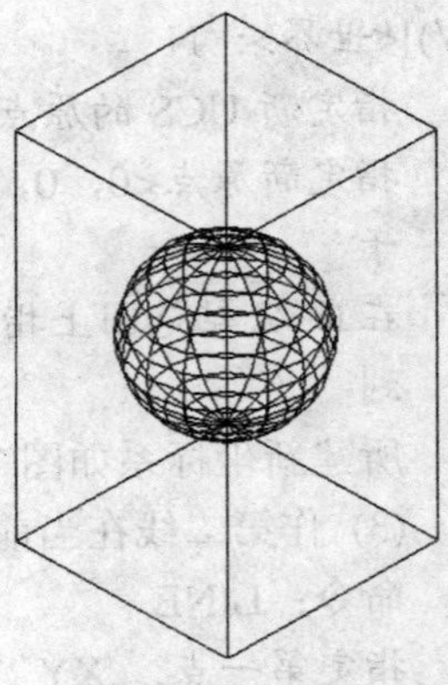

图 7.18

7.3.2　命令跟踪法

所谓命令跟踪法即是在需要使用目标跟踪时，通过输入跟踪命令 TK 来实现目标跟踪。

【例 7.8】 如图 7.19 所示，以六边形的中心为圆心画一个指定半径的圆。作法如下：

命令：CIRCLE

指定圆的圆心或[三点(3P)/两点(2P)/相切、相切、半径(T)]：TK　(输入跟踪命令)

第一个追踪点：MID

于　(底边上出现中点标记，左击)

下一点　(按 ENTER 键结束追踪)：INT

于　(六边形右边端点左击)

下一点　(按 ENTER 键结束追踪)：回车

指定圆的半径或[直径(D)]：30　(输入半径)

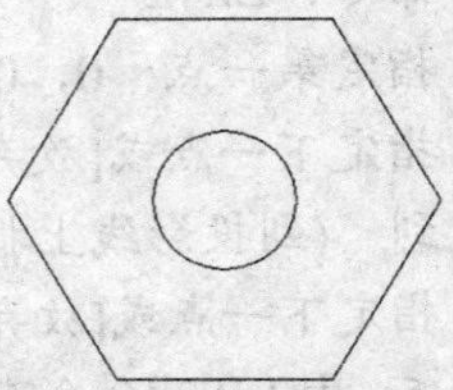

图 7.19

7.3.3　设置跟踪法

所谓设置跟踪法即是在需要使用目标跟踪之前，通过目标捕捉对话框先设置好捕捉方式，然后再进行目标跟踪。

【例 7.8】 如图 7.20 所示，作圆与底边相切。

作法如下：

(1) 先把 L 边用点标记分为 3 等分。

命令：DIVIDE

选择要定数等分的对象：(选择矩形底边)

输入线段数目或[块(B)]：3

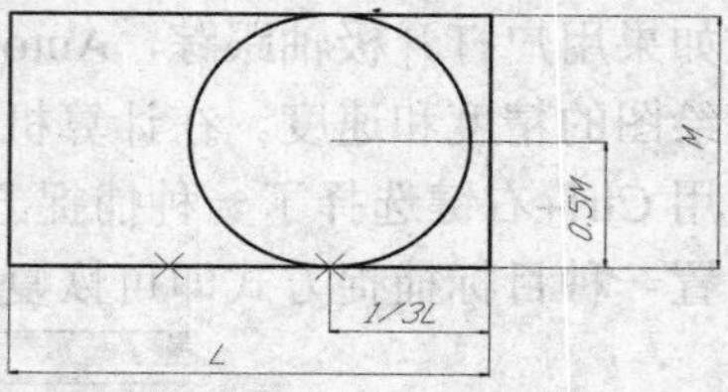

图 7.20

(2) 把目标捕捉设为中点及节点捕捉方式，如图 7.21 所示。

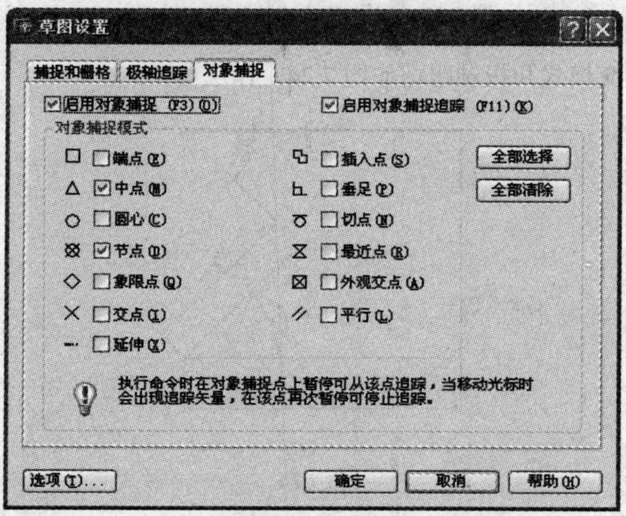

图 7.21 设置捕捉方式，启用对象捕捉

(3) 在图 7.21 中启用对象捕捉。

(4) 用画圆命令，鼠标先到矩形底边出现节点虚线，再到矩形右边中点出现虚线，左移出现虚线交差，左击得圆心，再捕捉矩形底边节点，完成全图，如图 7.22 所示。

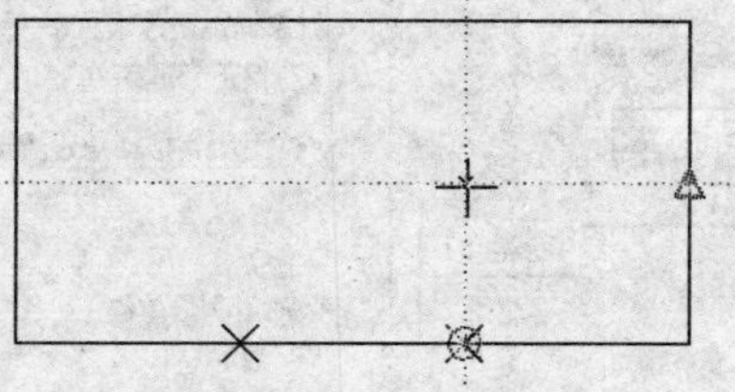

图 7.22 实现跟踪

7.4 正交模式与极轴跟踪

用户如果使用正交模式作图，将会使所画的线条全部是水平线或竖直线；而用户如果使用极轴跟踪，将会使所画的线条按极轴跟踪设定角度方向行走。正交模式与极轴跟踪在屏幕

最下方的按钮中设置，如图 7.23 所示。用户打开正交模式，AutoCAD 将关闭极轴跟踪；反之，如果用户打开极轴跟踪，AutoCAD 将关闭正交模式。正确使用正交模式与极轴跟踪，将提高绘图的精度和速度。在计算机使用过程中，在没有设置目标捕捉方式的任一种的情况下，使用 Ctrl+右键选择了一种捕捉方式，将会使极轴跟踪线消失，此时应打开目标捕捉对话框，设置一种目标捕捉方式即可恢复极轴跟踪线。

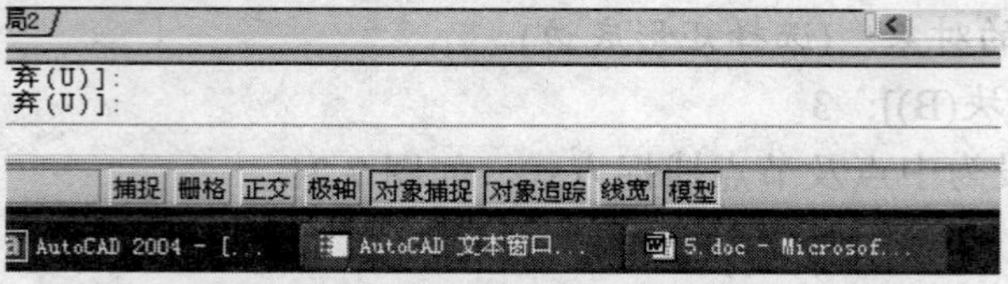

图 7.23　正交模式与极轴跟踪设置

【例 7.9】 用正交模式和极轴跟踪作图 7.24。作法如下：

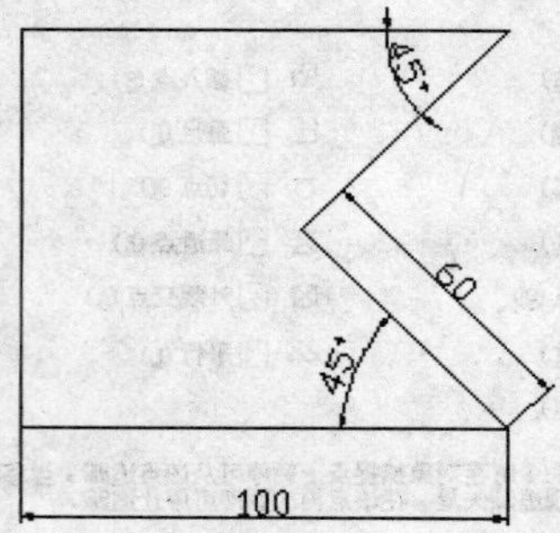

图 7.24

(1) 设置极轴跟踪：右击 CAD 屏幕下方的“极轴”按钮，选“设置”，出现如图 7.25 对话框，将角增量设为 5 度。

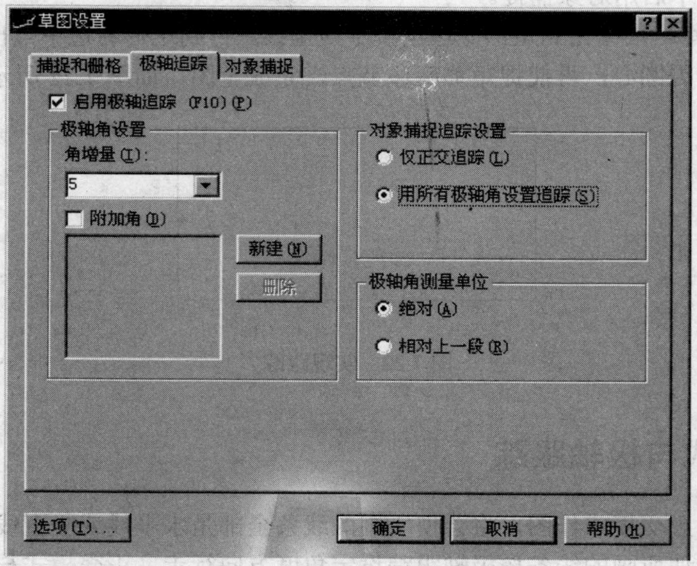

图 7.25　“极轴追踪”对话框

(2) 移动鼠标从图的左下角点开始，当出现所需方向角时输入长度值，即可很快完成图7.24。

■ 练习

(1) 用五种方法实现过已知直线上一点作垂线。

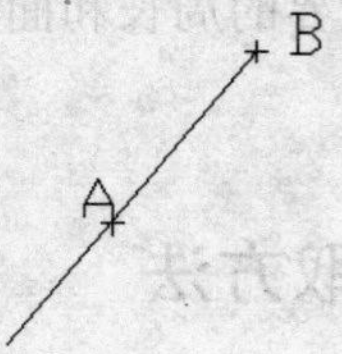

(2) 用三种方法实现过圆上任意点作圆的切线。

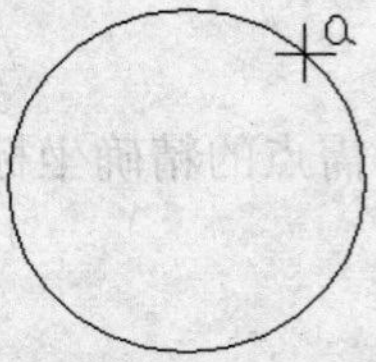

(3) 如图用两种方法实现，作四个圆满足每个圆都要和另三个圆相切。

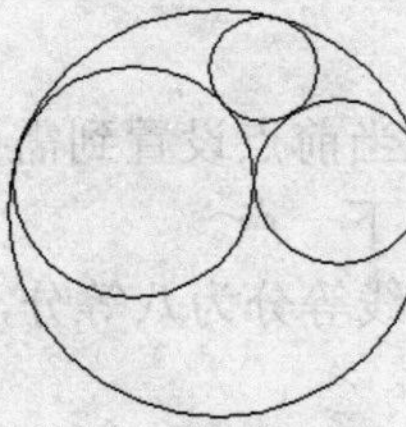

(4) 作以下图：

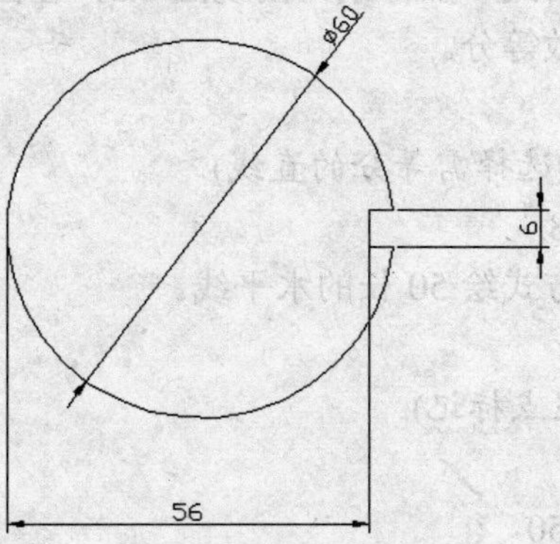

(5) 用两种方法求空间两异面直线间的距离(即公垂线的长)，设第一条线的端点坐标分别为：2，3，5及4，5，6；另一条线的端点坐标分别为：1，4，1及3，5，2。

8　图形数据的获取

在工程设计中，设计人员经常需要准确地了解所设计图形的各种几何信息，诸如特定点的坐标、任意曲线的长、图形最外层边界的周长和面积等。本章将介绍获得这些信息的技术和方法。

8.1　图形中特定点坐标的获取方法

通常我们可以通过以下方法，获得图形中特定点的坐标：

(1) 通过 ID 命令获得：

命令：Id

然后，通过各种目标捕捉，获得所需点的精确坐标。

(2) 通过 LIST 命令获得：

命令：list

然后，通过选中某个图形目标，获得图形中某些特殊点的坐标。

(3) 设置图形的当前点：

命令：Line

然后，应用各种目标捕捉方式，把当前点设置到需要的位置，按 Esc 键，紧接着的绘图，可用@表示当前点，或用相对坐标给出下一点。

【例 8.1】 如图 8.1 所示，把一条线等分为八等分，求过第 5 等分点垂直于该直线且长度为 50 的直线的端点坐标。

作法：

(1) 设置点标记：菜单→格式→点样式，出现图 8.2，在图 8.2 中选择一种点标记样式。

(2) 菜单→绘图→点→定数等分。

命令：_divide

选择要定数等分的对象：(选择需等分的直线)

输入线段数目或[块(B)]：8

(3) 过第 5 等分点，正交方式绘 50 长的水平线。

命令：LINE

指定第一点：NOD　(捕捉点标记)

于　(第 5 等分点处)

指定下一点或[放弃(U)]：50

指定下一点或[放弃(U)]：回车

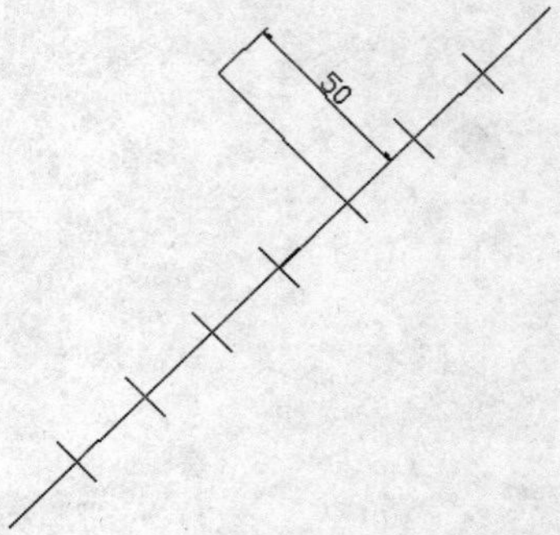

图 8.1

(4) 旋转 50 长的水平线，与等分线重合。

命令：_rotate

UCS 当前的正角方向：ANGDIR=逆时针　ANGBASE=0

选择对象：选择 50 长的水平线

选择对象：回车结束选择

指定基点：nod

于 (第 5 等分点处)

指定旋转角度或[参照(R)]：end

于 (于直线上端点处)

(5) 将 50 长的重合线再转 90 度。

命令：_rotate

UCS 当前的正角方向：ANGDIR=逆时针 ANGBASE=0

选择对象：L

找到 1 个

选择对象：回车结束选择

指定基点：NOD

于 (第 5 等分点处)

指定旋转角度或[参照(R)]：90

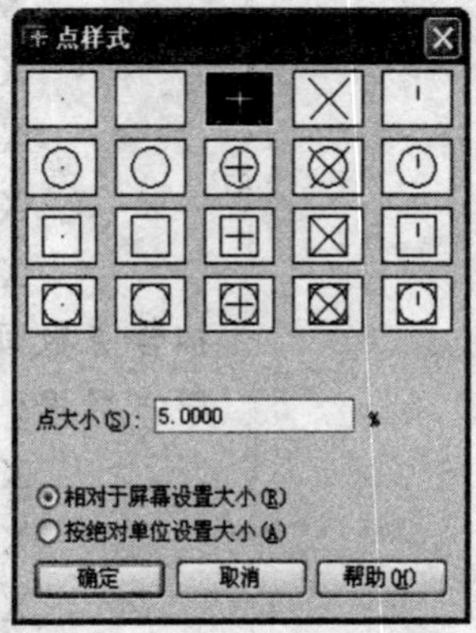

图 8.2 “点样式”对话框

(6) 获取端点坐标。

命令：ID

指定点：end

于 X=1050.5873 Y=728.5188 Z=0.0000

8.2 任意曲线的长度测量

求任意曲线的长度常用 List 命令

【例 8.2】 求图 8.3 所示曲线的长。

命令：list

选择对象：选择曲线

选择对象：回车结束选择

SPLINE 图层：0

空间：模型空间

句柄=93

长度：1000.7513

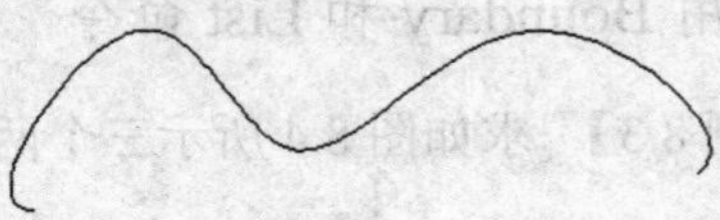

图 8.3 求曲线的长度

阶数：4

特性：平面，非有理，非周期

参数范围：起点 0.0000

端点 911.9908

控制点数目：8

控制点：X=632.3076，Y=474.0653，Z=0.0000

X=561.6782，Y=474.5588，Z=0.0000

X=761.9441，Y=796.1661，Z=0.0000

X=870.5071，Y=452.3161，Z=0.0000

X=1043.7612，Y=635.8614，Z=0.0000

X=1193.3475，Y=685.2710，Z=0.0000

X=1351.5089，Y=543.1886，Z=0.0000

X=1308.3536，Y=509.1002，Z=0.0000

拟合点数目：6

用户数据：拟合点

X=632.3076 ，Y=474.0653 ，Z=0.0000

X=738.5096 ，Y=658.9983 ，Z=0.0000

X=886.5457 ，Y=538.5660 ，Z=0.0000

X=1046.5404，Y=618.5841 ，Z=0.0000

X=1206.5350，Y=642.6706 ，Z=0.0000

X=1308.3536，Y=509.1002 ，Z=0.0000

拟合点公差：1.0000E-10

起点切向

X=-1.0000，Y=0.0070，Z=0.0000

端点切向

X=-0.7916，Y=-0.6111，Z=0.0000

可以看出用 List 命令来求曲线的长时，不仅可以求出曲线的长，而且可以得到曲线的许多信息，诸如：曲线所在的图层，拟合点数目，拟合点公差等信息。

8.3 求任意图形的面积周长及最外层边界

传统的求标准图形(如圆，三角形)面积的方法，是使用标准的计算公式；而求任意曲边多边形的面积就只能使用微积分的算法，这往往是很困难的。在计算机上利用 CAD 软件可以很方便的求出任意图形的面积和周长。

8.3.1 用 Boundary 和 List 命令

【例 8.3】 求如图 8.4 所示三个两两相切的圆中间阴影部分的周长及面积。

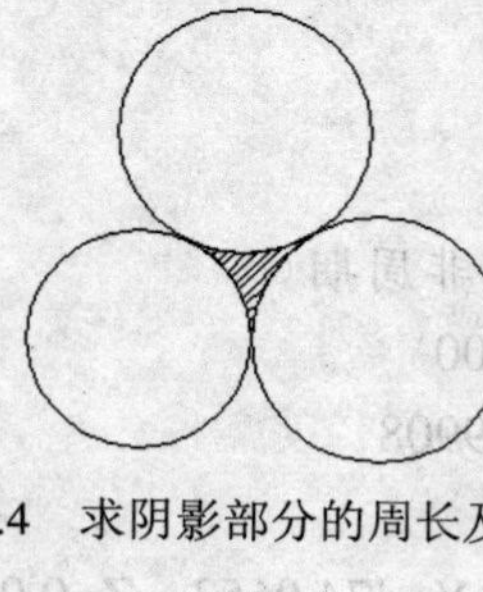

图 8.4 求阴影部分的周长及面积

解法：

(1) 命令：Boundary

出现如图 8.5 所示对话框。

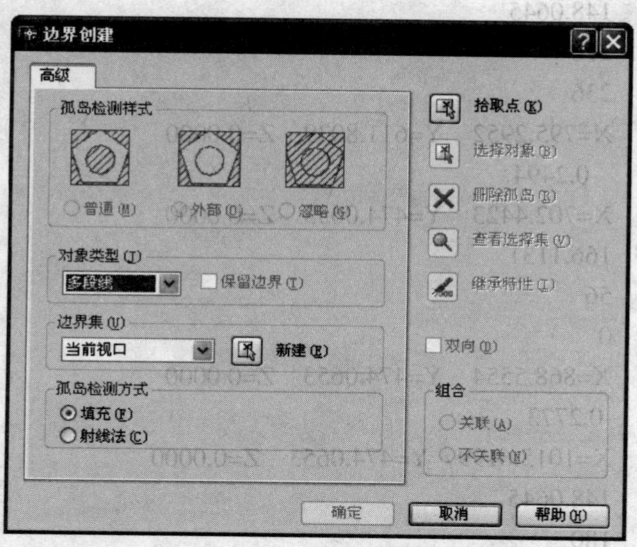

图 8.5 “边界创建”对话框

在对话框中选“拾取点”按钮，并在图 8.4 中选三圆所夹部分的内点，获得所求面积的边界。

(2) 命令：_boundary
选择内部点：正在选择所有对象…
正在选择所有可见对象…
正在分析所选数据…
正在分析内部孤岛…
选择内部点：选三圆所夹部分的内点
BOUNDARY 已创建 1 个多段线。
(3) 命令：List (检索图形数据库)
选择对象：L (选择最后创建的那个边界)
找到 1 个
选择对象：回车结束选择
LWPOLYLINE 图层：0
空间：模型空间
句柄 =8D
闭合
固定宽度 0.0000
面积 3774.0731
周长 480.6396
于端点 X=946.5601 Y=603.9065 Z=0.0000
凸度 -0.2773

圆心　X=878.5004　Y=733.7476　Z=0.0000
半径　148.0645
起点角度　298
端点角度　236
于端点　X=795.2952　Y=611.8039　Z=0.0000
凸度　-0.2494
圆心　X=702.4423　Y=474.0653　Z=0.0000
半径　166.1131
起点角度　56
端点角度　0
于端点　X=868.5554　Y=474.0653　Z=0.0000
凸度　-0.2773
圆心　X=1015.6199　Y=474.0653　Z=0.0000
半径　148.0645
起点角度　180
端点角度　118

可以看出，除检索出面积和周长外，还有很丰富的图形数据信息。

8.3.2　用 Area 命令

【例 8.4】 如图 8.6 所示，求阴影部分的面积。

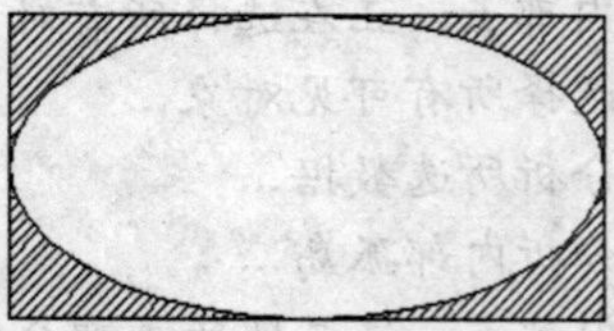

图 8.6

解法如下：

命令：Area

指定第一个角点或[对象(O)/加(A)/减(S)]：A

指定第一个角点或[对象(O)/减(S)]：O

（“加”模式）选择对象：选择矩形

面积=191773.4130，周长=1831.6669

总面积=191773.4130 (矩形的面积)

（“加”模式)选择对象：回车

指定第一个角点或[对象(O)/减(S)]：S

指定第一个角点或[对象(O)/加(A)]：O

（“减”模式)选择对象：选择椭圆

面积=150618.4864(椭圆的面积) 周长=1469.4813

总面积=41154.9266　(阴影部分的面积)

（“减”模式)选择对象：回车

指定第一个角点或[对象(O)/加(A)]：回车

8.3.3　用面域计算

【例 8.5】 如图 8.7 所示，求矩形打孔后的剩余阴影部分的面积。

解法如下：

(1) 菜单→绘图→面域。

命令：_region

选择对象：C 窗口全选

指定对角点：找到 11 个

选择对象：回车

已提取 11 个环。

已创建 11 个面域。

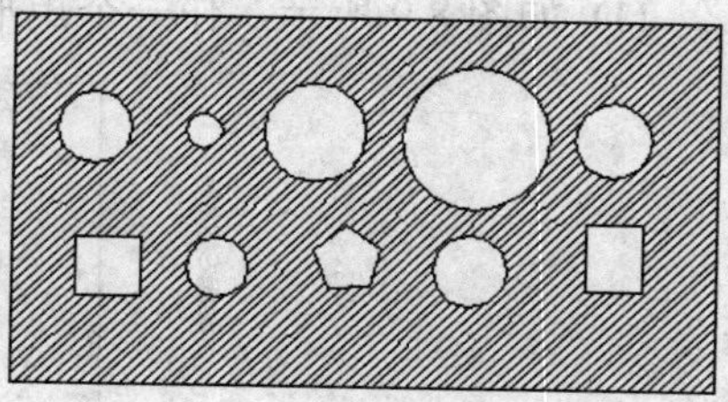

图 8.7

(2) 菜单→修改→实体编辑→差集。

命令：_subtract 选择要从中减去的实体或面域...

选择对象：选矩形外框

找到 1 个

选择对象：回车

选择要减去的实体或面域 ..

选择对象：C 窗口 10 个小面域

指定对角点：找到 10 个

选择对象：回车

(3) 命令：List

选择对象：L

找到 1 个

选择对象：回车

REGION 图层：0

空间：模型空间

句柄=9F

面积： 96188.0445

周长： 2876.6086

边界框：边界下限 X=462.7860，Y=285.8968，Z=0.0000

边界上限 X=922.0830，Y=531.3397，Z=0.0000

8.3.4 用孤岛法求面积及最外层边界

【例 8.6】 如图 8.8 所示，求图形所占的总面积及最外层边界.

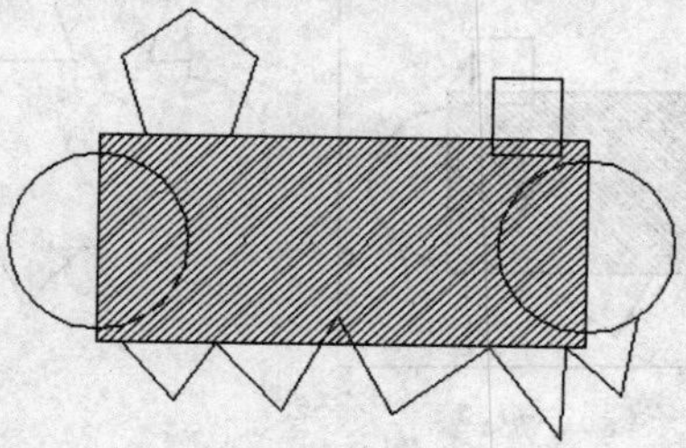

图 8.8

解法如下：

(1) 如图 8.9 所示，作一个矩形辅助边界包围整个图形。

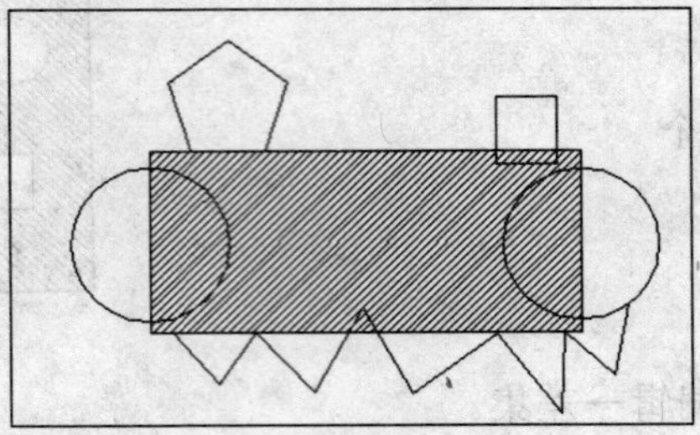

图 8.9

命令：_rectang

指定第一个角点或[倒角(C)/标高(E)/圆角(F)/厚度(T)/宽度(W)]：左下角点

指定另一个角点或[尺寸(D)]：右上角点

(2) 菜单→绘图→边界。

命令：_boundary

选择内部点：正在选择所有对象...

正在选择所有可见对象...

正在分析所选数据...

正在分析内部孤岛...

选择内部点：选靠近辅助边界矩形内侧的一点

BOUNDARY 已创建 2 个多段线

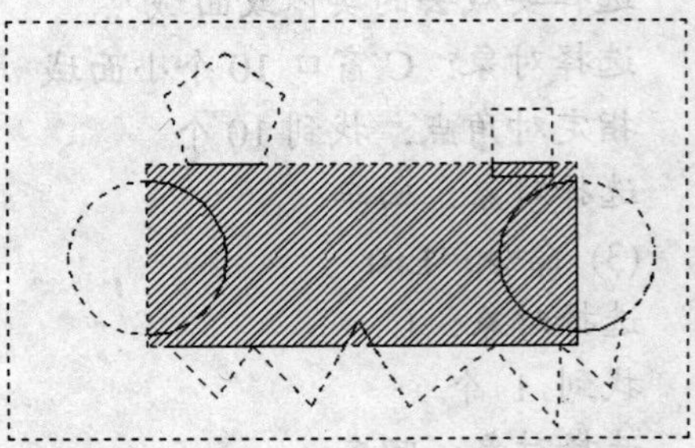

图 8.10

创造出如图 8.10 所示的两个边界。

(3) 擦除最后一个边界。

命令：Erase

选择对象：L

找到 1 个

选择对象：回车

(4) 用 Move 命令，移出剩下的最后一个边界，得到图 8.11，图中右面部分即为所求的最外层边界。

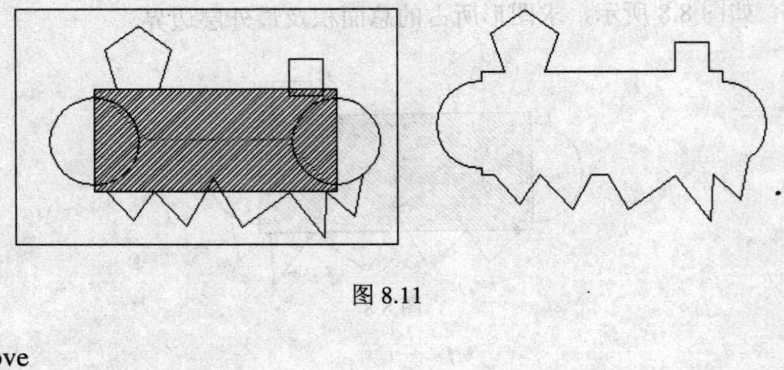

图 8.11

命令：Move

选择对象：l

找到 1 个
选择对象：回车结束选择
指定基点或位移：
指定位移的第二点或<用第一点作位移>:
(5) 用 List 命令求面积。
命令：List→L (略)

■ 练习

(1) 求下图所示图形的面积及周长(答案：面积：785.3982；周长：172.7876)。

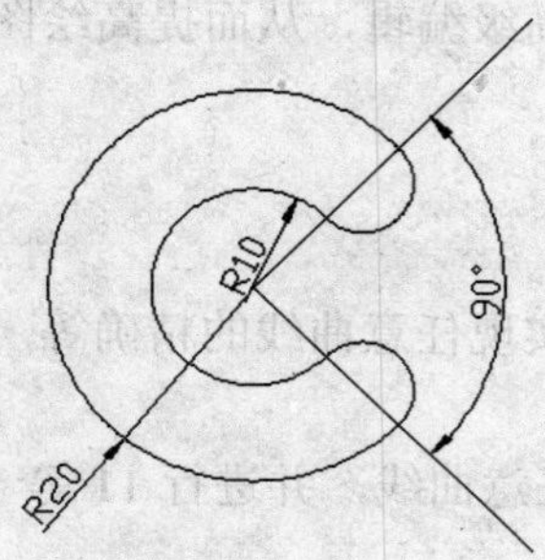

(2) 求下图所示阴影图形的面积及周长(答案：面积：138.6342；周长：95.6136)。

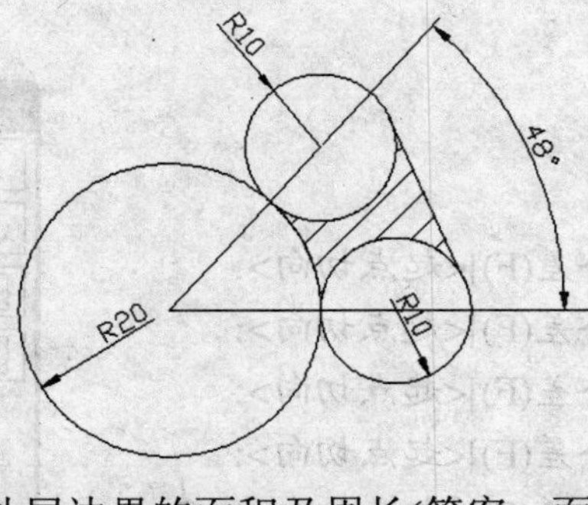

(3) 求下图所示图形最外层边界的面积及周长(答案：面积 4328.7871；周长 290.4939)。

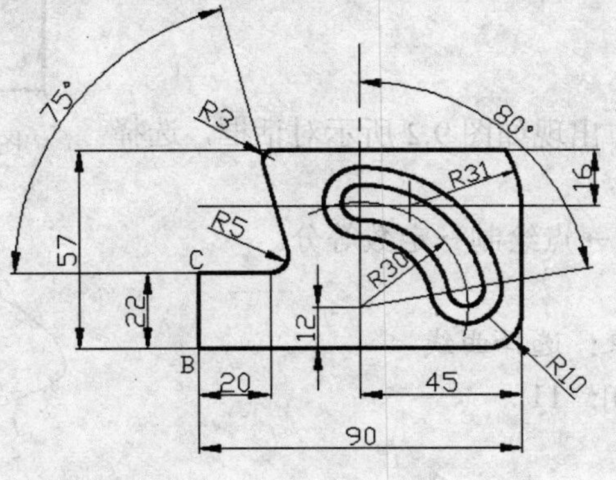

9　计算机图形的特殊处理技术

利用计算机的图形处理软件可以实现对计算机图形进行许多编辑工作，在4(章)中我们已经介绍了诸如切断、修剪、镜像、阵列、倒圆、倒角、延伸、平行偏移、等分、比例放缩、平移、复制、旋转等常规编辑工作。本章将介绍任意曲线的等分、角的任意等分、旋转拷贝、比例拷贝、拉伸图形、开窗消隐、覆盖消隐、图形的交、并、差运算、图形的局部切块比例放缩等特殊处理技术。这些特殊处理方法是传统的手工绘图完全不能实现的，利用这些特殊处理技术可以实现对计算机图形的高级编辑，从而提高绘图质量和效率。

9.1　任意曲线的等分

传统的手工绘图，根本不可能实现任意曲线的精确等分，计算机上却完全可以实现。

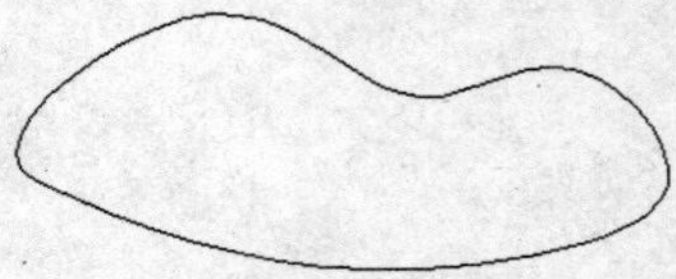

图 9.1

【例 9.1】 如图 9.1 所示，作任意曲线，并进行 11 等分。

作法如下：

(1) 作曲线图。

命令：_spline

指定第一个点或[对象(O)]:

指定下一点:

指定下一点或[闭合(C)/拟合公差(F)]<起点切向>:

指定下一点或[闭合(C)/拟合公差(F)]<起点切向>:

指定下一点或[闭合(C)/拟合公差(F)]<起点切向>:

指定下一点或[闭合(C)/拟合公差(F)]<起点切向>:

指定下一点或[闭合(C)/拟合公差(F)]<起点切向>: C

指定切向:

(2) 设置点标记。

菜单→格式→点样式，出现如图 9.2 所示对话框，选择一种点标记。

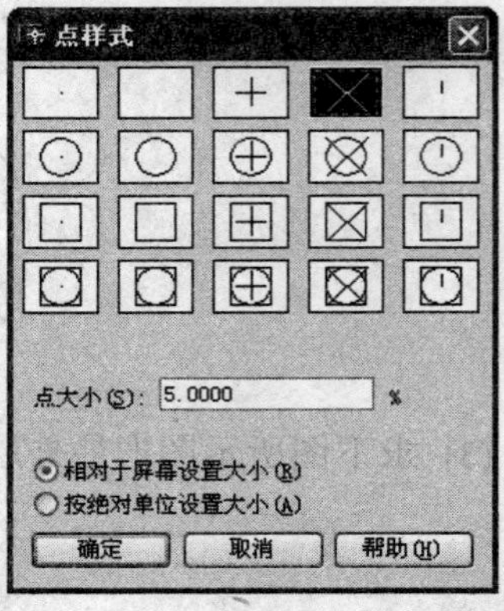

图 9.2 “点样式”对话框

(3) 由下拉菜单→绘图→点绘制→定数等分。

命令：_divide

选择要定数等分的对象：选择曲线

输入线段数目或[块(B)]: 11

得如图 9.3 所示结果。

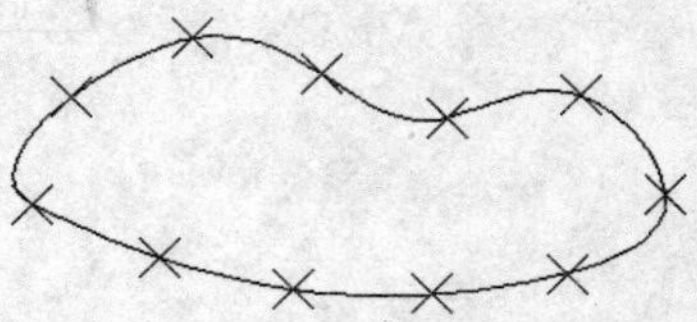

图 9.3 等分曲线

9.2 角的任意等分

【例 9.2】 求作图 9.4 所示的已知角的七等分角。

作图过程如下：

(1) 菜单→格式→点样式，出现如图 9.2 所示对话框，选择一种点标记。

(2) 利用目标捕捉功能，以已知角顶点为圆心，作圆弧与两角边相交。

命令：_arc

指定圆弧的起点或[圆心(C)]：C

指定圆弧的圆心：end

于：角顶端处

指定圆弧的起点：nea

到：角底边

指定圆弧的端点或[角度(A)/弦长(L)]：nea

到：角侧边

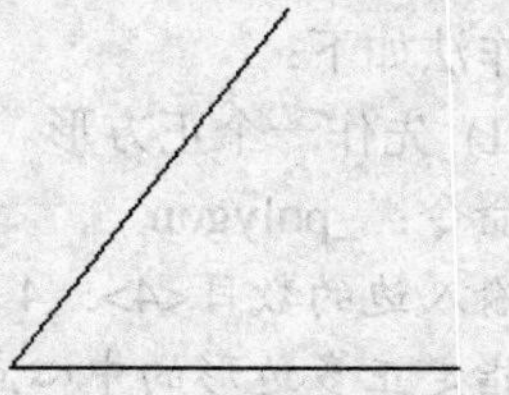

图 9.4

(3) 菜单→绘图→点→定数等分

命令：_divide

选择要定数等分的对象：选择圆弧

输入线段数目或[块(B)]：7

(4) 画七等分角

命令：Line

指定第一点：int

于　光标到角顶点处左击

指定下一点或[放弃(U)]：nod

于　光标到点标记处左击

指定下一点或[放弃(U)]：回车

结果如图 9.5 所示。

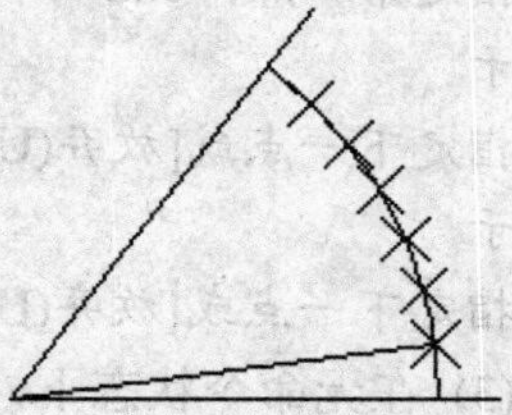

图 9.5

9.3 旋转拷贝

AutoCAD 软件中有一个很好的功能，即可实现任意图形的旋转拷贝，这是通过夹点操作技术来实现的。在无命令状态下，选中屏幕上的任意图形时，即可在图形的特殊位置上出现蓝色的小框，我们把这些蓝色小框称为图形的冷夹点，如图 9.6 所示。

圆有 5 个夹点：圆心和 4 个象限点；直线有 3 个夹点：2 个端点和 1 个中点；矩形有 4 个夹点。

如果用鼠标再到冷点上左击，则出现如图 9.7 所示，实心红色小框，我们称它为热夹点。

此时，在计算机命令提示行下面出现，**拉伸**提示，如再依次按一次空格键，则循环依次出现提示：**移动**；**旋转**；**比例缩放**；**镜像**。选择每一种功能下面的选项，即可实现多种特殊的图形编辑功能。

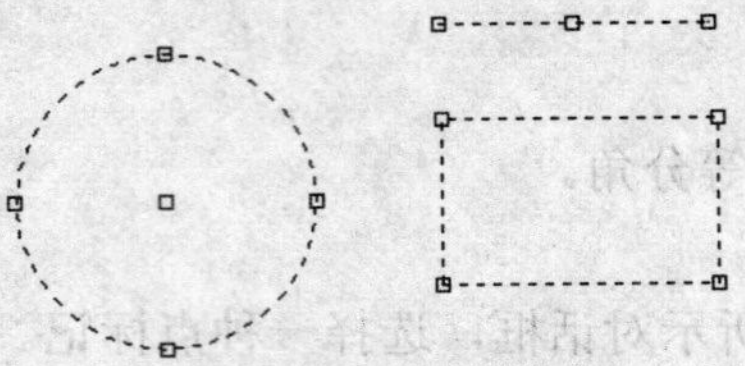

图 9.6 图形的冷夹点

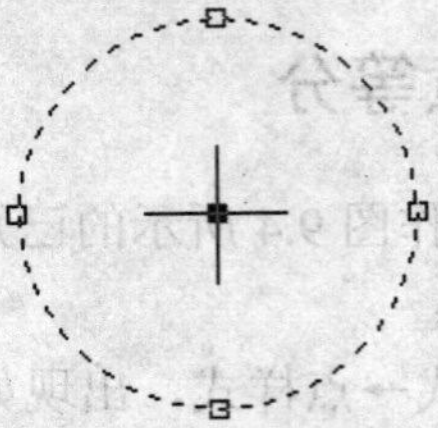

图 9.7 图形的热夹点

【例 9.3】 作如图 9.8 所示的两个正方形，使它们对应边的夹角为 30°。

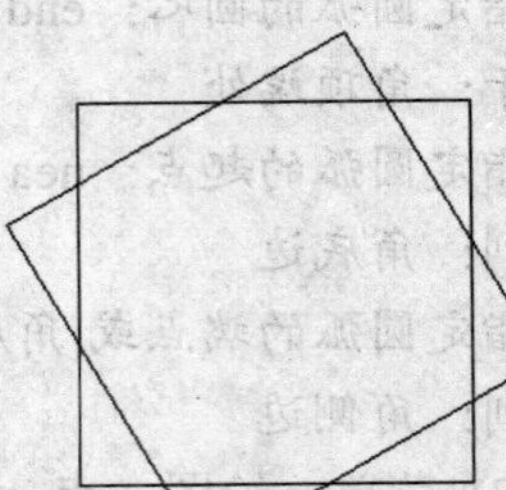

图 9.8

作法如下：

(1) 先作一个正方形。

命令：_polygon

输入边的数目<4>：4

指定正多边形的中心点或[边(E)]：E

指定边的第一个端点：

指定边的第二个端点：

(2) 作正方形的一条对角线。

命令：Line

指定第一点：end

于

指定下一点或[放弃(U)]：end

于

指定下一点或[放弃(U)]：回车

(3) 在无命令状态下，选中正方形及对角线出现冷点如图 9.9 所示。

(4) 在正方形中心处鼠标左击，出现热点如图 9.10 所示。

(5) 按两次空格键，出现** 旋转 **→C→30，完成如图 9.11 所示。

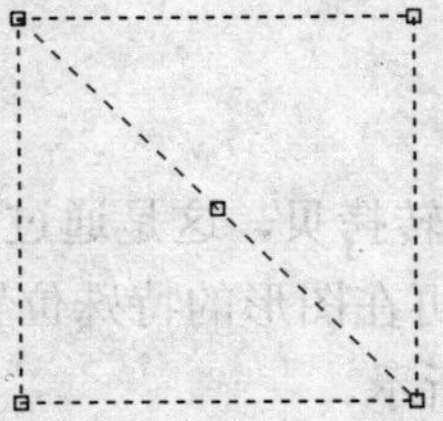

图 9.9

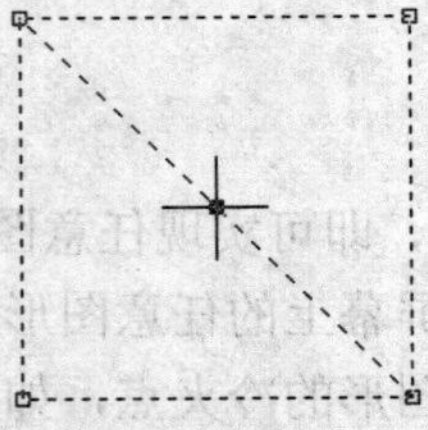

图 9.10

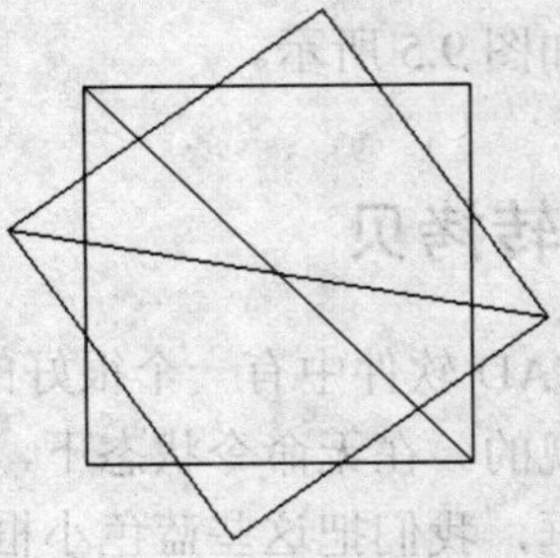

图 9.11

过程如下：

命令：

拉伸

指定拉伸点或[基点(B)/复制(C)/放弃(U)/退出(X)]：按空格键

移动

指定移动点或[基点(B)/复制(C)/放弃(U)/退出(X)]：按空格键
旋转
指定旋转角度或[基点(B)/复制(C)/放弃(U)/参照(R)/退出(X)]：C
旋转(多重)
指定旋转角度或[基点(B)/复制(C)/放弃(U)/参照(R)/退出(X)]：30

9.4 比例拷贝

【例 9.4】 如图 9.12 所示，作 6 个比例圆，满足当到圆心的距离扩大一倍时，半径也扩大一倍。

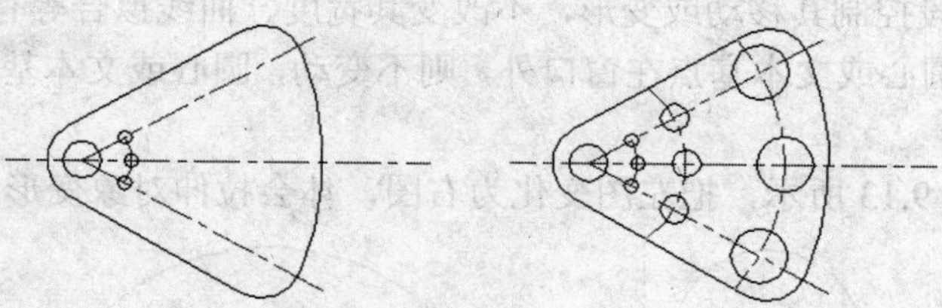

图 9.12

作法：

(1) 在无命令状态下，选中三个小圆出现冷点，产生冷夹点。
(2) 左击其中一个小圆的圆心，产生热夹点。
(3) 按三次空格键，产生比例缩放，过程如下：
命令：
拉伸
指定拉伸点或[基点(B)/复制(C)/放弃(U)/退出(X)]：按空格键
移动
指定移动点或[基点(B)/复制(C)/放弃(U)/退出(X)]：按空格键
旋转
指定旋转角度或[基点(B)/复制(C)/放弃(U)/参照(R)/退出(X)]：按空格键
比例缩放
指定比例因子或[基点(B)/复制(C)/放弃(U)/参照(R)/退出(X)]：C
比例缩放(多重)
指定比例因子或[基点(B)/复制(C)/放弃(U)/参照(R)/退出(X)]：B
指定基点：INT
于：在三虚线交点处左击
比例缩放(多重)
指定比例因子或[基点(B)/复制(C)/放弃(U)/参照(R)/退出(X)]：2
比例缩放(多重)
指定比例因子或[基点(B)/复制(C)/放弃(U)/参照(R)/退出(X)]：4

比例缩放(多重)

指定比例因子或[基点(B)/复制(C)/放弃(U)/参照(R)/退出(X)]：回车

9.5 拉伸图形

手工绘图有一个完全不能做的事情，就是把图形拉伸，而计算机绘图做起来却十分容易，计算机绘图拉伸图形时，图形的各部分会按一定的规律变化，拉伸对象变形的规则如下(拉伸图形时一般用 C 窗口选择对象)：

(1) 直线段：窗口外的端点不动，窗口内的端点移动，使直线变动。

(2) 圆弧段：窗口外的端点不动，窗口内的端点移动，变形过程中保持弦高不变。

(3) 多段线：分段控制其移动或变形，不改变其宽度、曲线拟合等有关信息。

(4) 圆或文本：圆心或文本基点在窗口外，则不变动，圆心或文本基点在窗口内，则圆或文本移动。

【例 9.5】 如图 9.13 所示，把左图变化为右图，体会拉伸对象变形的规则：

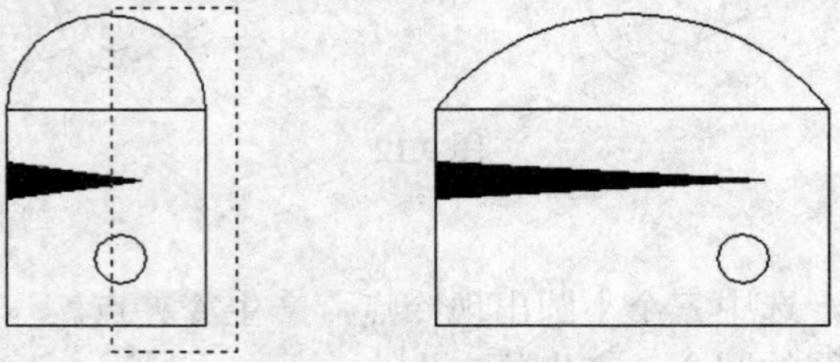

图 9.13 拉伸图形

作法：工具条→拉伸。

命令：_stretch

以交叉窗口或交叉多边形选择要拉伸的对象...

选择对象：窗口右上角

指定对角点：窗口左下角

找到 4 个

选择对象：回车结束选择

指定基点或位移：基点

指定位移的第二个点或<用第一个点作位移>：位移的第二点

9.6 开窗消隐

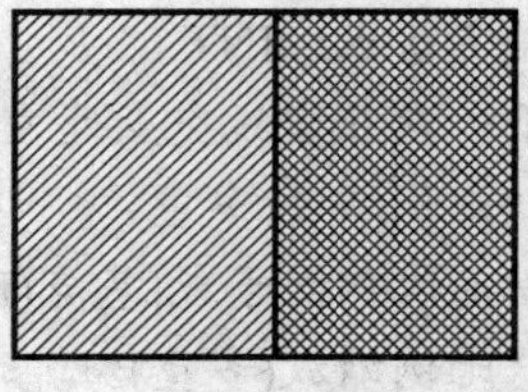

图 9.14 开窗消隐

在一个图形上开一个窗口，把窗口内的图形消去，称为开窗消隐。

【例 9.6】 如图 9.14 所示，在图形的中部开一个窗口，把窗口内的图形消去。

开窗消隐在计算机图形处理中是一个比较困难的工作，

AutoCAD 软件中就没有这种功能，但是可以通过编制一个程序来实现，程序的流程如图 9.15 所示。

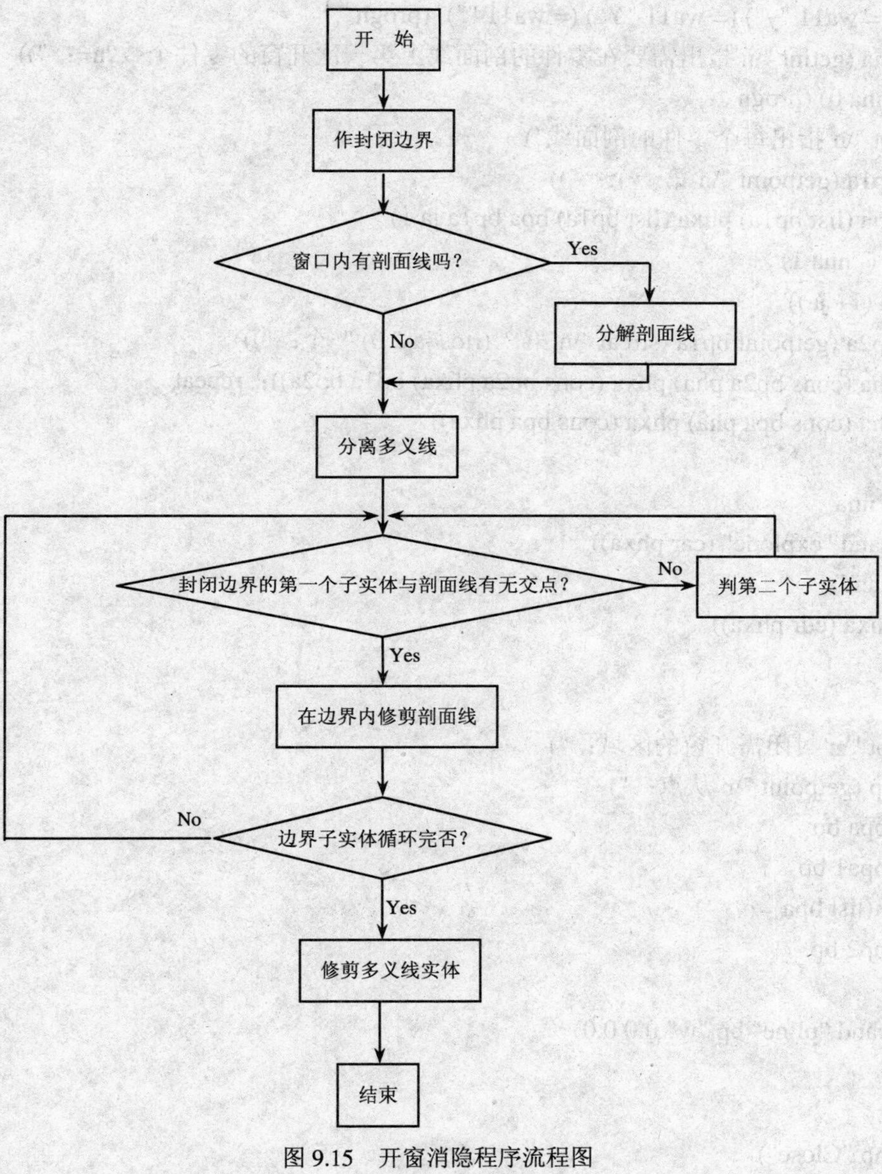

图 9.15　开窗消隐程序流程图

开窗消隐的源程序清单如下：

```
(defun zheng1 (/ aq nn bp1 bp2 pp1 phaa phx pt1 v1 v2 swa1 swa2 len sp in ss bp bpa)
(setvar "cmdecho" 1)
(prompt "\n 给出开窗放大的区域")
(setq bpax (getpoint"\n 左下角点"))
(setq bpbx (getpoint"\n 右上角点"))
(command "zoom" "w" bpax bpbx)
```

```
(command "color" 1)
(setq wa11 (getstring "\n 需要复盖剖面线吗? (N/<Y>)"))
(if (or (= wa11 "y") (= wa11 "Y") (= wa11 "")) (progn
(setq nna (getint "\n 指出需要在零件的剖面线上第一次开窗的零件个数?n=: "))
(if (/= nna 0) (progn
(prompt "\n 指出每个零件的剖面线")
(setq bp1a (getpoint "\n 第一个: "))
(setq pha (list bp1a) phxa (list bp1a) bpa bp1a ja 1)
(repeat (- nna 1)
(setq ja (1+ ja))
(setq bp2a (getpoint bp1a (strcat "\n 第  " (rtos ja 2 0) "  个: ")))
(setq pha (cons bp2a pha) phxa (cons bp2a phxa) bp1a bp2a)); repeat
(setq pha (cons bpa pha) phxa (cons bpa phxa))
))
(repeat nna
(command "explode" (car phxa))
(command)
(setq phxa (cdr phxa))
)
))
(prompt "\n 封闭需开窗的区域: ")
(setq bp (getpoint "\n 从点: ")
      bpa bp
      bpa1 bp
      h(list bpa)
      bp2 bp
)
(command "pline" bp "w" 0.0 0.0)
(while
 (and
  (/= bp "Close")
  (progn
   (initget "Close")
   (setq bp (getpoint bp "\n 到点(或用 C 封闭后回车): ")
         bp21 bp)
 ))
 (setq h (cons bp h))
 (command bp)
)
```

```
(setq h (cdr h))
(setq h (cons bp2 h))
(setq swa1 (ssget "l"))
(command "move" swa1 "" bp2 "7000，7000")
(if (or (= wa11 "y") (= wa11 "Y") (= wa11 "")) (progn
(command "move" swa1 "" "7000，7000" bp2)
(setq bp1 (getpoint"\n 给出需开窗的区域轮廓线上的一点：(注意!点不要与剖面线相交)"))
(setq bp3 (getpoint"\n 给出需开窗的区域轮廓线外的一点："))
(setvar "cmdecho" 1)
(command "offset" 0.5 bp1 bp3 "")
(setq swa2 (ssget "l"))
(command "move" swa1 "" bp2 "7000，7000")
(command "move" swa2 "" bp1 "7000，7000")
(command "layer" "n" 50 "")
(command "layer" "f" 50 "")
(setq sset (ssget "x" (list (cons 0 "polyline"))))
(command "move" sset "" bpax bpax "change" sset "" "p" "la" 50 "")
(while h
(setq a (car h) h (cdr h) b (car h)
       v2 0
)
(if (/= h nil) (setq v1 (ssget "c" a b)) (setq v1 nil))
(if v1
 (progn
   (setq len (sslength v1))
   (while (< v2 len)
    (setq
       ss (entget (ssname v1 v2))
       bp (cdr (assoc 10 ss))
       sp (cdr (assoc 11 ss))
       in (inters a b bp sp)
       v2 (1+ v2)
       )
       (if in
         (progn
(command "move" swa2 "" "7000，7000" bp1)
(command "zoom" "w" a b)
(command "trim" swa2 "" in "")
(command "zoom" "p")
```

```
(command "move" swa2 "" bp1 "7000，7000")
        )
      )
    )
  )
  )；end of if
)
(command "layer" "t" 50 "")
(command "move" swa1 "" "7000，7000" bp2)
(setq waq (getstring "\n 需要擦除窗口内剩余剖面线吗？(Y/<N>)"))
(if (or (= waq "y") (= waq "Y")) (progn
(prompt "指出要擦去的剖面线(用窗口接触)") (terpri)
(setq cha "y")
(while (or (= cha "y") (= cha "Y"))
(command "erase" "c" pause pause "")
(setq cha (getstring "还需擦去剖面线吗?(<Y>/N)"))
(if (= cha "") (setq cha "y"))
)
))
(command "move" swa1 "" bp2 "7000，7000")
))；end if
(command "move" swa1 "" "7000，7000" bp2)
(setq aqq (getstring "\需要截去窗口内的轮廓线吗？(<Y>/N)"))
(while (or (= aqq "y") (= aqq "Y") (= aqq ""))
(setq ppt1 (getpoint "\n 指出要截断的轮廓线位置"))
(command "trim" swa1 "" ppt1 "")
(command "trim" swa1 "" ppt1 "")
 (setq aqq (getstring "还需截断轮廓线吗?(<Y>/N)"))
 )
(setq aqq1 (getstring "\窗口内的轮廓线还要擦去吗？(Y/<N>)"))
(while (or (= aqq1 "y") (= aqq1 "Y"))
(setq ppt1 (getpoint "\n 指出要擦去的粗轮廓线位置"))
(command "erase" ppt1 "")
 (setq aqq1 (getstring "还需擦去轮廓线吗?(<Y>/N)"))
 (if (= aqq1 "") (setq aqq1 "y"))
  )
(setq aqq (getstring "\需要擦去所开窗口的轮廓线吗？(<Y>/N)"))
(if (or (= aqq "y") (= aqq "Y") (= aqq ""))
(command "erase" swa1 "")
```

```
)
(command "zoom" "p")
(setq ttt 1)
(command "erase" swa2 "")
(command "color" "bylayer")
(setvar "cmdecho" 1)
(princ)
)
```

开窗消隐的程序运行结果，如图 9.16 所示。

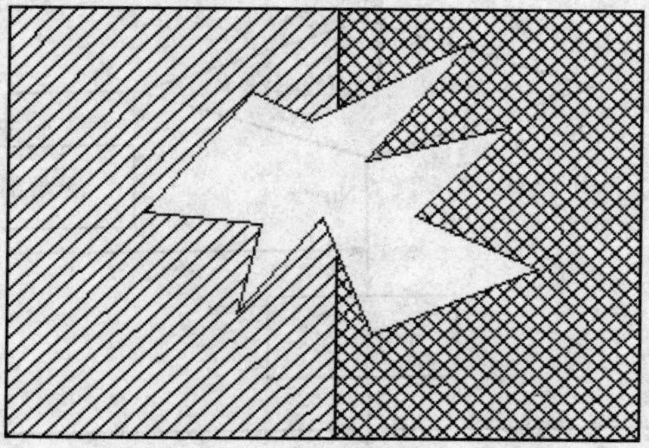

图 9.16　开窗消隐程序运行结果

9.7　覆盖消隐

当一个图形覆盖在另一个图形上，把被覆盖的图形消去，称为覆盖消隐。

【例 9.7】 如图 9.17 所示，把右边的图形搬到左边图形上，并实现覆盖消隐。

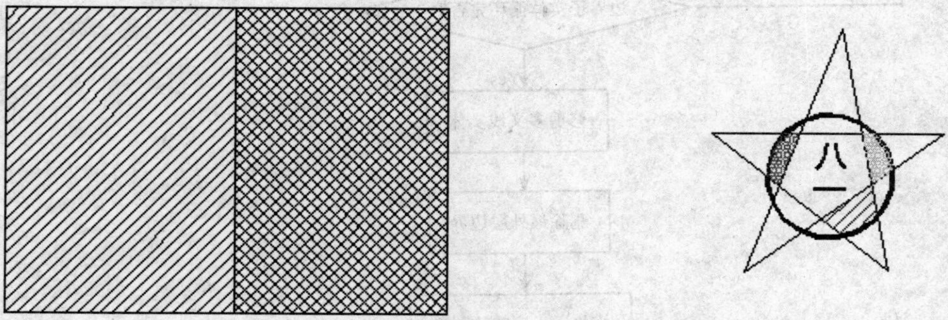

图 9.17　覆盖消隐

覆盖消隐在计算机图形处理中也是一个比较困难的工作，AutoCAD 软件中也没有这种功能，但是同样可以通过编制一个程序来实现，其实现过程与开窗消隐程序类似，其程序的流程图如图 9.18 所示。覆盖消隐程序的实现结果如图 9.19 所示。

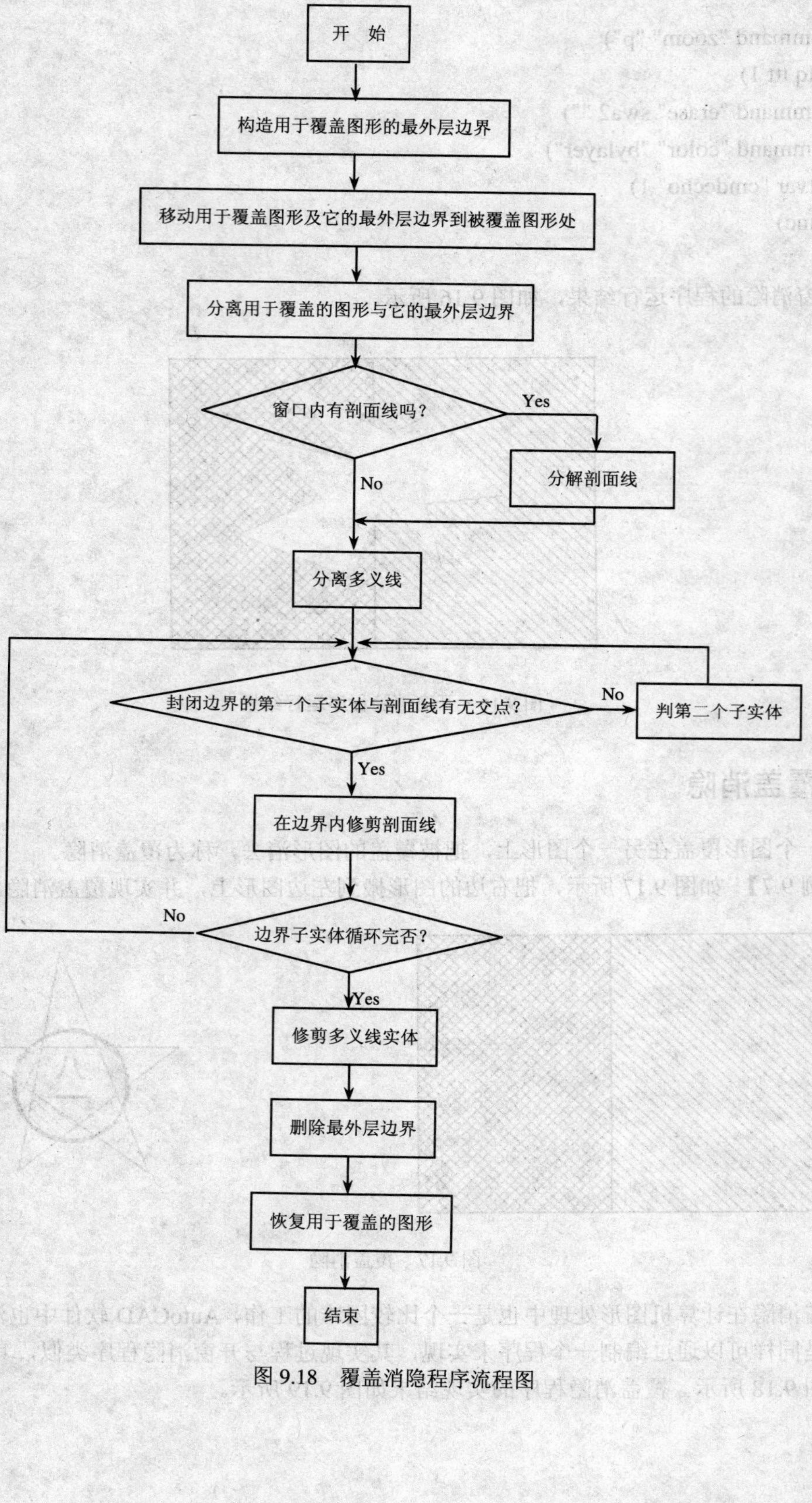

图 9.18　覆盖消隐程序流程图

图 9.19　覆盖消隐程序的实现结果

9.8　图形的交、并、差运算

9.8.1　二维图形的交、并、差运算

1) 二维图形的交集

【例 9.8】 如图 9.20 左边图形所示，求图形的交集。

作法：

(1) 菜单→绘图→面域。

命令：_region

选择对象：C 窗口全选 3 个实体

指定对角点：

找到 3 个

选择对象：　回车结束对象选择

已提取 3 个环。

已创建 3 个面域。

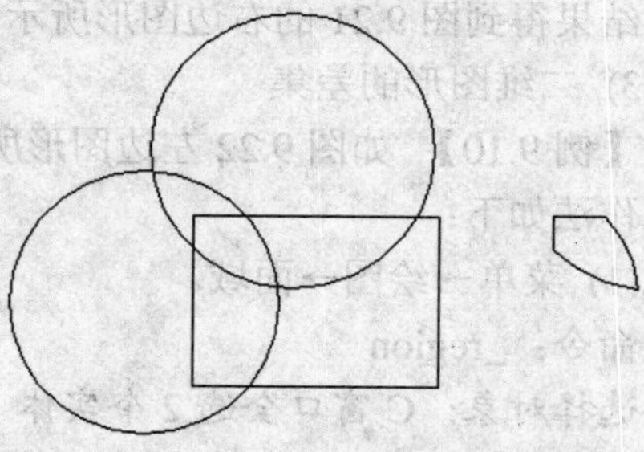

图 9.20　图形的交集

(2) 菜单→修改→实体编辑→交集。

命令：_intersect

选择对象：C 窗口全选 3 个实体

指定对角点：

找到 3 个

选择对象：

结果得到图 9.20 的右边图形所示，三个面域的交集。

2) 二维图形的并集

【例 9.9】 如图 9.21 左边图形所示，求图形的并集。

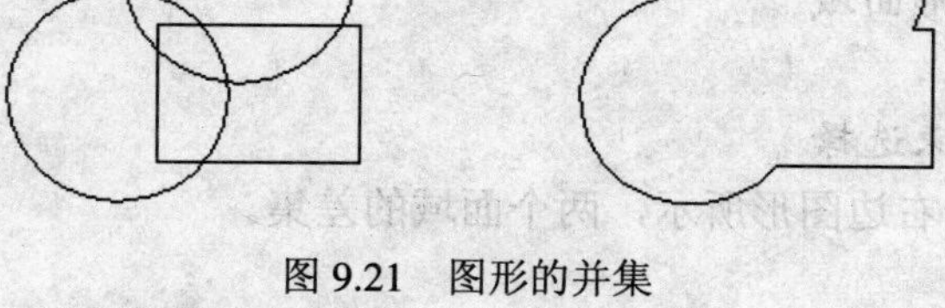

图 9.21　图形的并集

作法如下：
(1) 菜单→绘图→面域，可构造三个面域。
命令：_region
选择对象：C 窗口全选 3 个实体
指定对角点：
找到 3 个
选择对象：回车结束对象选择
已提取 3 个环。
已创建 3 个面域。
(2) 菜单→修改→实体编辑→并集。
命令：_union
选择对象：C 窗口全选 3 个实体
指定对角点：
找到 3 个
选择对象：
结果得到图 9.21 的右边图形所示，三个面域的并集。
3) 二维图形的差集
【例 9.10】 如图 9.22 左边图形所示，求图形的差集。
作法如下：
(1) 菜单→绘图→面域。
命令：_region
选择对象：C 窗口全选 2 个实体
指定对角点：
找到 2 个
选择对象：回车结束对象选择
已提取 2 个环。
已创建 2 个面域。
(2) 菜单→修改→实体编辑→差集。
命令：_subtract
选择要从中减去的实体或面域…
选择对象：选择圆面域
找到 1 个
选择对象：回车结束选择
选择要减去的实体或面域…
选择对象：选择矩形面域
找到 1 个
选择对象：回车结束选择
结果得到图 9.22 的右边图形所示，两个面域的差集。

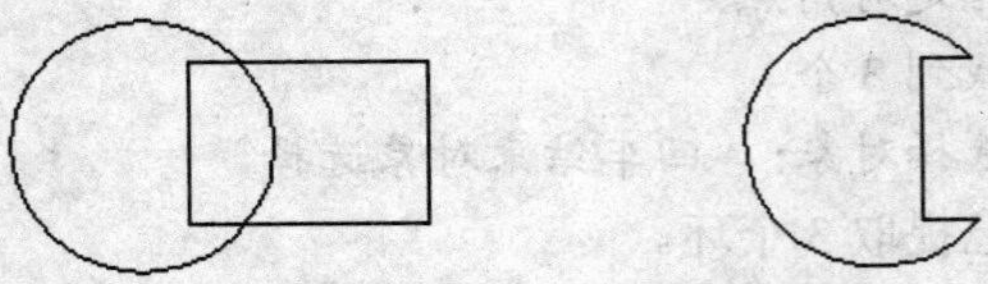
图 9.22　图形的差集

9.8.2 三维图形的交、并、差运算

三维图形的交、并、差运算与二维图形的运算类似，我们将在 13(章)再作分析。

9.9 图形的局部切块比例放缩

从一个图形中，取出一个局部，放在任意的位置进行任意比例的放缩，称为图形的局部切块比例放缩。

【例 9.11】 如图 9.23 左边图形所示，在图形中取出一个圆，把取出的部分放在右边放大 3 倍。

图 9.23 图形的局部切块比例放缩

图形的局部切块后按比例放缩功能是一个复杂的图形处理过程，可以用多种程序设计的方法来解决这个问题，以下是一种程序设计的思路。

程序首先通过人机对话输入局部放大系统所需的基本参数(即设计参数)：选取局部放大圆心、局部放大圆的半径、选择局部放大后的基点、局部放大的比例等参数；然后判断与局部放大圆有关联的实体有无复杂实体？(如 hatch 剖面线或 lwployline 多义线等)，如果有复杂实体，就执行 explode 命令，将复杂实体分解为简单独立实体；接着将与局部放大圆有关联的实体复制到放大后的基点并按选定比例进行放大；最后修剪或删除局部放大圆范围外的实体，保留局部放大圆内的实体。在修剪实体时要区分待修剪实体的类型如：line、circle、arc 等，然后对应不同的类型调用不同的子程序。

图 9.24 是程序设计流程图。

以下是主程序及部分子程序源程序清单。

```
；主程序
(defun c：part()
  (setvar "cmdecho" 0)
  (setvar "osmode" 0)
  (setq cen (getpoint "\n 请输入要局部拷贝缩放的中心点："))
  (initget (+ 1 2 4))
  (setq rr (getdist cen   "\n 请输入要局部拷贝缩放的半径："))
  (setq center (getpoint "\n 请指定局部拷贝缩放后中心点："))
```

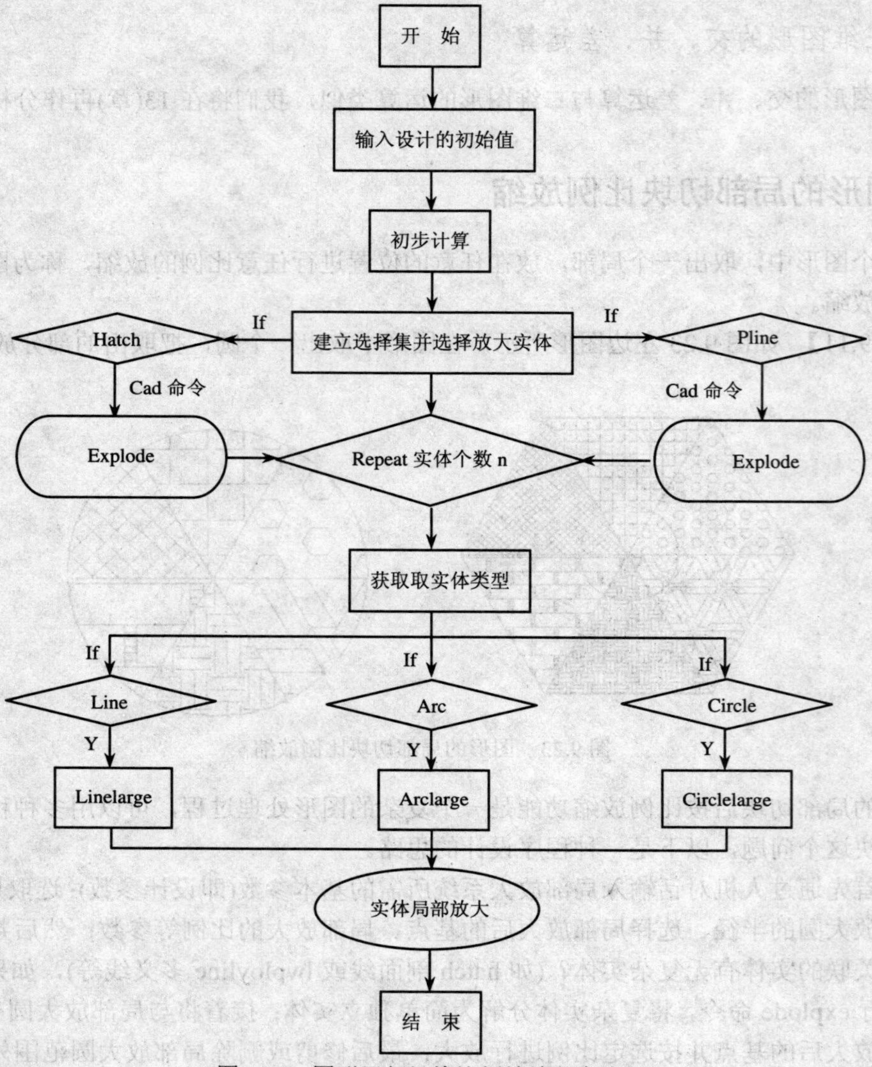

图 9.24 图形局部切块比例放缩程序流程

```
(initget (+ 1 2 4))
(setq rate (getreal "\n 请输入需要局部缩放的比率："))
  (ssexplode rr cen)；分解复杂实体子程序
  (sscopy rr cen)；复制子程序
  (sscale rr center rate)；缩放子程序
  (setq r (* rr rate))
  (setq a (* r 1.1))
  (setq i 0)
  (setq pt_list '())
  (repeat 360
    (setq pt (polar center (/ (* pi i) 180) a))
```

```
        (setq pt_list (cons pt pt_list))
        (setq i (1+ i))
     )
     (setq ss (ssget "cp" pt_list))
     (command "circle" center r)
     (setq ent (entlast))
     (setq n (sslength ss))
     (setq i 0)
     (repeat n
        (setq en (ssname ss i))
        (setq endata (entget en))
        (setq entype (cdr (assoc 0 endata)))
        (cond
           ((= entype "LINE")( linelarge endata center en ent r)); (linelarge)
           ((= entype "CIRCLE")(circlelarge endata center en ent r)); (circlelarge)
           ((= entype "ARC")( arclarge endata center en ent r)) ; (arclarge)
           ((= entype "LWPOLYLINE")(plinscale endata center en ent r))
           (t (princ "not good enough"))
        )
        (setq i (1+ i))
     )
     (prin1)
  )
  ;分解复杂实体子程序
  (defun ssexplode (rr cen / a i pt_list pt ss len en endata entype )
     (setq a (* rr 1.1))
     (setq i 0)
     (setq pt_list '())
     (repeat 360
        (setq pt (polar cen (/ (* pi i) 180) a))
        (setq pt_list (cons pt pt_list))
        (setq i (1+ i))
     )
     (setq ss (ssget "cp" pt_list))
     (setq len (sslength ss))
     (setq i 0)
     (repeat len
        (setq en (ssname ss i))
        (setq endata (entget en))
```

```
        (setq entype (cdr (assoc 0 endata)))
        (if(= entype "HATCH")
            (command "explode" en ""))
        (setq i (1+ i))
    )
    ；(princ "hatch")
    (prin1)
)
；复制子程序
(defun sscopy(rr cen / a i pt_list pt ss)
    (setq a (* rr 1.1))
    (setq i 0)
    (setq pt_list '())
    (repeat 360
        (setq pt (polar cen (/ (* pi i) 180) a))
        (setq pt_list (cons pt pt_list))
        (setq i (1+ i))
    )
    (setq ss (ssget "cp" pt_list))
    (command "copy" ss "" cen center)
    (prin1)
)
；比例缩放子程序
(defun sscale(rr center rate / a i pt_list pt ss)
    (setq a (* rr 1.1))
    (setq i 0)
    (setq pt_list '())
    (repeat 360
        (setq pt (polar center (/ (* pi i) 180) a))
        (setq pt_list (cons pt pt_list))
        (setq i (1+ i))
    )
    (setq ss (ssget "cp" pt_list))
    (command "scale" ss "" center rate)
    (prin1)
)
```

以下是修剪圆外细线实体子程序，这个子程序实现的功能是：如果直线在基础圆外就删除；如果直线与基础圆相交就实现剪切命令，把圆外部的部分剪切掉；如果直线在基础圆内就保留。

```
(defun linelarge (endata center en ent r / pt1 pt2 mid a1 a2 ang1 ppang1 ang2 ppang2 p1 p2 )
; endata(子实体数据库) en(子实体名) ent(放大圆)
    (setq pt1 (cdr (assoc 10 endata)))
    (setq pt2 (cdr (assoc 11 endata)))
    (setq mid (polar pt1 (angle pt1 pt2)(/ (distance pt1 pt2) 2)))
    (setq a1 (distance pt1 center))
    (setq a2 (distance pt2 center))
    (setq ang1 (angle pt1 pt2))
    (setq ppang1(angle pt1 center))
    (setq ang2 (angle pt2 pt1)); p2->p1 度
    (setq ppang2 (angle pt2 center)); p2->center 度
    (setq p1 (polar center (+ ang1(* pi 0.5)) r))
    (setq p2 (polar center (- ang1(* pi 0.5)) r))
    (cond
      ((> a1 r)
       (cond
         ((> a2 r)
           (if(inters pt1 pt2 p1 p2 t)
           (command "trim" ent ""(list en pt1)(list en pt2)"")
           (entdel en)))
         ((= a2 r)
           (if(< (abs(- ang2 ppang2)) (* pi 0.5))
           (command "trim" ent ""(list en pt1)"")
           (entdel en)))
          ((< a2 r)
           (command "trim" ent ""(list en pt1)""))))
      ((= a1 r)
        (if(and(> a2 r)(< (abs(- ang1 ppang1)) (* pi 0.5)))
        (command "trim" ent ""(list en pt2)"")))
      ((< a1 r)
        (if(> a2 r)(command "trim" ent ""(list en pt2)""))))
    (prin1)
)
```

■ 练习

(1) 如下图所示，过圆的圆心作一线与已知线相交且夹角为 31°

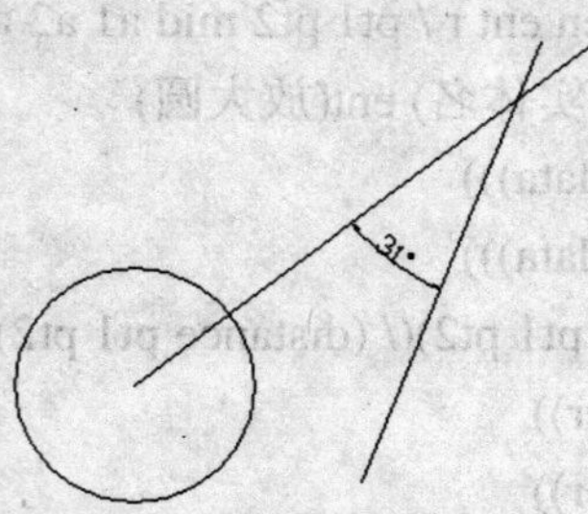

(2) 如下图所示，用两种方法把左图修改成右图。

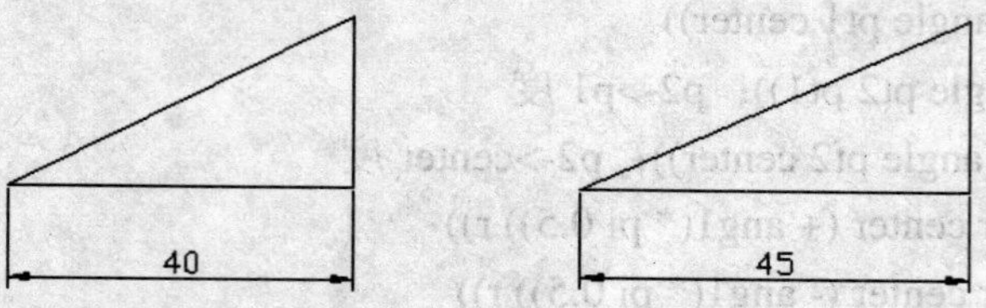

(3) 如下图所示，求阴影部分的面积。

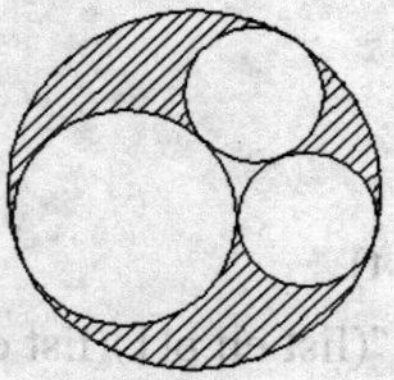

10　实体选择集及图形数据库技术

AutoCAD 软件能实现这样的功能：当用户在计算机屏幕上调用一次 CAD 命令完成一次作图，标注一个尺寸，书写一段文字等工作时，CAD 软件立即就为你创建好一个实体，并建立好一个相对应的数据库，该数据库中保存了所作图形或所写文字的全部信息。可以这样说，整个 AutoCAD 系统就是一个图形数据库系统。你可以随心所欲地检索你所需要的图形数据库，修改数据库，从而实现修改图形的目的。

10.1　实体选择集

(1) 实体(Entity)。AuCAD 定义的图形元素(也称为图素)，称为实体，如：点，线，面，圆弧，文字，尺寸标注等。

(2) 实体名(Entity name)。各图素的存取指针，通过该指针 AutoLISP 能够找到该实体在当前图形数据库中的记录，从而可对该实体进行有关操作(例如，改变圆心，半径，线宽，字高等)

(3) 选择集(Selection sets)。实体名称的集合称为选择集。AutoLISP 以下列格式把选择集提供给用户：

<Selection set：n>

其中，n 是选择集编号。

10.2　图形数据库

10.2.1　检索任意图形数据库信息

AutoCAD 的所有图形都对应有一个图形数据库。通过 List 命令可以检索任意图形的数据库信息：

命令：List

然后选择你需要检索图形实体，就可以观察到该实体的数据库。

【例 10. 1】 检索一条直线的数据库信息。

命令：Line

指定第一点：2，2

指定下一点或[放弃(U)]：5，5

指定下一点或[放弃(U)]：回车结束选择

命令：List

选择对象：L　(选择最后一个实体)

找到 1 个

选择对象：回车结束选择

就可得到刚才所画线的数据库信息：

LINE　图层：0

空间：模型空间

句柄=87

自点，X=2.0000　Y=2.0000　Z=0.0000

到点，X=5.0000　Y=5.0000　Z=0.0000

长度=4.2426，在 XY 平面中的角度=45

增量 X=3.0000，增量 Y=3.0000，增量 Z=0.0000

我们可以看到该线条的数据库信息内容很丰富，包括所在的图层，空间，起点坐标，终点坐标，长度等信息。如果是选择一个更复杂的图形，数据库内容就更丰富了。

10.2.2　实体数据表

实体数据表是以 DXF 的组码形式规范化的数据库表达形式，它更便于数据库的检索与修改，实体数据表的结构如下：

((-1.<实体名>)(0 .“实体类型”)(组码.组值)……(组码.组值))

各组码.组值的意义如表 10.1 和表 10.2 所示。

在 Vlisp 语言中有一个函数：entget，它的功能是返回实体的数据表。

【例 10.2】 画一直线，获取其实体数据表。

命令：Line

指定第一点：2，2

指定下一点或[放弃(U)]：5，5

指定下一点或[放弃(U)]：回车结束选择

命令：(setq L (entget (entlast)))

用 entget 获取实体数据表，赋给变量 L，为便于阅读，对实体数据表进行了缩排：

```
((-1 .<Entity name：14C4968>)          ；实体名
 (0 . "LINE")                          ；实体类型
 (330 .<Entity name：14c48f8>)         ；辅助实体名
 (5 . "2d")                            ；实体标号
 (100 . "ACDbEntity")                  ；实体子类说明
 (67 . 0)                              ；空间类型说明
 (410 . "Model")                       ；空间名
 (8 . "0")                             ；层名
 (100 . "ACDbLINE")                    ；LINE 实体类型
 (10   2.0 2.0 0.0)                    ；起点
 (11 5.0 5.0 0.0)                      ；终点
 (210 0.0 0.0 1.0)                     ；3D 延伸方向
)
```

【例 10.3】 在特定位置写文字：“计算机辅助几何设计”并获取其实体数据表。

(1) 菜单→格式→点样式，出现如图 10.1 所示“文字样式”对话框，选择“新建”按钮，在“样式名”编辑框中输入“HZ”，在“字体名”列表框中选择“黑体”，在“宽度比例”编辑框中输入“0.7”，然后按“应用”及“关闭”按钮。

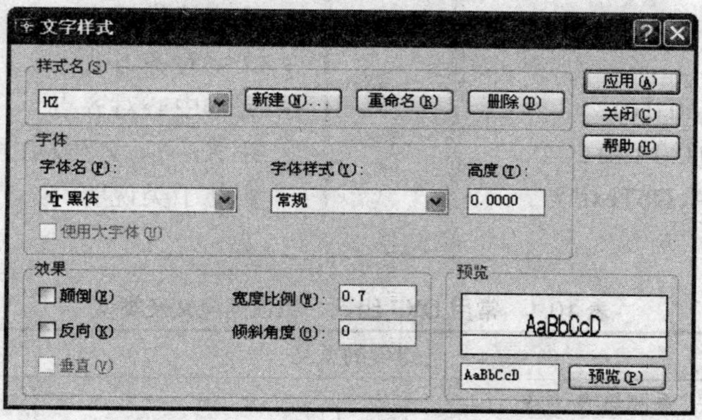

图 10.1 “文字样式”对话框

(2) 调用写文字命令。

命令：TEXT

当前文字样式：HZ

当前文字高度：5.0000

指定文字的起点或[对正(J)/样式(S)]：100，50

指定高度<5.0000>：8

指定文字的旋转角度<0>：0

输入文字：计算机辅助几何设计

输入文字：回车

(3) 获取其实体数据表。

命令：(Setq S (entget (entlast)))

```
((-1 .<图元名：7ef56ea0>)            ；实体名
 (0 . "TEXT")                        ；实体类型
 (330 .<图元名：7ef56cf8>)           ；辅助实体名
 (5 . "8C")                          ；实体标号
 (100 . "AcDbEntity")                ；实体子类说明
 (67 . 0)                            ；空间类型说明
 (410 . "Model")                     ；空间名
 (8 . "0")                           ；层
 (100 . "AcDbText")                  ；实体子类说明
 (10 100.0 50.0 0.0)                 ；起点
 (40 . 8.0)                          ；文字高度
 (1 . "计算机辅助几何设计")          ；文本内容
 (50 . 0.0)                          ；旋转角
```

```
   (41 . 0.7)                    ; 宽高比例系数
   (51 . 0.0)                    ; 文本倾斜角
   (7 . "HZ")                    ; 字体名
   (71 . 0)                      ; 文字镜像标志
   (72 . 0)                      ; 文字对齐方式
   (11 0.0 0.0 0.0)              ; 文本中心对齐点
   (210 0.0 0.0 1.0)             ; 在 X，Y，Z 坐标中的挤压方向
   (100 . "AcDbText")            ; 实体子类说明
  )
```

表 10.1　常用 DXF 组码、组值的意义及类型

组码	组值的意义	类型
-4	逻辑测试或关系测试表达式	
-3	扩展的对象数据库表	
-2	实体名附注	
-1	实体名	字
0	实体类型(“TEXT”，“LINE”，“ARC”等)	
1	字符串或属性标志	
2	块名、型名或属性标志	
3	属性提示信息	
5	实体标识符	符
6	线型名	
7	字体名	
8	层名	串
10	块或文本插入点、线的起始点或圆心	
11	文本中心对齐点、直线、多义线段、实心区或三维面的第二点	
12	连续尺寸线或基线尺寸线的插入点；实心区和三维面的第三点	
13-1	尺寸的定义点；实心区或三维面的第四点	
6	文本的右对齐点	
21	尺寸的定义点	
23-2	文本的第二个对齐点	
6	尺寸定义点	
31	厚度	实
33-3	文本高度，圆或弧的半径，多义线的开始宽度	
6	X 比例系数或多义线的结束宽度	
39	块的 Y 比例系数或多义线顶点的凸度	
40	块的 Z 比例系数	
41	用 MINSERT 插入块的列间距	

42	用 MINSERT 插入块的行间距	
43	旋转角度或圆、弧和尺寸的开始角度	数
44	文本倾斜角或圆和弧的结束角	
45	不是由层决定(BYLAYER)的颜色号	
50	实体跟随标志	
51	用 MINSERT 命令插入块的列数	
71	文本镜象码或用 MINSERT 命令插入块的行数	
72	文本对齐码	
73	三维网格在 M 方向上的光滑表面密度或属性字段长度，对应于三维网络实体建立时系统变量 SURFTAB1 的设置	整
74	三维网络在 N 方向上的光滑表面密度，对应于三维网络实体建立时系统变量 SURFTAB2 的设置	
75	三维网络光滑表面的类型	数

表 10.2　常用实体类型及采用的组码

实体类型	使　用　的　编　码
ARC	-1，0，1，5，6，8，10，40，50，51，62，210
ATTRIB	-1，0，1，2，5，6，7，8，10，11，21，31，40，41，50，51，62，70，71，72，73，210
BLOCK	-1，0，1，2，5，6，8，10，42，43，44，45，50，62，66，70，71
CIRCLE	-1，0，1，5，6，8，10，40，62，210
DEMENSION	-1，0，1，2，5，6，8，10，11，13，14，15，16，40，50，51，62，210
LINE	-1，0，1，5，6，8，10，11，62，210
POINT	-1，0，1，5，6，8，10，50，62，210
POLYLINE	-1，0，1，5，6，8，40，41，62，66，70，71，72，73，74，75，210
VERTEX	-1，0，1，5，6，8，10，41，42，50，62，70
SHAPE	-1，0，1，2，5，6，8，10，40，41，50，51，62，210
SOLID	-1，0，1，5，6，8，10，11，12，13，62，210
TEXT	-1，0，1，2，5，6，7，8，10，11，21，31，40，41，50，51，71，72
TRACE	-1，0，1，5，6，8，10，11，12，13，62，210
3DFACE	-1，0，1，5，6，8，10，12，13，62，70

【例 10.4】 编一段程序，实现当选择一个圆时，显示它的图形数据表及直径。

```
(defun cd ()
(setq en (car (entsel "\n 指定一个圆：")); 选择一个实体，取出实体名
      el (entget en); 获得实体数据表
```

```
        er (cdr (assoc 40 el)); 取出半径
    )
    (princ "\n 对象数据表: ")(princ el)
    (princ "\n 这个圆的直径=")(princ (* 2 er))(princ "mm")
    (princ)
    )
```

以下是，该程序加载后的一个运行实例：

```
命令：(cd)
指定一个圆：指定一个圆
对象数据表：((-1 .<图元名： 1ce7d60>) (0 . CIRCLE) (330 .<图元名： 1ce7cf8>) (5 . 2C)
            (100 . AcDbEntity) (67 . 0) (410 . Model) (8 . 0) (100 . AcDbCircle)
            (10 192.639 164.515 0.0) (40 . 37.8816) (210 0.0 0.0 1.0))
这个圆的直径=75.7633mm。
```

10.3 通过图形数据库构造选择集

在进行计算机辅助几何设计时常常需要按某些特定的要求选择一组具有某些共性的实体，这就是一个构造选择集的过程。由于图形数据库中的信息用数据描述了一个图形实体的所有特征，所以，在 CAD 程序设计中需要选择实体时，通过图形数据库构造选择集的方法是最行之有效的方法。

在 Vlisp 语言中有一个函数：ssget，它的功能就是构造实体选择集，经常有以下几种格式：

(1) 格式 1：

(ssget[<方式>][<点 1>][<点 2>])

其中方括号内的内容是任选项。

【例 10.5】 分析以下几种方式构造的实体选择集的内容。

(ssget)：以交互方式由用户临时构造选择集

(ssget "L")：选择最新加入图形数据库的实体

(ssget "W" '(0 0) '(5 5))：选择窗口内的实体

(2) 格式 2：由过滤器构造选择集，格式为：

(ssget "X"[<过滤表>])

将选择由过滤表决定的实体，其中方括号内的<过滤表>是任选项，即可以不需要过滤表，过滤器的组码含义，见表 10.1，10-2。

【例 10.6】 分析以下几种用过滤器构造选择集的内容。

(ssget "X")：选择所有实体

(ssget "X" '((0 . "pline")))：选择所有多义线

(ssget "X" '((0 . "circle") (8 . "Lay1") (62 . 1)))：

选择定义在层 Lay1 上，颜色为红色的所有圆构成的实体。

(3) 格式 3：通过关系测试操作符和逻辑测试操作符构造选择集

过滤器表中常用的关系测试操作符及含义如下：

① “=”：等于；

② “/=”：不等于；

③ “<”：小于；

④ “>”：大于；

⑤ “>=”：大于等于。

过滤器表中常用的逻辑测试操作符及含义如下：

⑥ “<AND”-“AND>”：逻辑“与”AND 的两头标记；

⑦ “<OR”-“OR>”：逻辑“或”OR 的两头标记；

【例 10.7】 把所有半径大于等于 2 的圆构成选择集：

```
(Ssget “X” ‘((0 . “CIRCLE”)(-4 .”>=”)(40 . 2.0)));
```

其中，子表“(-4 .”>=”)“表示大于等于的关系测试操作符；“(40 . 2.0)”表示半径值为 2。

【例 10.8】 把半径 100 的圆、颜色为 110 且在 BASE 层上的直线，构成选择集：

```
(Ssget “X” ‘((-4 . “<OR”)
            (-4 . “<AND”)(0 . “CIRCLE”)
            (40 . 100.0)
            (-4 . “AND>”)
            (-4 . “<AND”)(0 . “LINE”)
            (8 . “BASE”)
            (62 . 110)
            (-4 . “AND>”)
            (-4 . “OR>”)
          )
)
```

在以上的程序表达式中要注意逻辑运算的两头标记要配对。

10.4 修改图形数据库实现修改图形

图形数据库技术不仅帮助用户掌握图形的所有信息，更重要的是通过修改图形数据库实现修改图形的目的，从而实现手工编辑不能做或作起来很困难的高级编辑工作，这种方法特别适合于具有某些共性的一批实体的整体编辑。

【例 10.9】 编一段程序，实现画一个圆，然后改变它的圆心和半径，重新生成一个圆。

```
(defun chan ()
(command “circle” ‘(50 50) 10)
(command “copy” “L” “” ‘(50 50) ‘(50 50))
(setq l (entget (entlast)))
(setq p1 ‘(100 100))
(setq l (subst (cons 10 p1) (assoc 10 l) l))；替换表中含有圆心的子表
(setq l (subst ‘(40 . 50) (assoc 40 l) l))；替换表中含有半径的子表
(entmod l)；把修改的实体数据表存入图形数据库
```

```
)
```

【例 10.10】 编一段程序，修改全屏的多义线的线宽为一个统一的宽度。

```
(defun zheng12 ()
(setvar "cmdecho" 0)
(setq wp(getreal "\n 请输入全屏新的线宽："))
(setq sset (ssget "x" (list (cons 0 "LWpolyline"))))
(setq n 0)
(repeat (sslength sset)
(setq pln (ssname sset n))
(command "pedit" pln "w" wp "")
(setq n (1+ n))
)
(setvar "cmdecho" 0)
(princ)
)
```

■ 练习

(1) 编程删除当前屏幕上，所有颜色为 3 的多义线及射线。

(2) 分析下列两段程序执行的效果有什么不同，为什么？

```
(defun c：abc()
(command "limits" '(0 0) '(297 210) "zoom" "A")
(command "pline" '(20 20) '(200 20) '(200 100) '(20 100) "c")
(command"circle" '(500 600) 30)
(command "erase" (EntLast) "")
)
(defun c：abcd()
(command "limits" '(0 0) '(297 210) "zoom" "A")
(command "pline" '(20 20) '(200 20) '(200 100) '(20 100) "c")
(command"circle" '(500 600) 30)
(command "erase" "L" "")
)
```

11 在线计算技术

在进行计算机辅助设计或绘图时，往往需要输入许多工程数据量，这些数据量有些是可以直接输入的，有些可以通过查表获得，有些则还要通过一些笔算甚至要通过一些较复杂的数学运算才能得到，这显然给设计带来许多烦琐的工作。如果能提供一种功能，让用户在不脱离绘图环境的同时进行在线的设计计算，然后把设计计算的结果传回绘图环境中，实现绘图与设计计算的交互，这无疑是一种很好的工程设计方法.

AutoCAD 软件提供了一条在线计算命令：Cal，使用 Cal 命令的方法有两种，第一种方法是：用户在命令行键入 Cal，系统提示要求输入表达式，用户键入所需表达式内容后，回车，系统根据表达式的内容得到整数、实数或点(矢量)的值。第二种方法是：应用 Cal 的透明命令(即可在其他命令使用过程中使用，格式为：'Cal)功能。透明命令 Cal 实现了用户在不退出绘图命令的同时，加入计算功能，再把计算结果传回绘图环境，继续进行绘图。更有趣的是可以在计算表达式中加入目标捕捉功能，保证了在线进行几何计算的准确性。表达式中可以包含用来计算的标准函数、Cal 的快捷函数、专用的点运算函数等。

Cal 命令的功能强大，是计算机辅助几何设计(CAGD)的强有力工具。

11.1 在线计算表达式

Cal 命令的功能是通过键入表达式来实现的，Cal 命令的表达式分为两类：

(1) 数值表达式。数值表达式由整数、实数和函数与以下运算符组成：

① ( )：组表达式。

② ^：幂。

③ +，-，*，/：加、减、乘、除。

(2) 矢量表达式。矢量表达式由点值、矢量、数值和函数与以下运算符组成：

① ( )：组表达式

② &：矢量的矢量积，如“[a，b，c]&[x，y，z]”。

③ *：矢量的数量积，如“[a，b，c]*[x，y，z]”。

④ +，-：矢量的加、减，如“[a，b，c]+[x，y，z]”。

⑤ *，/：一个实数乘、除一个矢量，如“a*[x，y，z]”。

【例 11.1】 如图 11.1 所示，过三角形 ABC 的质心画一个半径为 2 的圆。

可以用表达式(int+int+int)/3，端点捕捉方式计算三个端点构成的三角形的质心，操作如下：

命令：Circle (画圆命令)

指定圆的圆心或[三点(3P)/两点(2P)/相切、相切、半径(T)]：'cal (执行在线计算命令)

>>表达式：(int+int+int)/3 (输入表达式)

>> 选择图元用于 INT 捕捉：(点取 A)

\>> 选择图元用于 INT 捕捉：(点取 B)

\>> 选择图元用于 INT 捕捉：(点取 C)

(11.1285 14.7867 0.0)

指定圆的半径或[直径(D)]：2 (输入半径)

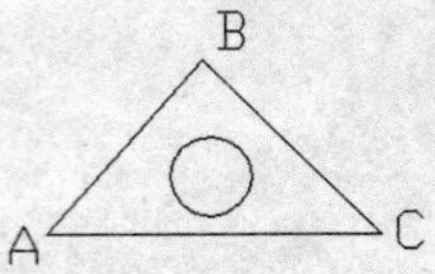

图 11.1

11.2 Cal 支持的在线计算函数

11.2.1 标准数值函数

Cal 支持下列标准数值函数：

(1) sin(角度)：角度的正弦(角度为度数)。

(2) cos(角度) ：角度的余弦(角度为度数)。

(3) asin(实数)：数字的反正弦(数字必须在-1 和 1 之间)。

例如：

Command：cal

\>> Expression：asin(0.5)

30.0 (返回值)

(4) acos(实数)：数字的反余弦(数字必须在-1 和 1 之间)。

(5) atan(实数)：数字的反正切。

(6) ln(实数)：数字的自然对数。

(7) log(实数)：数字的以 10 为底的对数。

(8) exp(实数)：数字的自然幂函数。

(9) exp10(实数)：数字的以 10 为底的幂函数。

(10) sqr(实数)：数字的平方。

(11) sqrt(实数)：数字的平方根(数字必须是正数)。

(12) abs(实数)：数字的绝对值。

(13) round(实数)：将数字圆整到最接近的整数。

(14) trunc(实数)：取数字的整数部分。

(15) r2d(角度)：以弧度为单位的角度转换为度数。

例如：

Command：cal

\>> Expression：r2d(pi)

180.0 (返回值)

(16) d2r(角度)：以度为单位的角度转换为弧度。

例如：

Command：cal

\>> Expression：d2r(180)

3.14159 (返回值)

11.2.2　点和矢量

(1) 点和矢量的表示方法。点和矢量都是两个或三个实数的组合。点用于定义空间中的位置，而矢量用于定义空间中的方向或位移。

有些 CAL 函数，例如 pld 和 plt，返回一个点。另一些函数，例如 nor 和 vec，返回一个矢量。点或矢量是三个实型表达式的一个集合，包含在方括号([ ])中，如“[r1，r2，r3]”。

CAL 支持所有以 AutoCAD 格式表示的点。点的格式如表 11.1：

表 11.1　点的表示格式

坐标系	点格式
极坐标	[距离<角度]
柱坐标	[距离<角度，Z 坐标]
球坐标	[距离<角度 1<角度 2]
相对坐标(使用前缀@)	[@x，y，z]
世界坐标系(而不是用户坐标系)使用前缀*	[*x，y，z]

可以省略点或矢量中为零的坐标值和右方括号( ])前面的逗号。

以下点都是有效的：

[1，2]：相当于“[1，2，0]”。

[，，3]：相当于“[0，0，3]”。

[ ]：相当于“[0，0，0]”。

下例中点是按相对球坐标(相对于世界坐标系)输入的。距离是 1+2=3，角度是 10+20=30 度和 45 度 20 分。

[@*1+2<10+20<45d20"]

下例中点的元素包含算术表达式，它也是有效的：

[2*(1.0+3.3)，0.4-1.1，2*1.4]

下面的例子使用端点对象捕捉和矢量[2，0，3] 计算一个偏离选定端点一定位移的点。

end +[2，，3]

计算得到的点相对选定的端点在 X 方向偏移两个单位，在 Z 方向偏移三个单位。

(2) 通过两点计算矢量。函数 vec 和 vec1 用于通过两点计算矢量。

vec(p1，p2)：计算从点 p1 到点 p2 的矢量。

vec1(p1，p2)：计算从点 p1 到点 p2 的单位矢量。

(3) 计算法向矢量。nor 函数用于计算单位法向矢量(即与直线或平面垂直的矢量)，而不是某个点。可将法向矢量加到一个点上以获得另一个点。

① nor(p1，p2)：确定直线 p1、p2 的二维单位法向矢量。该直线的方向为从 p1 指向 p2。得出的法向矢量的方向为原直线方向再逆时针旋转 90°。

② nor(p1，p2，p3)：确定平面(由 p1、p2 和 p3 三点定义)的三维单位法向矢量。法向矢量的方向按右手法则确定(右手从小指以上 4 指按 p1、p2 和 p3 方向旋转拇指所指方向即为法矢量方向)。

11.2.3 点运算专用函数

Cal 命令提供了两个点运算专用函数：

pld (p1，p2，dist)：

计算点 p1 和 p2 线上距离点 p1 为参数“dist”的一点。

Plt (p1，p2，t)：

计算点 p1 和 p2 的连线上一点。参数“t”定义了线上计算点的位置。

以下是参数 t 的样例：

如果 t=0，则所求点为 p1

如果 t=0.5，则所求点是 p1 和 p2 之间的中点

如果 t=1，则所求点为 p2

【例 11.2】画一个圆，要求中心在 50mm 长的直线 ab 上距 a 点 10mm 处，半径为 10mm。

作法如下(如图 11.2 所示)：

命令：Circle

指定圆的圆心或[三点(3P)/两点(2P)/相切、相切、半径(T)]:

'Cal(执行在线计算命令)

>> 表达式：Plt(end，end，0.2) (输入函数表达式求圆心)

>> 选择图元用于 END 捕捉：(捕捉 a)

>> 选择图元用于 END 捕捉：(捕捉 b)

指定圆的半径或[直径(D)]：10 (半径)

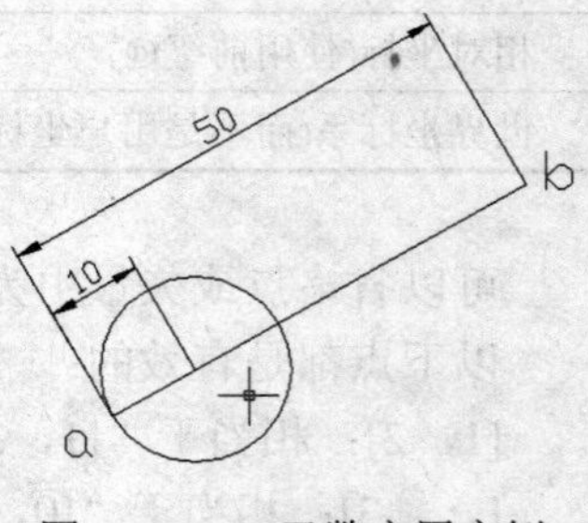

图 11.2 Plt 函数应用实例

11.2.4 计算距离

以下函数可以实现计算距离：

DIST(p1，p2)：确定点 p1 和 p2 之间的距离。

DPL(p，p1，p2)：得到点 p 与点 p1、p2 连线间的最小距离。

DPP(p，p1，p2，p3)：得到点 p 与点 p1，p2 和 p3 构成平面间的距离。

【例 11.3】 如图 11.3 所示，计算球体的中心到 abc 平面和球体中心到直线 de 的距离。

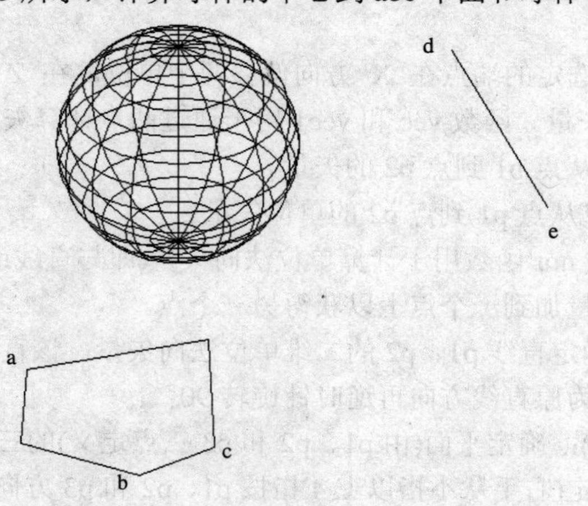

图 11.3 dpl 及 dpp 函数应用实例

(1) 计算球体中心到直线 de 的距离的命令调用过程如下：
命令：cal
>> 表达式：dpl(cen，end，end)　(输入函数表达式求距离)
>> 选择图元用于 CEN 捕捉：(捕捉球心)
>> 选择图元用于 END 捕捉：(捕捉 d 点)
>> 选择图元用于 END 捕捉：(捕捉 e 点)
431.582
(2) 计算球体中心到 abc 平面的距离的命令调用过程如下：
命令：cal
>> 表达式：dpp(cen，int，int，int)　(输入函数表达式求距离)
>> 选择图元用于 CEN 捕捉：(捕捉球心)
>> 选择图元用于 INT 捕捉：(捕捉 a 点)
>> 选择图元用于 INT 捕捉：(捕捉 b 点)
>> 选择图元用于 INT 捕捉：(捕捉 c 点)
73.5912

11.2.5　获取半径

函数 rad 可以获取选定对象的半径。对象可以是圆、圆弧或二维多段线的弧线段。
【例 11.4】 如图 11.4 所示，作一个圆，使其半径为选定圆弧半径的三分之一。
命令：Circle
指定圆的圆心或[三点(3P)/两点(2P)/相切、相切、半径(T)]：cen
于　(捕捉圆心)
指定圆的半径或[直径(D)]<15.8447>：'cal　(执行在线计算命令)
>> 表达式：1/3*rad　(输入函数表达式求圆心)
>> 给函数 RAD 选择圆、圆弧或多段线：(选择已知圆弧)

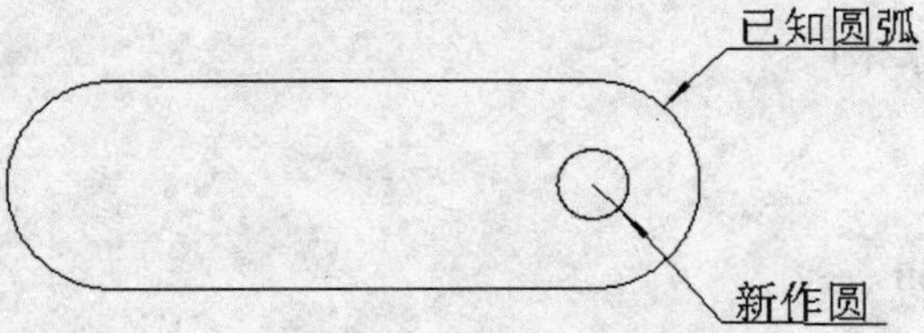

图 11.4　rad 函数应用实例

11.2.6　快捷函数

以下函数把端点捕捉方式与函数名融合在一起，形成快捷函数，使用这些函数时就不需再输入捕捉方式了：
Dee：两点间的距离(Dee 相当于 Dist(end，end))
ille：由四个端点定义的两条线的交点(ille 相当于 ill(end，end，end，end))
Mee：两端点间的中点(Mee 相当于(end，end)/2))。

Nee：求两端点连线的单位法矢量 (Nee 相当于 nor(end，end))；

【例 11.5】在矩形中心画一个半径为 6 的圆(如图 11.5 所示)。

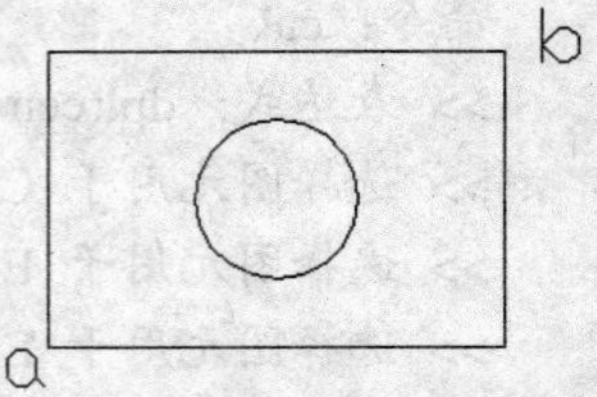

图 11.5 Mee 函数应用实例

作法如下：

命令：Circle

指定圆的圆心或[三点(3P)/两点(2P)/相切、相切、半径(T)]: 'Cal(执行在线计算命令)

>> 表达式：Mee (使用快捷函数 Mee)

>> 选择一个端点给 MEE：(点取 a)

>> 选择下一个端点给 MEE：(点取 b)

指定圆的半径或[直径(D)]<11.0000>：6 (半径)

【例 11.6】 把一个球体移到长方体中心处(如图 11.6 所示)。

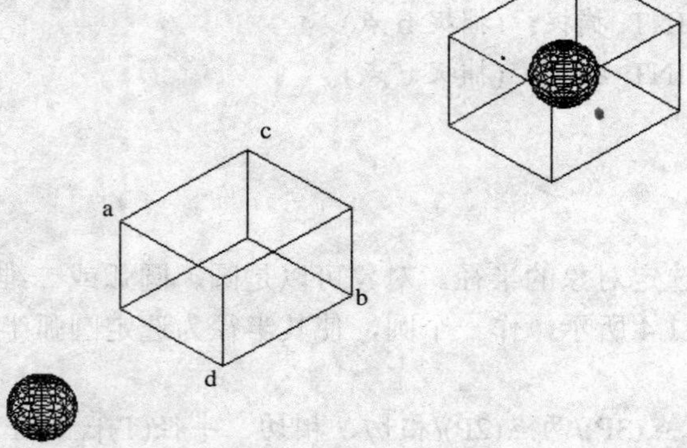

图 11.6 ille 函数应用实例

命令：Move

选择对象：

指定对角点：(选择球体)

找到 1 个

选择对象：回车

指定基点或位移：cen

于 捕捉球体的中心

指定位移的第二点或<用第一点作位移>：'cal (在线计算位移第二点)

>> 表达式：ille (使用快捷函数 ille)

>> 选择一个端点给 ILLE：第一条直线：(选择长方体 a 点)

>> 选择下一个端点给 ILLE：第一条直线：(选择长方体 b 点)

>> 选择一个端点给 ILLE：第二条直线：(选择长方体 c 点)

>> 选择下一个端点给 ILLE：第二条直线：(选择长方体 d 点)

(1442.14 535.376 80.0) (得到长方体中心)

11.2.7 获取角度函数

1) ang 函数

使用 ang 函数可以确定两条直线之间的角度。角度按逆时针度量，二维时相对 X 轴，三维时相对用户指定的轴。

(1) ang(v)：确定 X 轴和矢量 v 之间的夹角。矢量 v 被当作是二维的，投影在当前用户坐标系的 XY 平面上。

(2) ang(p1，p2)：确定 X 轴和直线(p1，p2)(方向是从 p1 到 p2)之间的夹角。点被认为是二维的，投影在当前用户坐标系的 XY 平面上。

(3) ang(apex，p1，p2)：确定直线(apex，p1)和(apex，p2)之间的夹角。点被认为是二维的，投影在当前用户坐标系的 XY 平面上。

(4) ang(apex，p1，p2，p)：确定直线(apex，p1)和(apex，p2)之间的夹角。直线被认为是三维的。最后一个参数(点 p)用来定义角度的方向。此角度以顶点 apex 到点 p 的直线为轴按逆时针度量。

2) 角度格式

角度的缺省单位是度(十进制)。请按以下格式输入角度：

度 d 分 ' 秒 "

当输入的角度小于一度(只有分和秒)时必须输入 0d。但可省略零分和零秒。

要按弧度输入角度，请在输入的数字后面加上 r。要按百分度输入角度，请在输入的数字后面加上 g。

以下是各种角度输入法的例子：

124.6r

14g

5d10'20"

0d10'20"

角度不论以何种格式输入，AutoCAD 都会将其转换成度(十进制)的格式。

Pi 弧度等于 180 度，100g 等于 90 度。

【例 11.7】 如图 11.7 所示，利用在线计算技术的两种方法把直线 ab 编辑为与圆相切。

1) 方法 1

命令：rotate

UCS 当前的正角方向：ANGDIR=逆时针　ANGBASE=0

选择对象：(选择直线 ab)

选择对象：(回车)

指定基点：end

于　(捕捉 a 点)

指定旋转角度或[参照(R)]：'cal

>> 表达式：-ang(end，end) (计算直线 ab 与 X 轴的夹角)

>> 选择图元用于 END 捕捉：(选 a)

>> 选择图元用于 END 捕捉：(选 b)

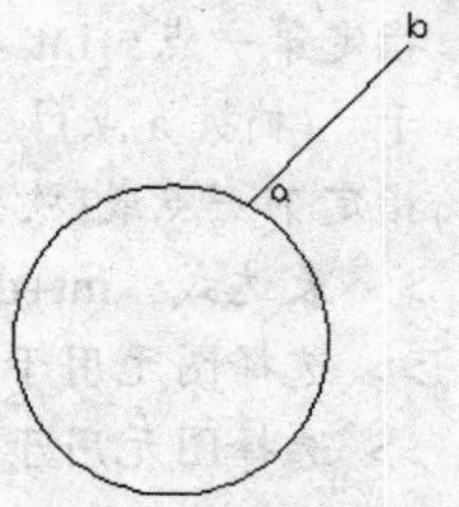

图 11.7　ang 函数应用实例

则将直线 ab 旋转到水平方向，如图 11.8 所示。

命令：ROTATE

UCS 当前的正角方向：ANGDIR=逆时针　ANGBASE=0

选择对象：(选择直线 ab)

选择对象：(回车)

指定基点：end

于　(捕捉 a 点)

指定旋转角度或[参照(R)]：cen

于　(捕捉圆心)

则将直线 ab 旋转到过圆心，如图 11.9 所示。

命令：ROTATE

UCS 当前的正角方向：ANGDIR=逆时针　ANGBASE=0

选择对象：(选择直线 ab)

选择对象：(回车)

指定基点：end

于　(捕捉 a 点)

指定旋转角度或[参照(R)]：90

则将直线 ab 旋转到与圆相切，如图 11.10 所示。

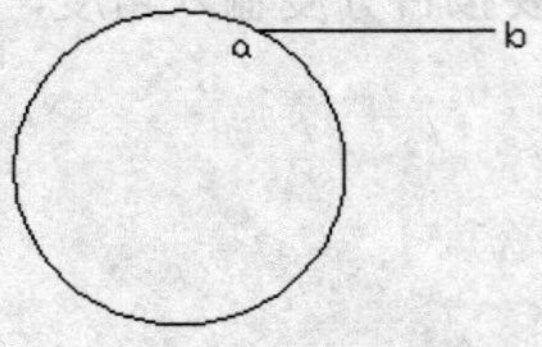

图 11.8

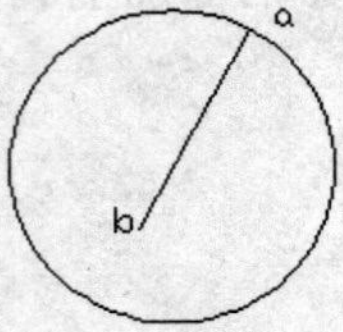

图 11.9

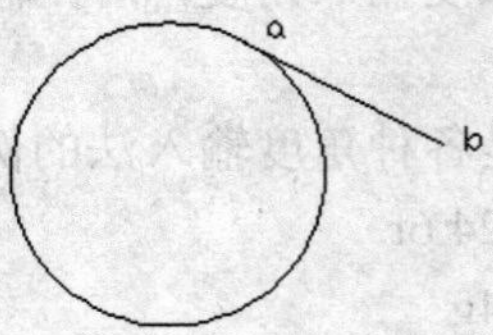

图 11.10

2) 方法 2

利用以下多个在线计算函数的组合，可以不作任何辅助线，一次完成。对于图 11.7，执行以下命令：

命令：Line

指定第一点：int

于　(捕捉 a 点)

指定下一点或[放弃(U)]：'cal

>> 表达式：int+dist(end，end)*nor(int，cen)　(直接计算 b 点位置)

>> 选择图元用于 INT 捕捉：(捕捉 a 点)

>> 选择图元用于 END 捕捉：(捕捉 a 点)

>> 选择图元用于 END 捕捉：(捕捉 b 点)

>> 选择图元用于 INT 捕捉：(捕捉 a 点)

>> 选择图元用于 CEN 捕捉：(捕捉圆心)

(1052.87 520.341 0.0)

指定下一点或[放弃(U)]：回车
即完成全部编辑工作。

■ 练习

(1) 如图，把菱形 AB 放大与菱形 CD 等高。

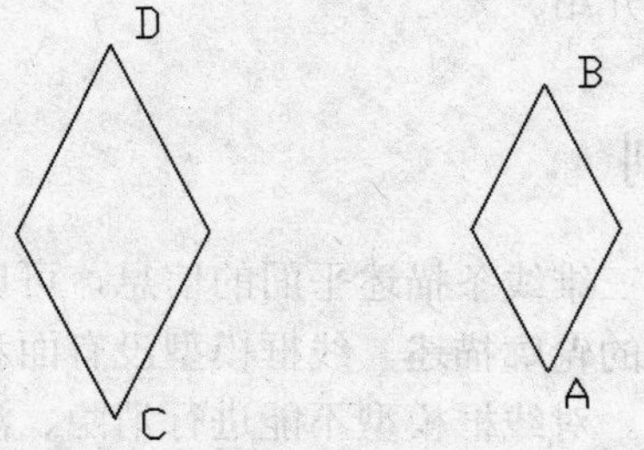

(2) 同上图所示，用输入比例因子法把菱形 AB 放大与菱形 CD 等高，且算出比例因子。

(3) 如下图如示，把小五边形放大到与大五边形相同。

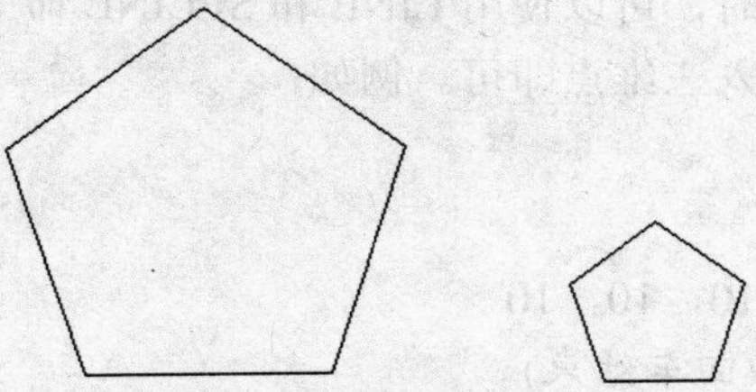

(4) 如下图所示，利用在线计算技术的三种方法把直线 ab 编辑为与圆相切。

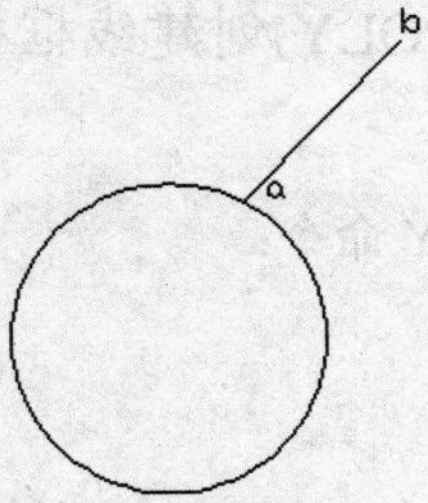

12　三维图形制作基本操作

在计算机上制作的三维图形主要有三种类型的模型：三维线框模型、三维表面(曲面)模型及三维实体模型。下面分别加以介绍。

12.1　三维线框模型绘制

所谓三维线框模型，就是用三维线条描述平面的信息，可以这样说三维线框模型描绘了三维对象的骨架，它是三维对象的轮廓描述。线框模型没有面和体的特征，它是由描述三维对象边框的点、直线、曲线组成。对线框模型不能进行消隐、渲染等操作。

12.1.1　利用直线与样条曲线创建线框模型

在进行三维线框模型绘制时，可以使用 LINE 和 SPLINE 命令创建三维直线和样条曲线，为此只需在指定点的坐标时输入三维点即可。例如：

命令：LINE

指定第一点：2，2，2

指定下一点或[放弃(U)]：10，10，10

指定下一点或[放弃(U)]：(回车结束)

以上操作绘制了一条三维直线。

12.1.2　利用三维多段线命令(3DPOLY)创建线框模型

1) 调用 3DPOLY 命令的方法

可以用以下两种方法调用 3DPOLY 命令：

- 命令：3DPOLY
- 菜单→绘图→三维多段线

2) 操作方法示例

命令：3DPOLY

指定多段线的起点：5，5，5

指定直线的端点或[放弃(U)]：20，20，20

指定直线的端点或[放弃(U)]：15，20，14

指定直线的端点或[闭合(C)/放弃(U)]：C

3) 注意事项

(1) 三维多段线不能画圆弧。

(2) 三维多段线不能有宽度和厚度信息。

(3) 三维多段线只能用实线，不能采用其他线型。

(4) 三维多段线可以使用 PEDIT 命令进行编辑。

(5) PLINE 命令只能画二维多段线。

12.2 三维表面(曲面)模型绘制

三维表面建模比三维线框建模要复杂很多，AutoCAD 中是用网格面(多边形网格)来近似于曲面的，其表面模型具有面的特征。

12.2.1 规则三维表面绘制

AutoCAD 提供了一个 3D 命令绘制一些规则的三维表面，诸如长方体表面、圆锥面、圆环面等。

1) 启动 3D 命令的方法

- 命令：3D
- 菜单→绘图→曲面→三维曲面(此时将出现三维对象对话框，如图 12.1 所示)

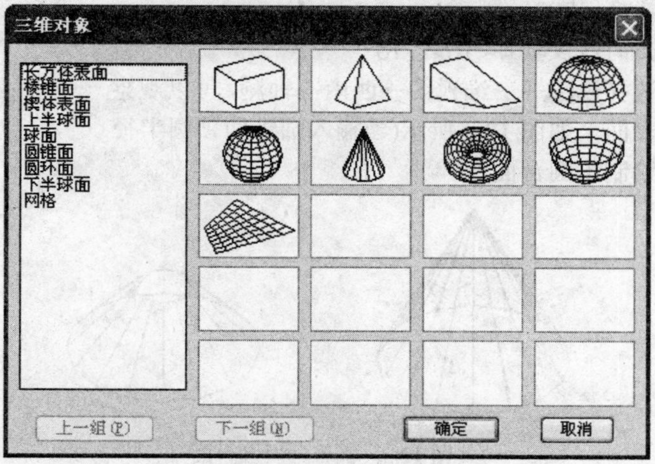

图 12.1 “三维对象”对话框

2) 规则三维表面绘制

如果用户在命令行输入 3D，AutoCAD 将启动 3D 的命令行版本，如下所示：

命令：3D

正在初始化... 已加载三维对象。

输入选项[长方体表面(B)/圆锥面(C)/下半球面(DI)/上半球面(DO)/网格(M)/棱锥面(P)/球面(S)/圆环面(T)/楔体表面(W)]:

绘制长方体表面：

命令：3D

正在初始化... 已加载三维对象。

输入选项[长方体表面(B)/圆锥面(C)/下半球面(DI)/上半球面(DO)/网格(M)/棱锥面(P)/球面(S)/圆环面(T)/楔体表面(W)]: B

指定角点给长方体表面：100，100，100

指定长度给长方体表面：200

指定长方体表面的宽度或[立方体(C)]：100

指定高度给长方体表面：50

指定长方体表面绕 Z 轴旋转的角度或[参照(R)]：0

在下拉菜单中选择视图→三维视图→西南等轴测，可以观察到刚画好的长方体表面，如图 12.2 所示。

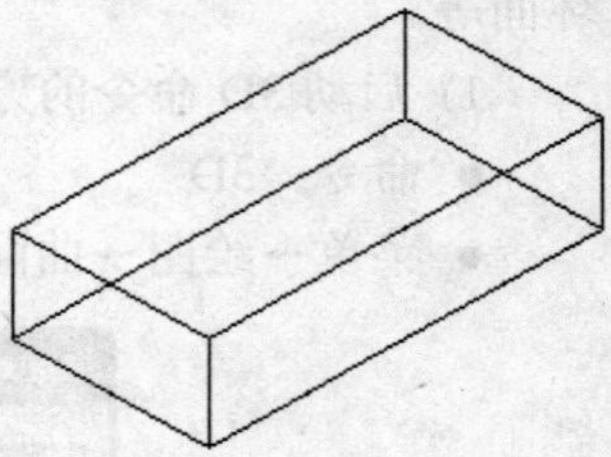

图 12.2　长方体表面

3) 绘制圆锥体面及圆台面

命令：3D

输入选项[长方体表面(B)/圆锥面(C)/下半球面(DI)/上半球面(DO)/网格(M)/棱锥面(P)/球面(S)/圆环面(T)/楔体表面(W)]：C

指定圆锥面底面的中心点：200，200，200

指定圆锥面底面的半径或[直径(D)]：100

指定圆锥面顶面的半径或[直径(D)]<0>：0

指定圆锥面的高度：200

输入圆锥面曲面的线段数目<16>：16

在下拉菜单中选择视图→三维视图→西南等轴测，可以观察到刚画好的圆锥体表面，如图 12.3 所示(当输入圆锥面顶圆半径的值不为 0 时，则绘制出圆台面)。

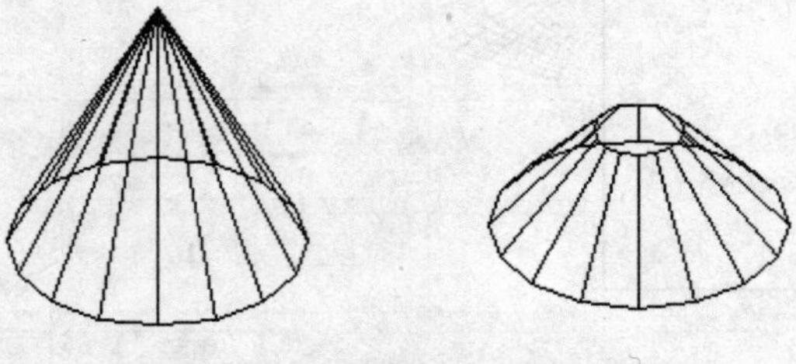

图 12.3　圆锥面及圆台面

4) 绘制下半球面

命令：3D

输入选项[长方体表面(B)/圆锥面(C)/下半球面(DI)/上半球面(DO)/网格(M)/棱锥面(P)/球面(S)/圆环面(T)/楔体表面(W)]：DI

指定中心点给下半球面：200，200，200

指定下半球面的半径或[直径(D)]：80

输入曲面的经线数目给下半球面<16>：16

输入曲面的纬线数目给下半球面<8>：8

在下拉菜单中选择视图→三维视图→西南等轴测，可以观察到刚画好的下半球面，如图 12.4 所示。

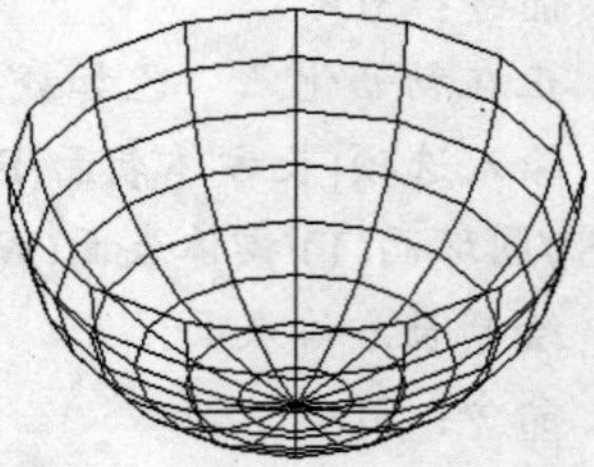

图 12.4　下半球面

5) 绘制上半球面

命令：3D

输入选项[长方体表面(B)/圆锥面(C)/下半球面(DI)/上半球面(DO)/网格(M)/棱锥面(P)/球

面(S)/圆环面(T)/楔体表面(W)]：DO

指定中心点给上半球面：200，200，200

指定上半球面的半径或[直径(D)]：80

输入曲面的经线数目给上半球面<16>：(回车)

输入曲面的纬线数目给上半球面<8>：(回车)

在下拉菜单中选择视图→三维视图→西南等轴测，可以观察到刚画好的上半球面，如图 12.5 所示。

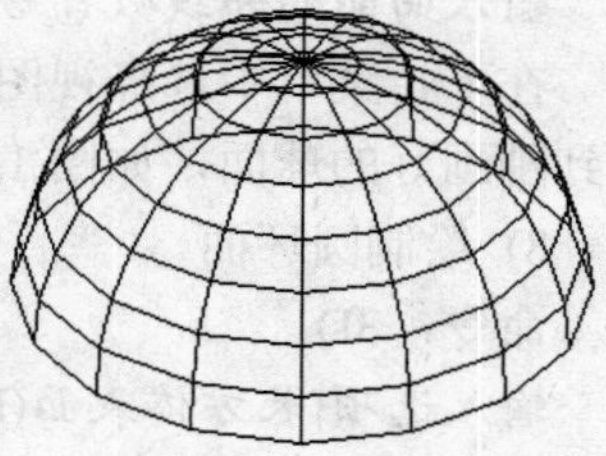

图 12.5　上半球面

6) 绘制棱锥面及棱台面

以下的操作可以绘制一个棱锥面：

命令：3D

输入选项[长方体表面(B)/圆锥面(C)/下半球面(DI)/上半球面(DO)/网格(M)/棱锥面(P)/球面(S)/圆环面(T)/楔体表面(W)]：P

指定棱锥面底面的第一角点：100，100，100

指定棱锥面底面的第二角点：180，30，100

指定棱锥面底面的第三角点：220，120，100

指定棱锥面底面的第四角点或[四面体(T)]：T

指定四面体表面的顶点或[顶面(T)]：160，70，300

在下拉菜单中选择视图→三维视图→西南等轴测，可以观察到刚画好的棱锥面，如图 12.6 所示。

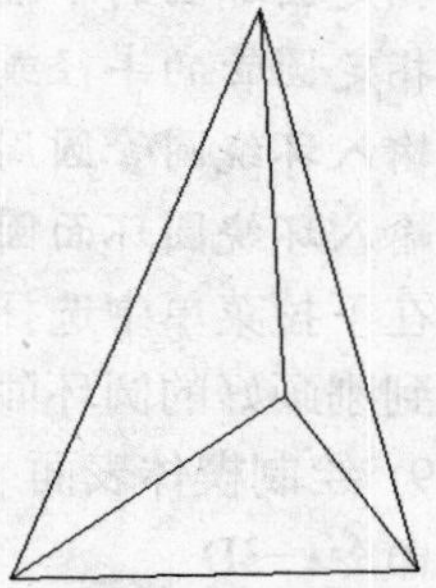

图 12.6　棱锥面

以下的操作可以绘制一个棱台面：

命令：3D

输入选项[长方体表面(B)/圆锥面(C)/下半球面(DI)/上半球面(DO)/网格(M)/棱锥面(P)/球面(S)/圆环面(T)/楔体表面(W)]：P

指定棱锥面底面的第一角点：0，0，0

指定棱锥面底面的第二角点：100，0，0

指定棱锥面底面的第三角点：100，100，0

指定棱锥面底面的第四角点或[四面体(T)]：0，100，0

指定棱锥面的顶点或[棱(R)/顶面(T)]：T

指定顶面的第一角点给棱锥面：10，30，100

指定顶面的第二角点给棱锥面：80，50，100

指定顶面的第三角点给棱锥面：80，80，100

指定第四个角点作为棱锥面的顶点：0，60，100

在下拉菜单中选择视图→三维视图→西南等轴测，可以观察到刚画好的棱台面，如图 12.7 所示。

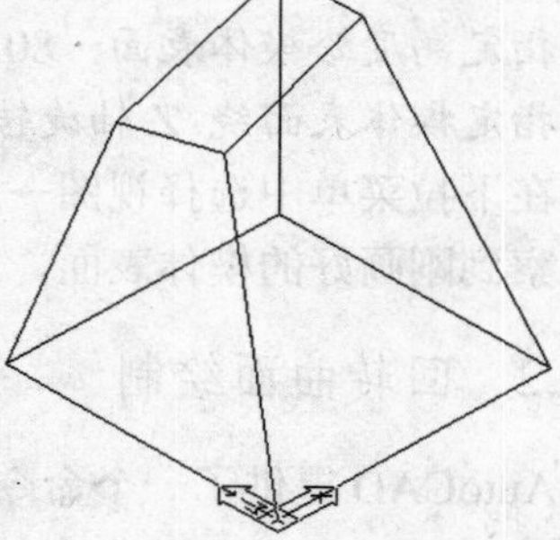

图 12.7　棱台面

7) 绘制球面

命令：3D

输入选项[长方体表面(B)/圆锥面(C)/下半球面(DI)/上半球面(DO)/网格(M)/棱锥面(P)/球面(S)/圆环面(T)/楔体表面(W)]：S

指定中心点给球面：100，100，100

指定球面的半径或[直径(D)]：60

输入曲面的经线数目给球面<16>：16

输入曲面的纬线数目给球面<16>：16

在下拉菜单中选择视图→三维视图→西南等轴测，可以观察到刚画好的球面，如图 12.8 所示。

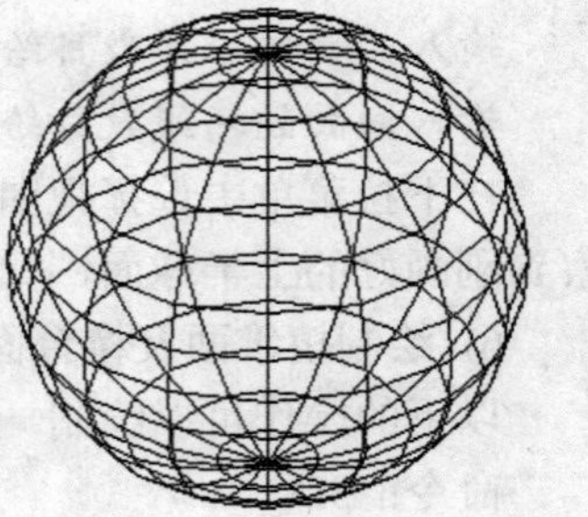

图 12.8　球面

8) 绘制圆环面

命令：3D

输入选项[长方体表面(B)/圆锥面(C)/下半球面(DI)/上半球面(DO)/网格(M)/棱锥面(P)/球面(S)/圆环面(T)/楔体表面(W)]：T

指定圆环面的中心点：100，100，100

指定圆环面的半径或[直径(D)]：80

指定圆管的半径或[直径(D)]：20

输入环绕圆管圆周的线段数目<16>(回车)

输入环绕圆环面圆周的线段数目<16>(回车)

在下拉菜单中选择视图→三维视图→西南等轴测，可以观察到刚画好的圆环面，如图 12.9 所示。

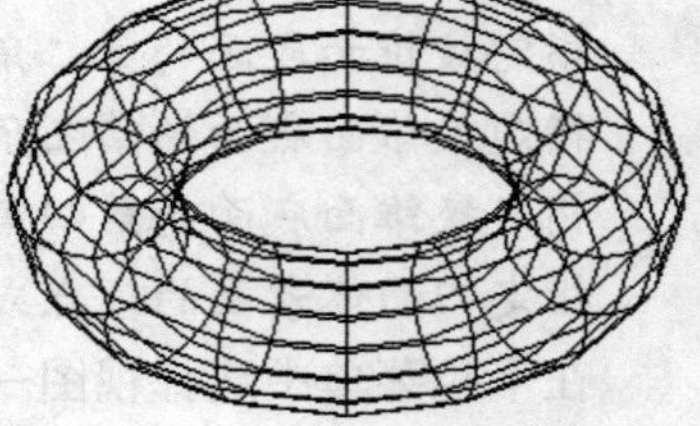

图 12.9　圆环面

9) 绘制楔体表面

命令：3D

输入选项[长方体表面(B)/圆锥面(C)/下半球面(DI)/上半球面(DO)/网格(M)/棱锥面(P)/球面(S)/圆环面(T)/楔体表面(W)]：W

指定角点给楔体表面：0，0，0

指定长度给楔体表面：100

指定楔体表面的宽度：90

指定高度给楔体表面：80

指定楔体表面绕 Z 轴旋转的角度：0

在下拉菜单中选择视图→三维视图→西南等轴测，可以观察到刚画好的楔体表面，如图 12.10 所示。

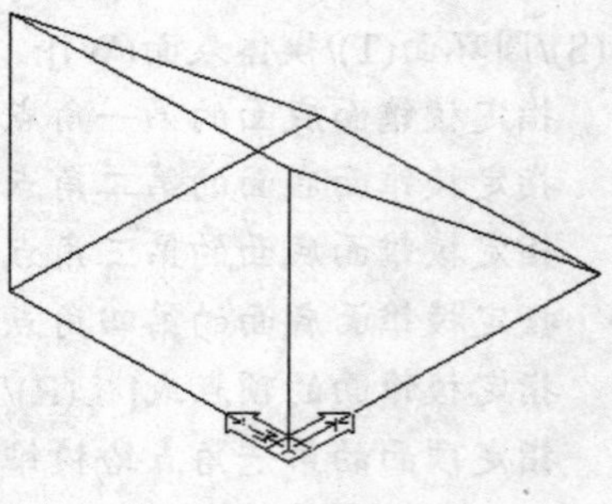

图 12.10　楔体表面

12.2.2　回转曲面绘制

AutoCAD 提供了一个命令 REVSURF 绘制回转曲面。

1) 启动 REVSURF 命令的方法

- 命令：REVSURF
- 菜单→绘图→曲面→旋转曲面
- 曲面工具条→旋转曲面→ 

2) 绘制回转曲面

首先设置生成曲面的线框密度，通过设置两个系统变量的值：

命令：SURFTAB1

输入 SURFTAB1 的新值<6>：32

命令：SURFTAB2

输入 SURFTAB2 的新值<6>：32

SURFTAB1 和 SURFTAB2 的数值越大，曲面越光滑。

下面示例是对一条曲线(图 12.11(a))绕回转轴旋转 360 度(图 12.11(b))旋转 180 度(图 12.11(c))的效果。

命令：REVSURF

当前线框密度：SURFTAB1=32　SURFTAB2=32

选择要旋转的对象：(选择待旋转曲线)

选择定义旋转轴的对象：(选择旋转轴)

指定起点角度<0>：(回车)

指定包含角(+=逆时针，-=顺时针)<360>：

旋转 360 度，如图 12.11(b)所示。

命令：REVSURF

当前线框密度：SURFTAB1=32　SURFTAB2=32

选择要旋转的对象：(选择待旋转曲线)

选择定义旋转轴的对象：(选择旋转轴)

指定起点角度<0>：90

指定包含角(+=逆时针，-=顺时针)<360>：270

旋转 180 度，如图 12.11(c)所示。

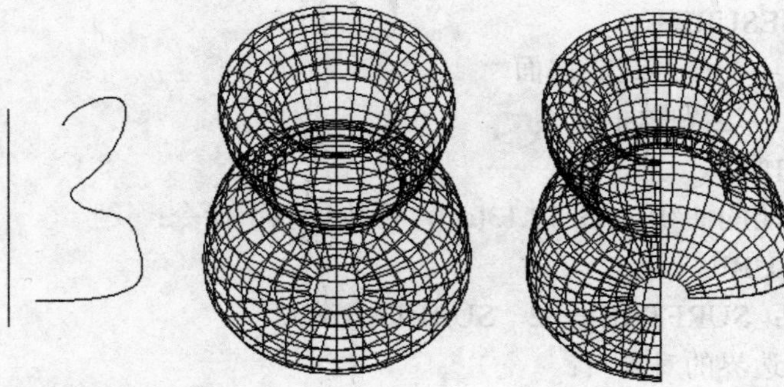

(a)　(b)　(c)

图 12.11　回转曲面

12.2.3　直纹曲面绘制

AutoCAD 提供了一个命令 RULESURF 绘制直纹曲面，RULESURF 命令是用来在两条曲线间创建直纹曲面。

1) 启动 RULESURF 命令的方法

- 命令：RULESURF
- 菜单→绘图→曲面→直纹曲面
- 曲面工具条→直纹曲面→ 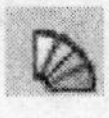

2) 绘制直纹曲面

先绘制两条样条曲线(图 12.12(a))，再执行以下命令：

命令：RULESURF

当前线框密度：SURFTAB1=32

选择第一条定义曲线：(选择第一条样条曲线)

选择第二条定义曲线：(选择第二条样条曲线，得到图 12.12(b))

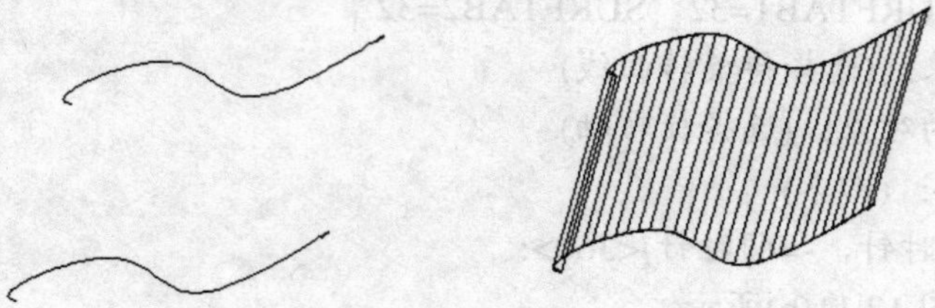

(a) (b)

图 12.12 直纹曲面

12.2.4 边界曲面绘制

AutoCAD 提供了一个命令 EDGESURF 绘制边界曲面，EDGESURF 命令是创建一个三维多面网格曲面。

1) 启动 EDGESURF 命令的方法

- 命令：EDGESURF
- 菜单→绘图→曲面→边界曲面
- 曲面工具条→边界曲面→ 

2) 绘制边界曲面

先绘制四条封闭的曲线(如图 12.13(a))，再执行以下命令：

命令：EDGESURF

当前线框密度：SURFTAB1=32 SURFTAB2=32

选择用作曲面边界的对象 1：

选择用作曲面边界的对象 2：

选择用作曲面边界的对象 3：

选择用作曲面边界的对象 4：选择第一条定义曲线：(选择第一条样条曲线)

选择第二条定义曲线：(选择第二条样条曲线，得到图 12.12(b))

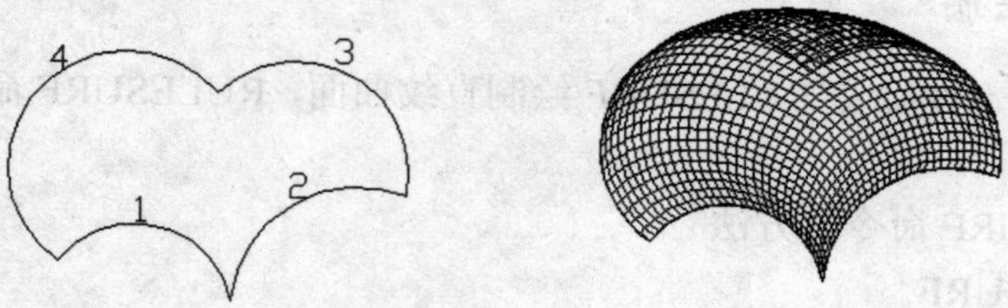

(a) (b)

图 12.13 边界曲面

12.3 三维实体模型绘制

三维实体模型具有体的特征，它是信息最完整的一种三维模型，可以对它进行钻孔、开槽、倒角以及布尔运算等操作，还可以分析实体模型的质量特征，如体积、重量、惯性矩等，而且还可将构成实体模型的数据生成 NC 数控代码。AutoCAD 提供了三种创建三维实体的方法：创建规则基本三维实体、通过拉伸或旋转二维封闭对象(面域)创建三维实体。

12.3.1 创建规则基本三维实体

AutoCAD 提供了创建规则基本实体的方法：

- 菜单→绘图→实体
- 实体工具条

1) 创建长方体

AutoCAD 提供了 BOX 命令创建长方体。

(1) 启动 BOX 命令的方法。

- 命令：BOX
- 菜单→绘图→实体→长方体
- 实体工具条→长方体

(2) 操作方法。

命令：BOX

指定长方体的角点或[中心点(CE)]<0，0，0>：(回车)

指定角点或[立方体(C)/长度(L)]：L

指定长度：100

指定宽度：80

指定高度：150

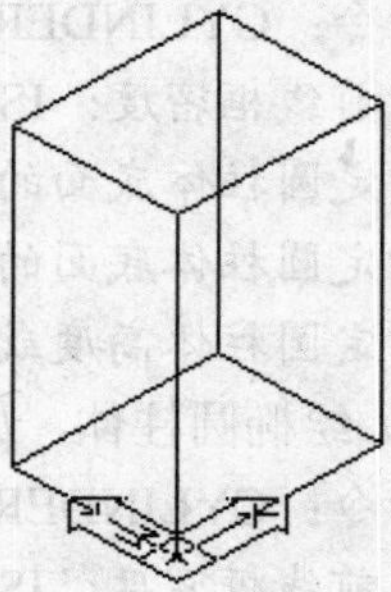

图 12.14　绘长方体

以上只是绘长方体的一种方法，用户可以按命令提示进行不同的绘制。

2) 创建球体

AutoCAD 提供了 Sphere 命令创建球体。

(1) 启动 Sphere 命令的方法。

- 命令：Sphere
- 菜单→绘图→实体→球体
- 实体工具条→球体

(2) 操作方法。在执行绘球体命令前，先设置系统变量 isolines 可改变实体表面轮廓线密度。

命令：isolines

输入 ISOLINES 的新值<4>：32

命令：Sphere　(绘球体命令)

当前线框密度：ISOLINES=32

指定球体球心<0，0，0>：(输入球心)

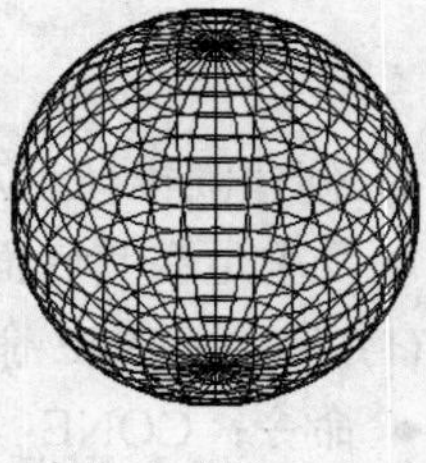

图 12.15　绘球

指定球体半径或[直径(D)]：(输入球体半径)

绘出如图 12.15 所示球。

3) 创建圆柱体

AutoCAD 提供了 CYLINDER 命令创建圆柱体。用户可以用圆或椭圆作底面创建圆柱体或椭圆柱体。

(1) 启动 CYLINDER 命令的方法。

- 命令：CYLINDER
- 菜单→绘图→实体→圆柱体
- 实体工具条→圆柱体

(2) 操作方法。

① 绘圆柱体，如图 12.16(a)所示。

命令：CYLINDER

当前线框密度：ISOLINES=32

指定圆柱体底面的中心点或[椭圆(E)]<0，0，0>：50，50，0

指定圆柱体底面的半径或[直径(D)]：20

指定圆柱体高度或[另一个圆心(C)]：70

② 绘椭圆柱体，如图 12.16(b)所示

命令：CYLINDER

当前线框密度：ISOLINES=32

指定圆柱体底面的中心点或[椭圆(E)]<0，0，0>：E

指定圆柱体底面椭圆的轴端点或[中心点(C)]：C

指定圆柱体底面椭圆的中心点<0，0，0>：80，50，0

指定圆柱体底面椭圆的轴端点：120，50，0

指定圆柱体底面的另一个轴的长度：20

指定圆柱体高度或[另一个圆心(C)]：60

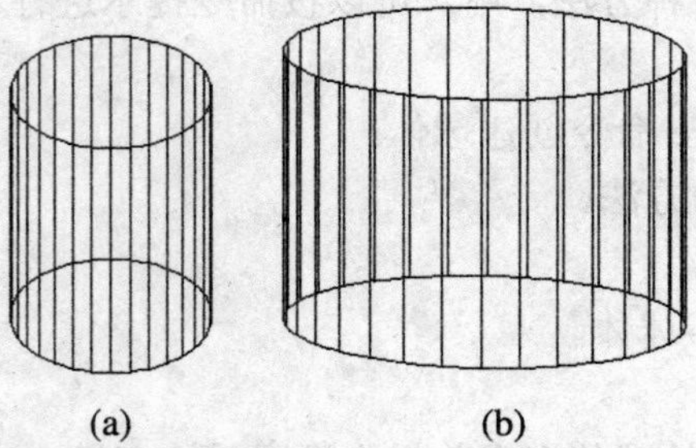

(a) (b)

图 12.16　绘圆柱体及椭圆柱体

4) 创建圆锥体。AutoCAD 提供了 CONE 命令创建圆锥体。圆锥体可以是由圆或椭圆作底面以及垂足在其底面上的锥顶点所定义的圆锥实体。

(1) 启动 CONE 命令的方法。

- 命令：CONE
- 菜单→绘图→实体→圆锥体

● 实体工具条→圆锥体

(2) 操作方法。

命令：CONE

当前线框密度：ISOLINES=32

指定圆锥体底面的中心点或[椭圆(E)]<0，0，0>：回车

指定圆锥体底面的半径或[直径(D)]：20

指定圆锥体高度或[顶点(A)]：60

用 CONE 命令同样可以绘出椭圆锥体。

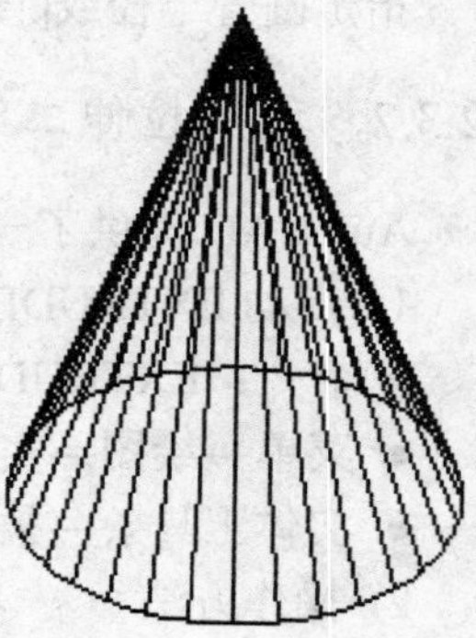

图 12.17 绘圆锥体

5) 创建楔体

AutoCAD 提供了 WEDGE 命令创建楔体.

(1) 启动 WEDGE 命令的方法。

● 命令：WEDGE
● 菜单→绘图→实体→楔体
● 实体工具条→楔体

(2) 操作方法，如图 12.18 所示。

命令：WEDGE

指定楔体的第一个角点或[中心点(CE)] <0，0，0>：50，50，50

指定角点或[立方体(C)/长度(L)]：120，120，50

指定高度：60

6) 创建圆环体

AutoCAD 提供了 TORUS 命令创建圆环体.

(1) 启动 TORUS 命令的方法。

● 命令：TORUS
● 菜单→绘图→实体→圆环体
● 实体工具条→圆环体

(2) 操作方法，如图 12.19 所示。

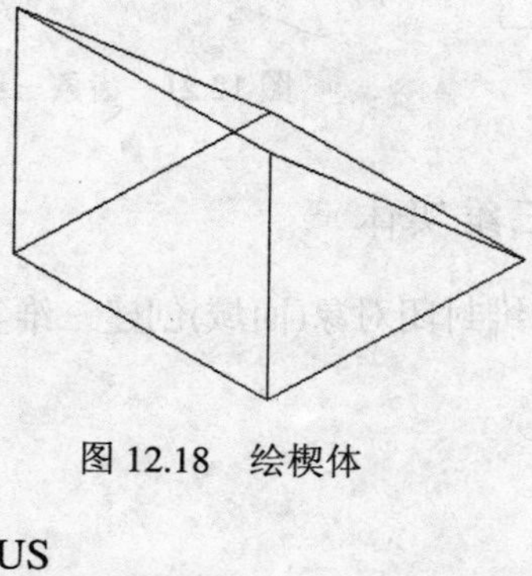

图 12.18 绘楔体

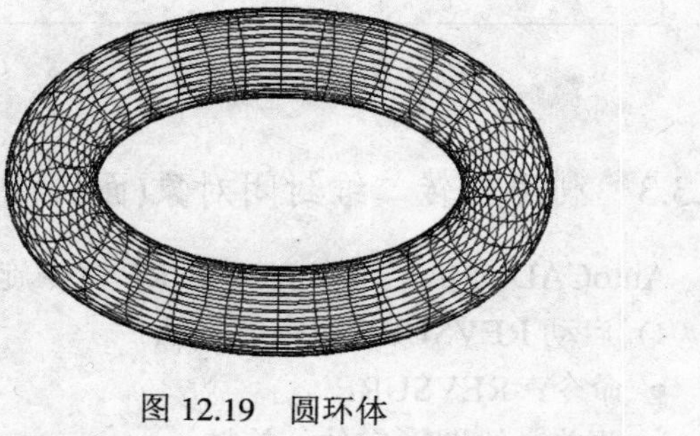

图 12.19 圆环体

命令：TORUS

当前线框密度： ISOLINES=32

指定圆环体中心<0，0，0>：200，200，200

指定圆环体半径或[直径(D)]：100

指定圆管半径或[直径(D)]：20

12.3.2　利用拉伸二维封闭对象(面域)创建三维实体

AutoCAD 提供了一个 EXTRUDE 命令拉伸二维封闭对象(面域)创建三维实体.

1) 启动 EXTRUDE 命令的方法

- 命令：EXTRUDE
- 菜单→绘图→实体→拉伸
- 实体工具条→拉伸

2) 操作方法

图 12.20 所示是一个绘制好的齿条二维图，该二维图可以用 PEDIT 命令编辑成一个封闭的对象，然后执行拉伸命令：

(1) 命令：EXTRUDE

当前线框密度：ISOLINES=4

选择对象：找到 1 个(选择齿条平面图)

选择对象：(回车)

指定拉伸高度或[路径(P)]：50

指定拉伸的倾斜角度<0>：0

在下拉菜单中选择视图→三维视图→西南等轴测，可以观察到刚画好的长方体表面。

(2) 命令：hide　(执行消隐命令)

正在重生成模型...

结果如图 12.21 所示。

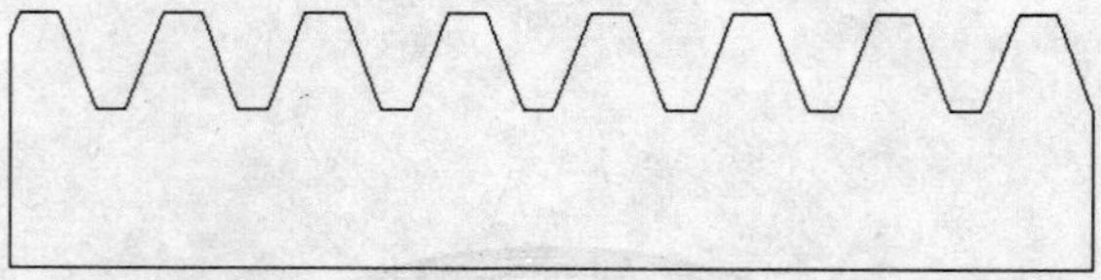

图 12.20　齿条平面图

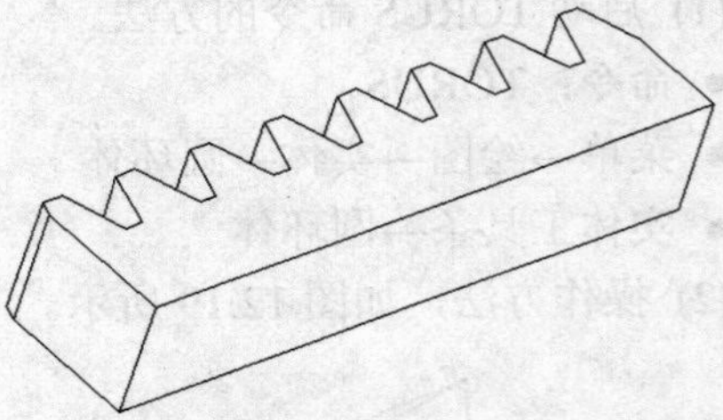

图 12.21　齿条三维图

12.3.3　利用旋转二维封闭对象(面域)创建三维实体

AutoCAD 提供了一个 REVSURF 命令旋转二维封闭对象(面域)创建三维实体。

1) 启动 REVSURF 命令的方法

- 命令：REVSURF
- 菜单→绘图→实体→旋转
- 实体工具条→旋转

2) 操作方法

图 12.22 所示是一个用 PLINE 命令绘制好的封闭的二维图，先设置两个系统变量以提高当前线框密度，然后执行旋转命令：

(1) 命令：SURFTAB1
输入 SURFTAB1 的新值<6>：32
(2) 命令：SURFTAB2
输入 SURFTAB2 的新值<6>：32
(3) 命令：REVSURF
当前线框密度：SURFTAB1=32　SURFTAB2=32
选择要旋转的对象：(选择封闭多义线)
选择定义旋转轴的对象：(选择旋转轴)
结果如图 12.22 所示。

图 12.22　通过旋转创建三维实体

■ 练习

根据下图所示平面三视图，画出立体图。

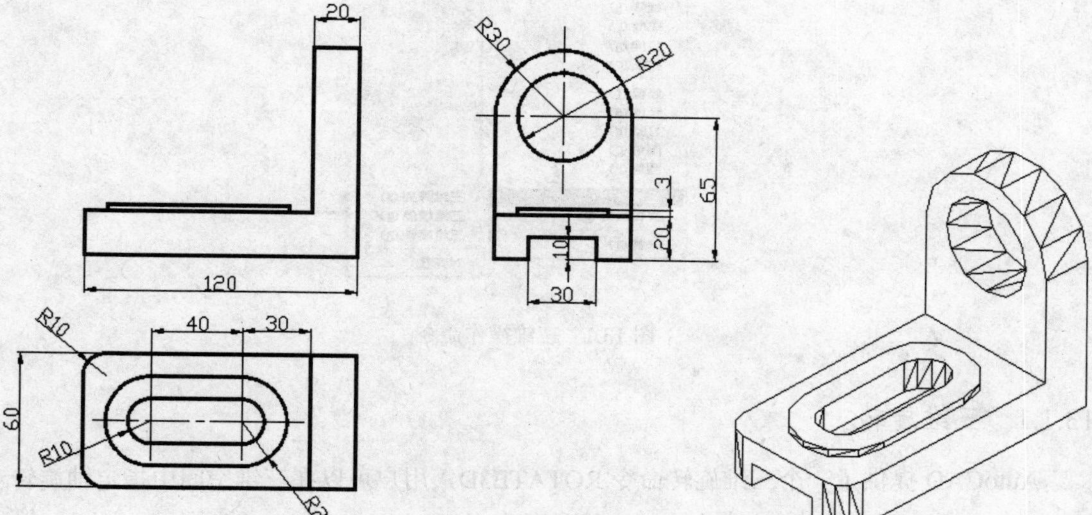

13　三维图形的编辑

AutoCAD 在二维空间中的一些基本编辑功能同样适用于三维对象与实体的编辑，例如，移动、复制、偏移、倒角、倒圆、旋转等命令可以用于三维编辑，但是也有些二维编辑命令不能用于三维图形编辑，为此 AutoCAD 提供了一些专门用于编辑三维对象与实体的命令，下面介绍一些主要的三维编辑命令。

13.1　三维实体图形的编辑

AutoCAD 提供的三维实体图形的编辑功能放置在“修改”菜单的“三维操作”子菜单和“实体编辑”子菜单中，如图 13.1 所示。

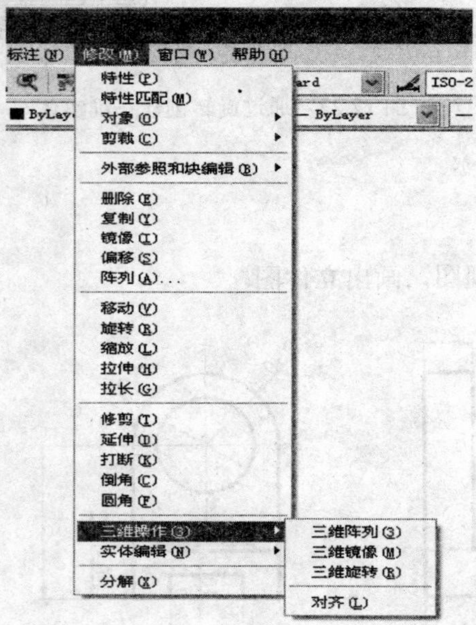

图 13.1　三维操作命令

13.1.1　三维旋转

AutoCAD 提供了一个三维旋转命令 ROTATE3D，用户可以在三维空间中指定轴旋转对象。

与二维旋转命令不同的是，ROTATE3D 命令可以指定多种方式的旋转轴。

1) 启动 ROTATE3D 命令的方法

- 菜单→修改→三维操作→三维旋转
- 命令：ROTATE3D

2) 操作方法

命令：ROTATE3D

当前正向角度：ANGDIR=逆时针　ANGBASE=0

选择对象：找到 1 个

选择对象：

指定轴上的第一个点或定义轴依据[对象(O)/最近的(L)/视图(V)/X 轴(X)/Y 轴(Y)/Z 轴(Z)/两点(2)]:

3) 各选项的含义

两点(2)：将所选择的对象绕指定两点定义的轴进行旋转。

对象(O)：将所选择的对象绕指定对象定义的轴进行旋转。

最近的(L)：将所选择的对象绕最近使用过的轴进行旋转。

视图(V)：将所选择的对象绕当前视口观察方向定义的轴线进行旋转。

X 轴(X)：将所选择的对象绕与 X 轴平行的轴线进行旋转。；

Y 轴(Y)：将所选择的对象绕与 Y 轴平行的轴线进行旋转。

Z 轴(Z)：将所选择的对象绕与 Z 轴平行的轴线进行旋转。

13.1.2　三维阵列

AutoCAD 提供了一个三维阵列命令 3DARRAY，用户可以在三维空间创建对象的矩形阵列或环形阵列。与二维阵列命令不同的是，在创建三维阵列时，用户除了指定列数(X 方向)和行数(Y 方向)以外，还要指定层数(Z 方向)。

1) 启动 3DARRAY 命令的方法

- 菜单→修改→三维操作→三维阵列
- 命令：3DARRAY

2) 操作方法

命令：3DARRAY

正在初始化...　已加载 3DARRAY。

选择对象：找到 1 个

选择对象：

输入阵列类型[矩形(R)/环形(P)]<矩形>

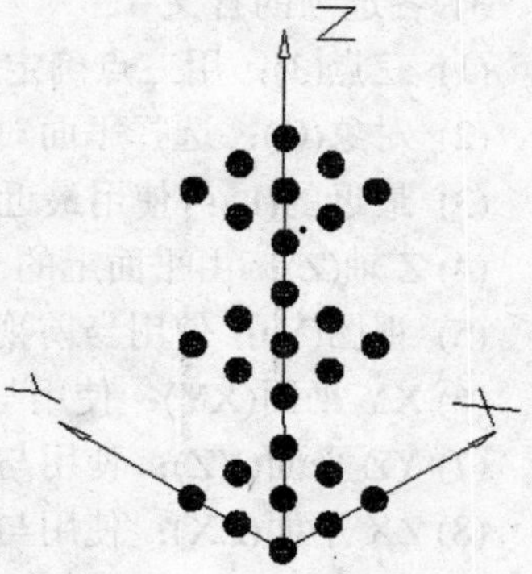

图 13.2　三维阵列

3) 各选项的含义

(1) 矩形(R)：将所选择的对象进行矩形阵列，然后依次输入：行数，列数，层数及行间距，列间距和层间距。

(2) 环形(P)：将所选择的对象进行环形阵列，然后依次输入：阵列数目，阵列圆心角，是否旋转阵列对象及指定旋转轴的两个点。

图 13.2 是将一个球体进行三维阵列的效果图，命令系列如下：

命令：3DARRAY

选择对象：找到 1 个(选择球体)

选择对象：

输入阵列类型[矩形(R)/环形(P)]<矩形>：R

输入行数(---)<1>: 3
输入列数(|||)<1>: 3
输入层数(...)<1>: 3
指定行间距(---): 50
指定列间距(|||): 50
指定层间距(...): 150

13.1.3 三维镜像

AutoCAD 提供了一个三维镜像命令 MIRROR3D，用户可以沿指定的镜像平面镜像对象。与二维镜像命令不同的是，MIRROR3D 命令可以指定多种方式的镜像平面。

1) 启动 MIRROR3D 命令的方法

- 菜单→修改→三维操作→三维镜像
- 命令：MIRROR3D

2) 操作方法

命令：MIRROR3D
选择对象：找到 1 个
选择对象：
指定镜像平面(三点)的第一个点或[对象(O)/最近的(L)/Z 轴(Z)/视图(V)/XY 平面(XY)/YZ 平面(YZ)/ZX 平面(ZX)/三点(3)]<三点>:

3) 各选项的含义

(1) 三点(3)：用三点确定一个镜像平面。
(2) 对象(O)：选择平面对象定义镜像平面。
(3) 最近的(L)：使用最近一次镜像操作的镜像平面。
(4) Z 轴(Z)：由平面上的一个点和平面法线上的一个点定义镜像平面。
(5) 视图(V)：使用当前视口中通过指定点的视图平面定义镜像平面。
(6) XY 平面(XY)：使用与 XY 坐标平面平行的平面定义镜像平面。
(7) YZ 平面(YZ)：使用与 YZ 坐标平面平行的平面定义镜像平面。
(8) ZX 平面(ZX)：使用与 ZX 坐标平面平行的平面定义镜像平面。

13.1.4 三维实体的对齐

AutoCAD 提供了一个三维实体对齐命令 ALIGN，用于在三维空间中对齐对象。

1) 启动 ALIGN 命令的方法

- 菜单→修改→三维操作→对齐
- 命令：ALIGN

2) 操作方法

ALIGN 命令有三种方式对实体进行移动或旋转实现对齐：

(1) 使用一对点进行对齐。AutoCAD 按这对点定义的方向和距离移动所选源对象。图 13.3 是使用一对点进行对齐的效果图。

命令：ALIGN

选择对象：找到 1 个
选择对象：
指定第一个源点：end
于 (选择点 1)
指定第一个目标点：end
于 (选择点 2)

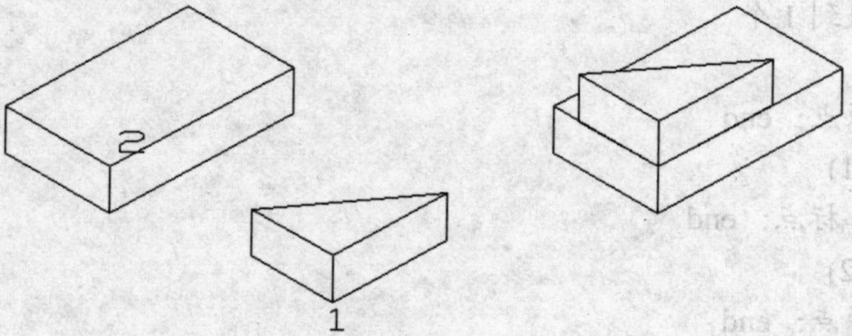

图 13.3 使用一对点进行对齐

(2) 使用两对点进行对齐。AutoCAD 将移动、旋转与缩放选择的源对象。第一对点定义了对齐基准，第二对点定义了旋转方向，AutoCAD 会询问用户是否要缩放对象，如要缩放，则用两目标点的距离计算缩放比例。图 13.4 是使用两对点进行对齐的效果图。

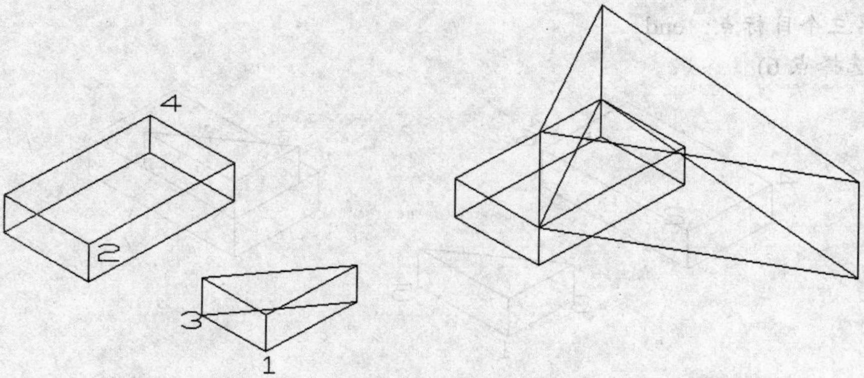

图 13.4 使用两对点进行对齐

命令：ALIGN
选择对象：找到 1 个
选择对象：
指定第一个源点：end
于 (选择点 1)
指定第一个目标点：end
于 (选择点 2)
指定第二个源点：end
于 (选择点 3)
指定第二个目标点：end

于 (选择点 4)

指定第三个源点或<继续>: (回车)

是否基于对齐点缩放对象? [是(Y)/否(N)]<否>: Y

(3) 使用三对点进行对齐：AutoCAD 将三个源点确定的平面转化到三个目标点确定的平面上。图 13.5 是使用三对点进行对齐的效果图。

命令：ALIGN

选择对象：找到 1 个

选择对象：

指定第一个源点：end

于 (选择点 1)

指定第一个目标点：end

于 (选择点 2)

指定第二个源点：end

于 (选择点 3)

指定第二个目标点：end

于 (选择点 4)

指定第三个源点或<继续>：end

于 (选择点 5)

指定第三个目标点：end

于 (选择点 6)

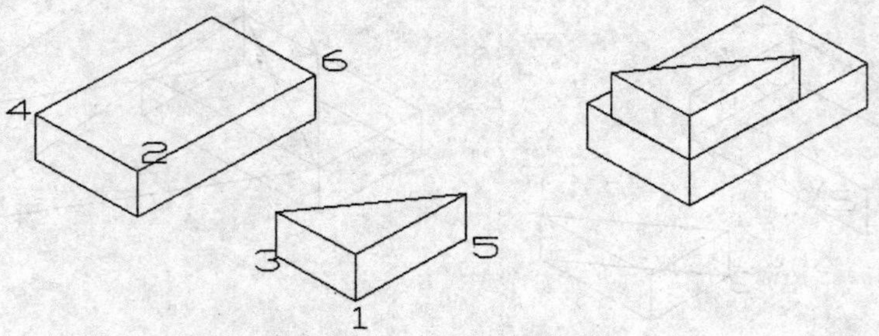

图 13.5 使用三对点进行对齐

13.1.5 三维实体的面编辑

AutoCAD 提供了一个命令即 Solidedit，该命令可实现三维实体的面编辑，边编辑及体编辑，下面先介绍三维实体的面编辑。

命令：Solidedit

实体编辑自动检查：SOLIDCHECK=1

输入实体编辑选项[面(F)/边(E)/体(B)/放弃(U)/退出(X)]<退出>：F

输入面编辑选项[拉伸(E)/移动(M)/旋转(R)/偏移(O)/倾斜(T)/删除(D)/复制(C)/着色(L)/放弃(U)/退出(X)]<退出>:

面编辑各选项的含义如下：

(1) 拉伸(E)：拉伸实体的面，当选择了该选项时，AutoCAD 将作以下提示：

[拉伸(E)/移动(M)/旋转(R)/偏移(O)/倾斜(T)/删除(D)/复制(C)/着色(L)/放弃(U)/退出(X)]<退出>：E

选择面或[放弃(U)/删除(R)]：(选择面)

选择面或[放弃(U)/删除(R)/全部(ALL)]：

指定拉伸高度或[路径(P)]：56

指定拉伸的倾斜角度<0>：

(2) 移动(M)：移动实体的面，该选项可以让用户以指定的高度或距离移动一个实体对象的面。当选择了该选项时，AutoCAD 将作以下提示：

[拉伸(E)/移动(M)/旋转(R)/偏移(O)/倾斜(T)/删除(D)/复制(C)/着色(L)/放弃(U)/退出(X)]<退出>：M

选择面或[放弃(U)/删除(R)]：(选择面)

选择面或[放弃(U)/删除(R)/全部(ALL)]：

指定基点或位移：(指定移动的基点)

指定位移的第二点：(指定移动的第二点)

上面指定的两点所定义的矢量表明 AutoCAD 移动所选面的距离及方向。

(3) 旋转(R)：旋转实体的面，该选项绕一指定的轴旋转实体的一个或多个面。

(4) 偏移(O)：偏移实体的面，该选项可以以指定的距离或点偏移一个实体对象上的面。

(5) 倾斜(T)：锥形化实体的面，该选项以指定的角，锥形化实体的面。

(6) 删除(D)：删除实体的面，该选项删除或移去实体上的面，包括实体对象上的倒圆角。

(7) 复制(C)：复制实体的面，该选项复制实体的面为一个面域或实体。

(8) 着色(L)：改变实体面的颜色。

13.1.6 三维实体的边编辑

通过 Solidedit 命令可以实现三维实体的边编辑：

命令：Solidedit

实体编辑自动检查：SOLIDCHECK=1

输入实体编辑选项[面(F)/边(E)/体(B)/放弃(U)/退出(X)]<退出>：E

输入边编辑选项[复制(C)/着色(L)/放弃(U)/退出(X)]<退出>：

边编辑各选项的含义如下：

(1) 复制(C)：复制实体的边，复制的实体的边可以是一条线、圆弧、椭圆、或样条曲线等。

(2) 着色(L)：改变实体线的颜色，用户可以从颜色对话框中选择颜色来改变选中的实体线。

13.1.7 三维实体的体编辑

通过 Solidedit 命令可以实现三维实体的体编辑：

命令：Solidedit

实体编辑自动检查：SOLIDCHECK=1

输入实体编辑选项[面(F)/边(E)/体(B)/放弃(U)/退出(X)]<退出>: B

输入体编辑选项[压印(I)/分割实体(P)/抽壳(S)/清除(L)/检查(C)/放弃(U)/退出(X)]<退出>:

体编辑各主要选项的含义如下：

(1) 压印(I)：实现实体对象压印操作，即压印一个对象到所选实体上。被压印的对象与所选实体存在一个或多个相交面，才能成功压印。压印对象限制在以下对象：圆弧、圆、直线、二维或三维多义线、椭圆、样条曲线、面域、体和三维实体。图 13.6 是一个压印的实例。

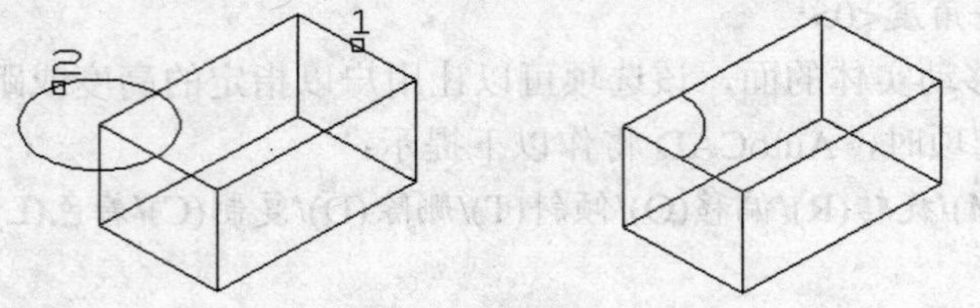

图 13.6　压印对象

先在世界坐标系下作一个矩形及圆，然后把矩形拉伸为实体 1，并用西南等轴测进行观察，再进行以下体编辑，结果如图 13.6 所示。

命令：Solidedit

实体编辑自动检查：SOLIDCHECK=1

输入实体编辑选项[面(F)/边(E)/体(B)/放弃(U)/退出(X)]<退出>: B

输入体编辑选项[压印(I)/分割实体(P)/抽壳(S)/清除(L)/检查(C)/放弃(U)/退出(X)]<退出>:I

选择三维实体：(选取三维实体 1)

选择要压印的对象：(选取一个压印对象 2)

是否删除源对象[是(Y)/否(N)]<N>: Y

选择要压印的对象：

输入体编辑选项[压印(I)/分割实体(P)/抽壳(S)/清除(L)/检查(C)/放弃(U)/退出(X)]<退出>:
X

实体编辑自动检查：　SOLIDCHECK=1

输入实体编辑选项[面(F)/边(E)/体(B)/放弃(U)/退出(X)]<退出>: X

(2) 分割实体(P)：分割实体可以实现将没有相连的体的三维对象分割为独立的三维对象，要注意的是，分割实体不会分割由布尔操作生成的一个三维体。

(3) 抽壳(S)：抽壳操作可以生成一个具有指定厚度的薄壁中孔，一个三维实体只有一个壳体。

图 13.7 是对一个圆柱体进行抽壳操作的效果。

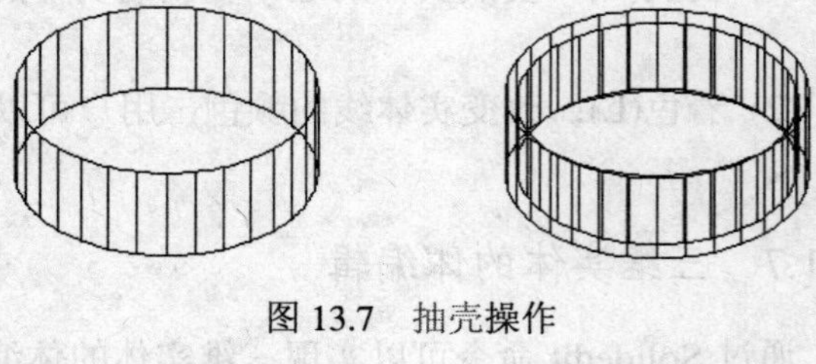

图 13.7　抽壳操作

命令执行过程如下：

命令：Solidedit

实体编辑自动检查：SOLIDCHECK=1

输入实体编辑选项[面(F)/边(E)/体(B)/放弃(U)/退出(X)]<退出>: B

输入体编辑选项[压印(I)/分割实体(P)/抽壳(S)/清除(L)/检查(C)/放弃(U)/退出(X)]<退出>:S

选择三维实体：(选择圆柱体)
删除面或[放弃(U)/添加(A)/全部(ALL)]：A
选择面或[放弃(U)/删除(R)/全部(ALL)]：找到一个面　(选择柱面)。
选择面或[放弃(U)/删除(R)/全部(ALL)]：(回车)
输入抽壳偏移距离：8

(4) 清除(L)：实现实体的清除操作。

(5) 检查(C)：实现三维实体的检查操作，检查实体是否是一个有效的 ShapeManager 实体。

13.2 三维实体的布尔运算

AutoCAD 为三维实体的布尔运算提供了三种基本的操作方式：并集、差集和交集。

13.2.1 并集运算

并集运算即求和运算，实现将两个或多个实体对合并为一个新的实体。可以进行并集运算的实体必须是相交的面域或三维实体。当实体进行并集操作后，被操作的实体将成为一个整体。并集运算的启动方法如下：

- 菜单→修改→实体编辑→并集
- 命令：UNION

图 13.8 是三维实体并集运算的效果图；图 13.9 是面域并集运算的效果图。

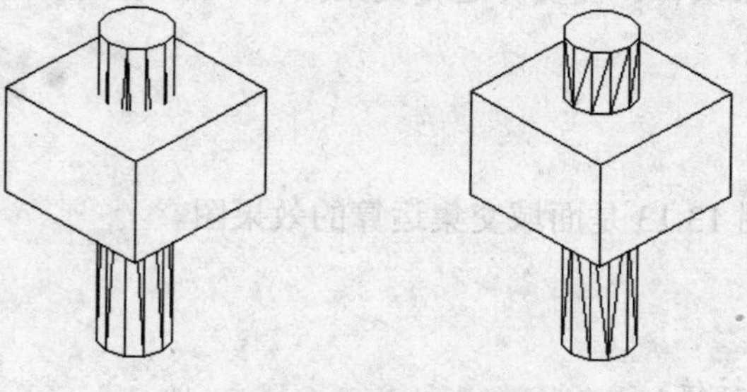

图 13.8　三维实体并集运算

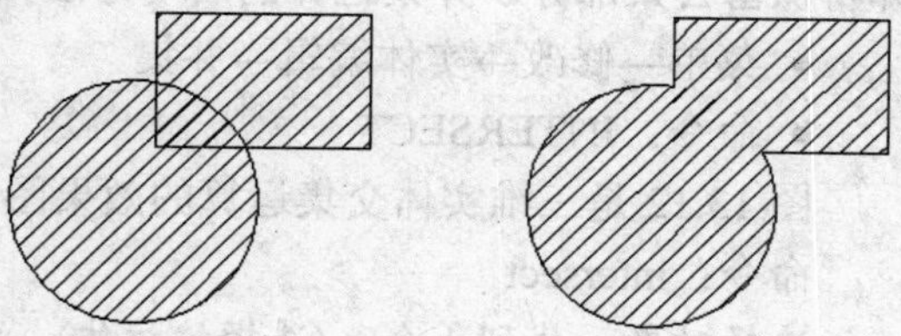

图 13.9　面域并集运算

命令：union
选择对象：找到 1 个　(选择棱柱体)
选择对象：找到 1 个，总计 2 个　(选择圆柱体)
选择对象：(回车)

13.2.2 差集运算

差集运算即求差运算，实现将一个实体减去另一个实体，将两者共同部分去除，留下被减实体具有而减实体不具有的部分。可以进行差集运算的实体必须是相交或包容的面域或三维实体。当实体进行差集操作后，被操作的实体将被减去一部分。差集运算的启动方法如下：

● 菜单→修改→实体编辑→差集

● 命令：SUBTRACT

图 13.10 是三维实体差集运算的效果图；图 13.11 是面域差集运算的效果图。

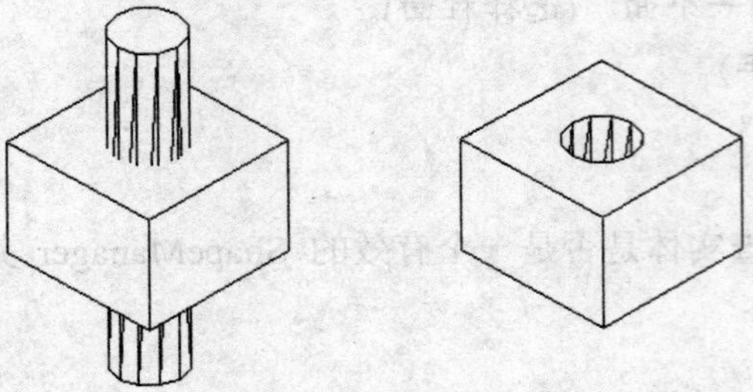

图 13.10　三维实体差集运算

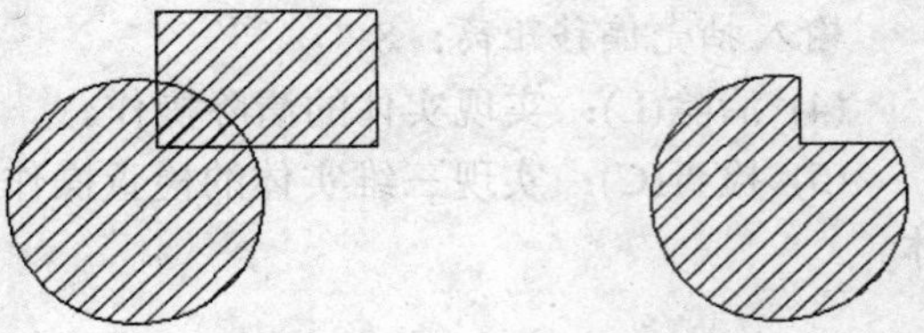

图 13.11　面域差集运算

命令：subtract
选择要从中减去的实体或面域...
选择对象：找到 1 个　(选择棱柱体)
选择对象：(回车)
选择要减去的实体或面域 ..
选择对象：找到 1 个　(选择圆柱体)

13.2.3　交集运算

交集运算实现将两个实体或多个实体中共有的部分保留，而去除非共有的实体部分。可以进行交集运算的实体必须是相交的面域或三维实体。当实体进行交集操作后，被操作的实体将保留公共部分。并集运算的启动方法如下：

● 菜单→修改→实体编辑→并集

● 命令：INTERSECT

图 13.12 是三维实体交集运算的效果图；图 13.13 是面域交集运算的效果图。

命令：intersect
选择对象：找到 1 个　(选择棱柱体)
选择对象：找到 1 个，总计 2 个　(选择圆柱体)
选择对象：(回车)

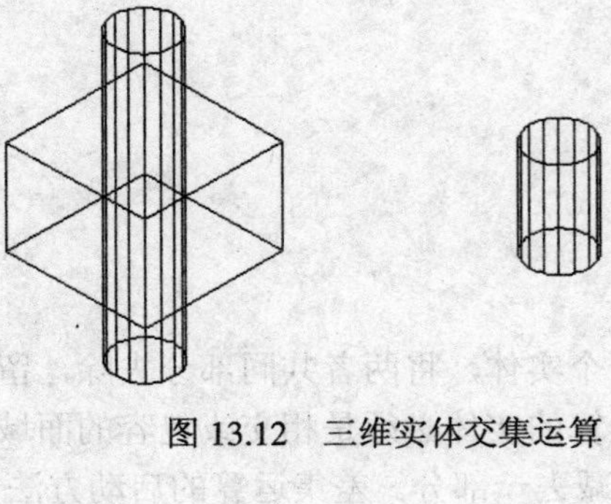

图 13.12　三维实体交集运算

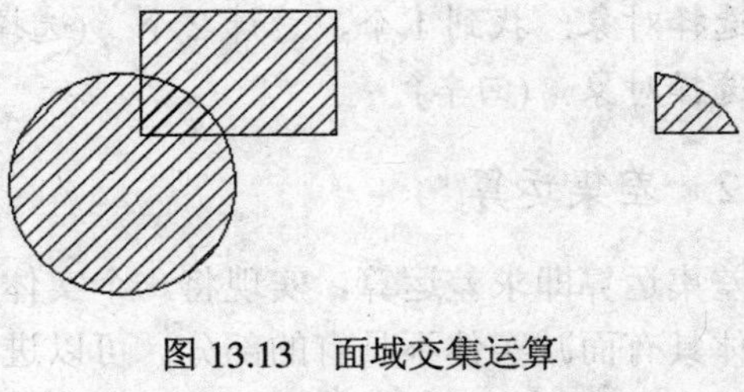

图 13.13　面域交集运算

■ 练习

根据下面的法兰盘的零件图绘制它的立体图，并进行渲染。

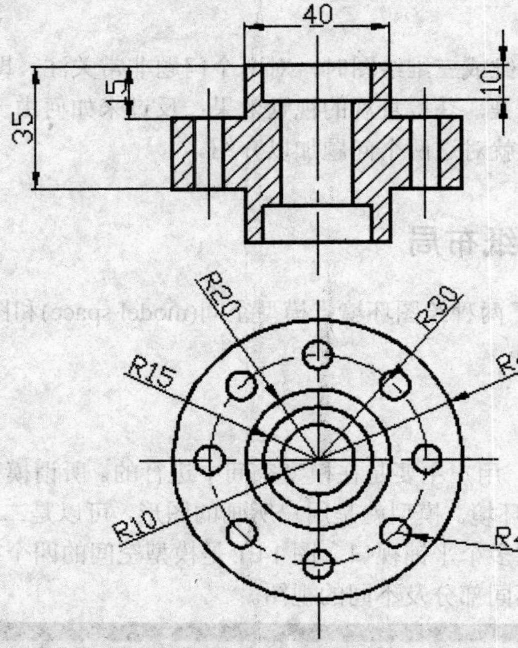

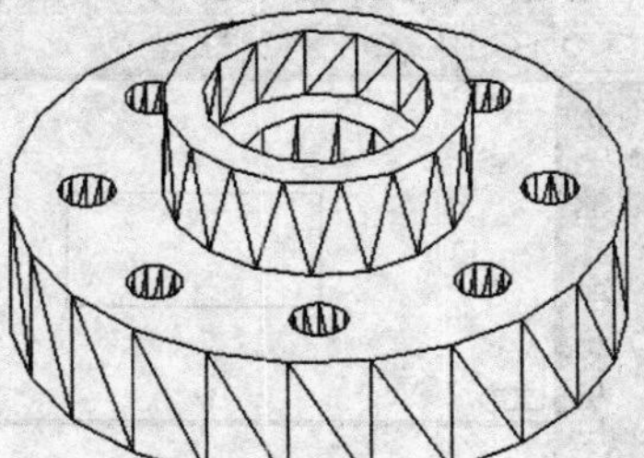

14　二维、三维图形转换技术

工程技术人员在进行二维或三维绘图时，对两个问题非常关注，即：如何由二维工作图生成三维立体图，并加以渲染，获得直观的视觉效果；反过来如何由一个三维实体图形生成它的二维三视图。本章我们就对这两个问题加以介绍。

14.1　模型空间和图纸布局

AutoCAD 向用户提供了两种绘图环境：模型空间(model space)和图纸空间(paper space)，它们用于创建和布置图形。

14.1.1　模型空间

使用 AutoCAD 绘图时，用户主要是在模型空间中进行的。所谓模型空间是指用户用于建立模型(机械或建筑模型)的环境。模型就是用户所画的图形，可以是二维的或者是三维的。用户可以在模型空间中设置成多个平铺视口。图 14.1 是模型空间的四个视口，这样用户可以在不同的视口中显示图形的不同部分及不同的视图。

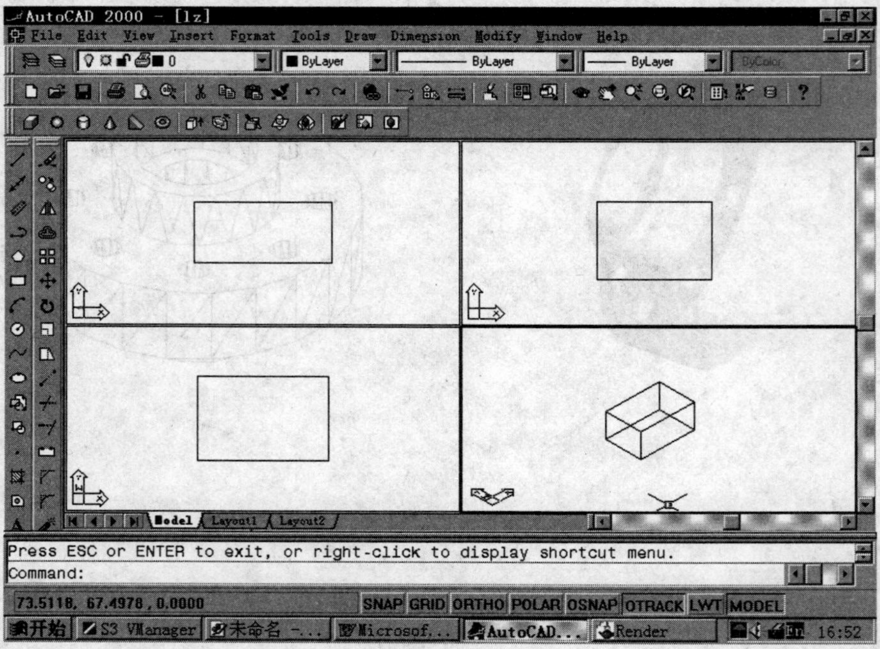

图 14.1　模型空间的四个视口

图 14.2 所示的图标表明当前用户的工作空间为模型空间。用户既可以在模型空间中作图，也可以在模型空间中输出图形。

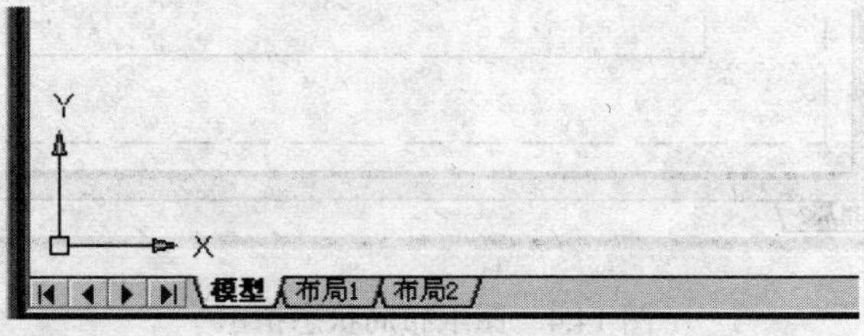

图 14.2　模型空间状态指示

14.1.2　图纸布局

图纸布局(也可称为图纸空间)，是 AutoCAD 专门为设置绘图布局而提供的一种绘图环境。用户在模型空间中把图形绘制完成后，切换到图纸空间，设置图形的布局。对于同一个图形文件，可以使用多种图纸布局。在布局中，用户可以添加视口、标题栏及其他对象等。同模型空间类似，在图纸布局的绘图窗口可以设置多个视口，用以显示用户模型的不同视图，但在图纸布局中不能编辑在模型空间中创建的模型。在图纸布局中可以新绘制对象，这些绘制的对象对模型空间中的图形不会产生任何影响。也就是说，用户在图纸空间中绘制的图形对象，在模型空间中是不可见的。

使用图纸布局的另一个好处是可以帮助我们在同一个视图中生成一个零件图形的三视图，这个问题将在后面的章节中谈到。

图 14.3 是一个图纸布局的情况。

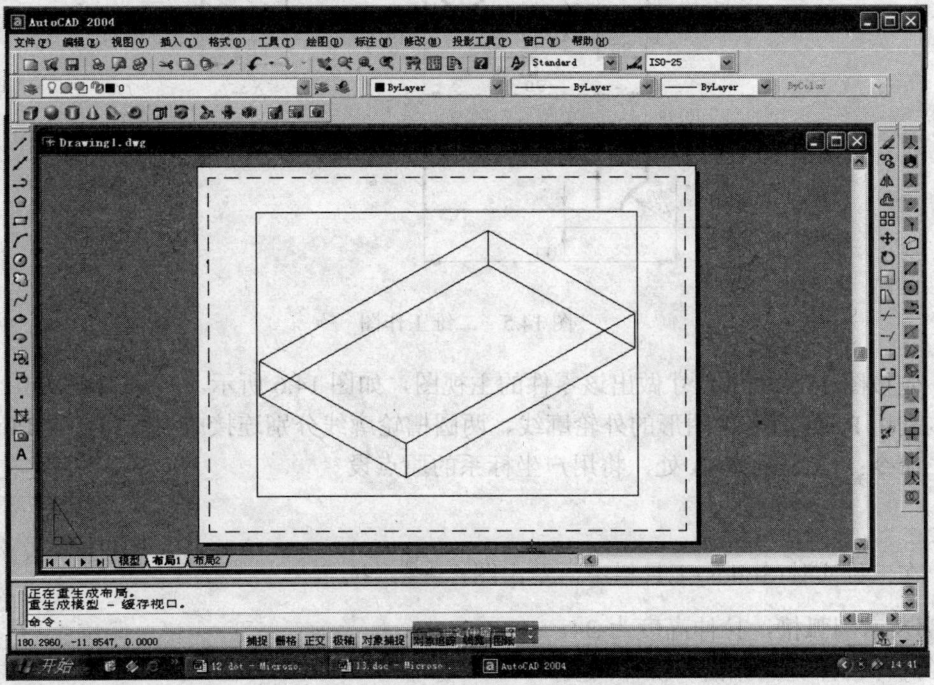

图 14.3　图纸布局

图 14.4 所示的图标表明当前用户的工作空间为图纸布局。

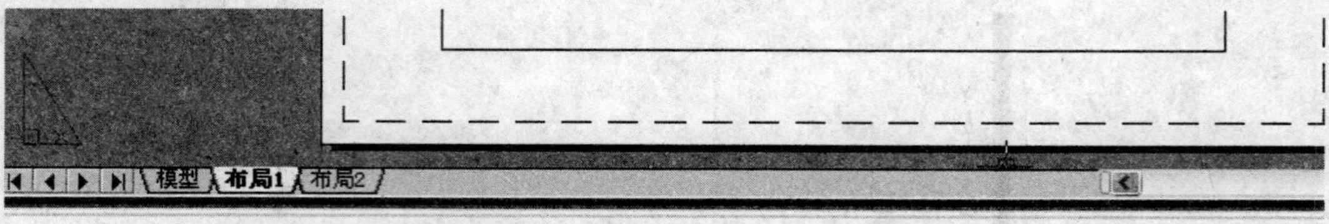

图 14.4　图纸布局状态指示

14.2　由二维工作图生成三维实体模型

在工程实际中。常常希望在绘制好二维工作图后立即生成三维实体模型，给人以直观的印象，以便修改设计。AutoCAD 已经非常圆满地解决了这个问题，先由二维图生成三维线框模型，然后进行渲染，并可进行任意角度的旋转观察或三维动态渲染观察。

【例 14.1】 根据图 14.5 所示的二维工作图，生成三维图形，并进行渲染观察。操作过程如下：

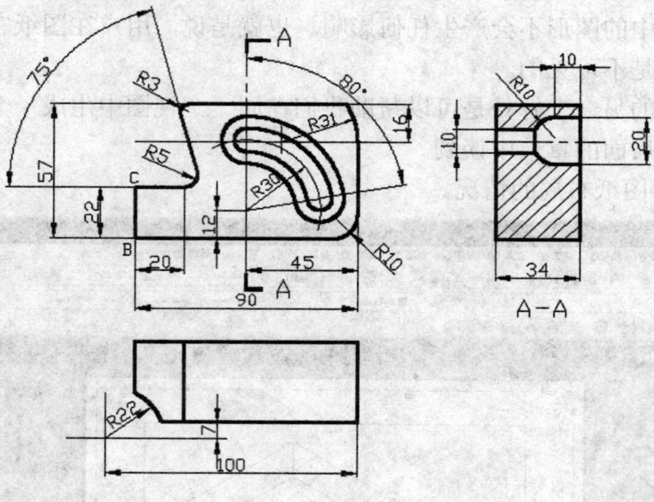

图 14.5　二维工作图

(1) 先按图 14.5 所示尺寸做出该零件的主视图，如图 14.6 所示。

(2) 利用 Pedit 命令把图形的外轮廓线、两圆槽轮廓线分别连接成三段封闭的 Pline 线。

(3) 命令：UCS→N→A 处，将用户坐标系的原点设在 A 点。

(4) 在三维实体(Solids)工具栏中，左击图标，拉伸外轮廓及窄圆弧槽，拉伸高度为-34。

(5) 同样拉伸宽圆弧槽，拉伸高度-18。

(6) 菜单→视图(View)→三维视图→西南等轴测，如图 14.7 所示。

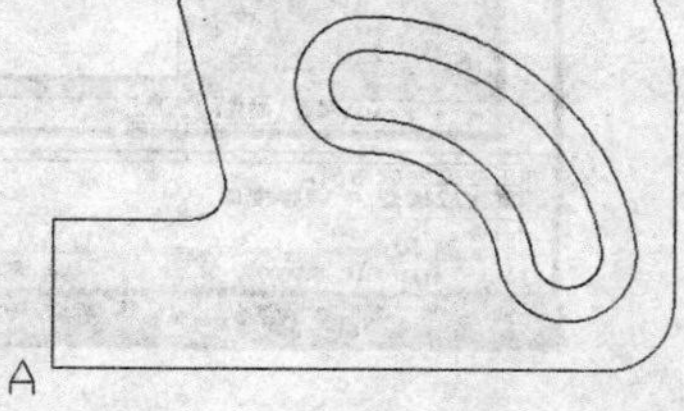

图 14.6　主视图

(7) 在修改(Modify)工具栏中，左击图标，倒圆大圆槽底部，倒圆半径 10(注意选目标时，先选柱面轮廓线，选倒圆面时选大圆弧槽底部)，如图 14.8 所示。

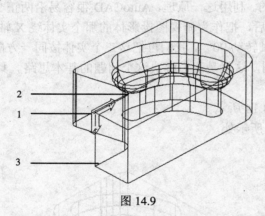

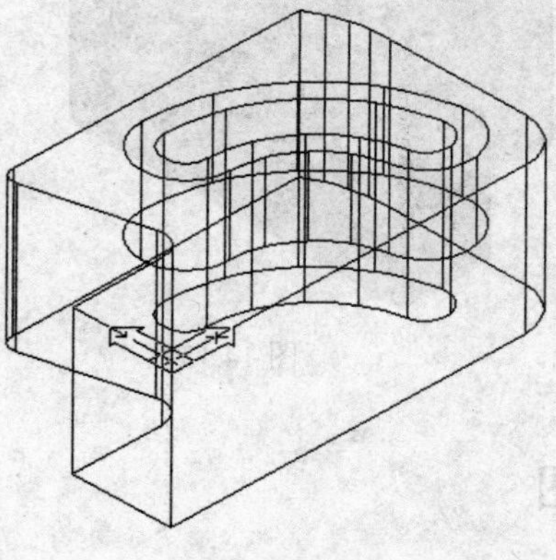

图 14.7

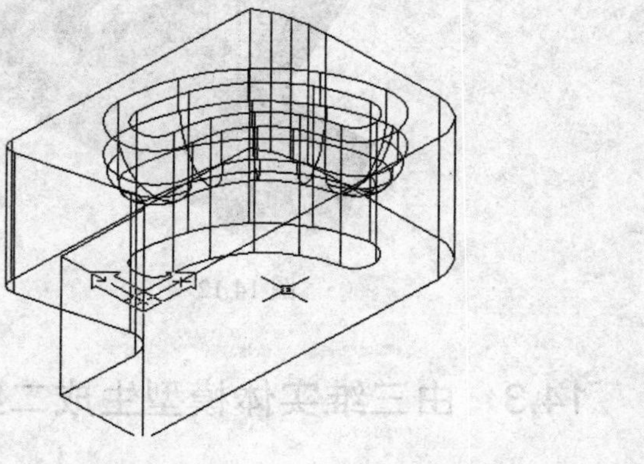

图 14.8

(8) 菜单→Modify(修改)→实体编辑→差集，进行差集运算，由外轮廓大实体与大圆弧槽、小圆弧槽进行差集运算。

(9) 命令：UCS→N→3P，用三点(图 14.9 中 1 点，2 点，3 点)新建用户坐标系。

(10) 画 R=22 的圆。命令：Circle→-10，-7(圆心)→22(半径)，并拉伸-22，如图 14.10 所示。

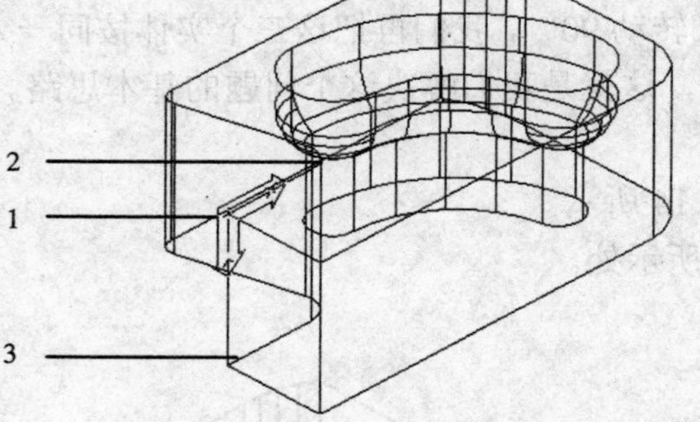

图 14.9

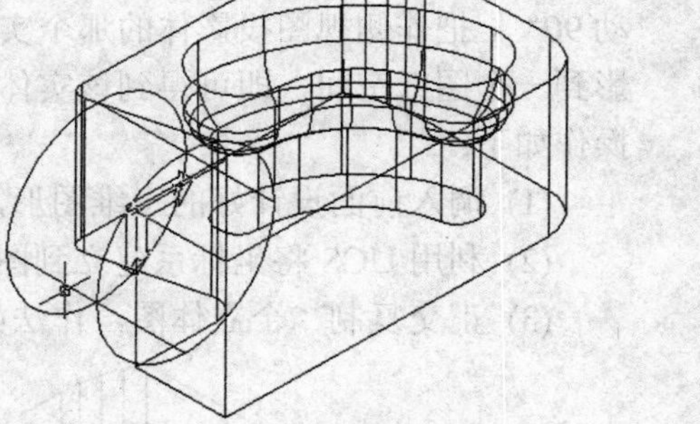

图 14.10

(11) 菜单→Modify(修改)→实体编辑→差集，进行差集运算，由外轮廓大实体与第 10 步生成的圆柱面进行差集运算后，如图 14.11 所示。

(12) 菜单→视图→渲染(E)→渲染(R)→渲染对话框中，对三维实体进行渲染，结果如图 14.12 所示。

(13) 在菜单→视图→三维动态观察器，可实现任意角度的观察三维视图，并可实现连续动态观察，如图 14.13 所示。

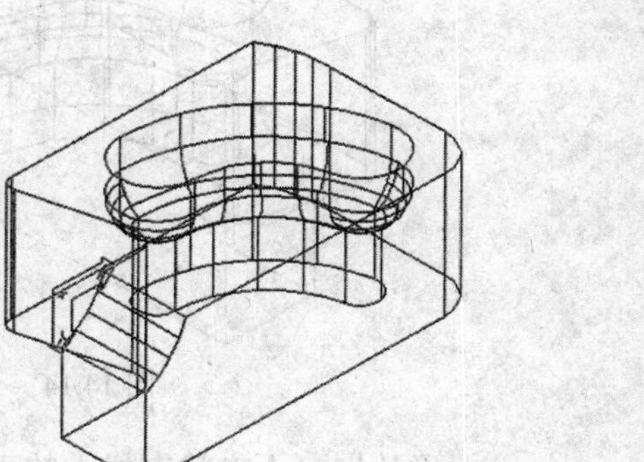

图 14.11

图 14.12

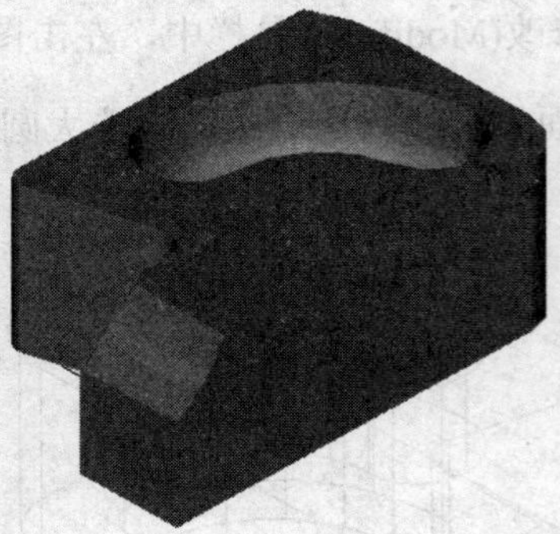

图 14.13

14.3 由三维实体模型生成二维三视图

由三维实体模型生成二维三视图，要综合运用多方面的知识：需要灵活多变的用户坐标系统、对三维实体的各种操作、模型空间、图纸空间，以及浮动模型空间之间的相互转化等综合技术。要解决这个问题，我们的基本思路是，利用工程实际中从不同方向观察一个零件而得到该零件的三视图的基本观察方法。

通常，当拿到一个实体模型，要绘制它的三视图时，总是先选择一个最能反映该实体总体形状的面，作为它的主视图。然后，将该实体绕某轴转 90°，观察得到它的俯视图，而侧视图则是该实体绕另一正交轴转 90° 而得到的。利用这一原理，AutoCAD 很容易沿两正交方向(X 轴，Y 轴)，正交复制两个三维实体。然后，把作为俯视图投影体的那个实体绕 X 轴转动 90°，把作侧视图投影体的那个实体绕 Y 轴转动 90°，我们再把这三个实体按同一方向投影到一个图纸空间，即可得到该实体的三视图，这就是我们解决这个问题的基本思路。具体操作如下：

(1) 调入前面设计好的三维图形，如图 14.14 所示。

(2) 利用 UCS 将坐标系建立到图 14.15 中所示处。

(3) 正交复制二个立体图，作法如下：

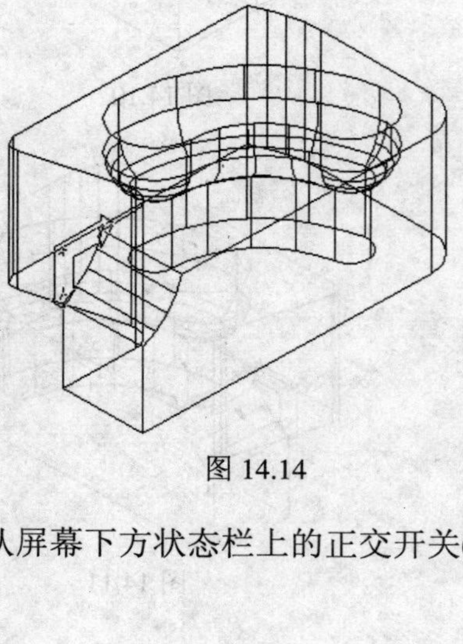

图 14.14

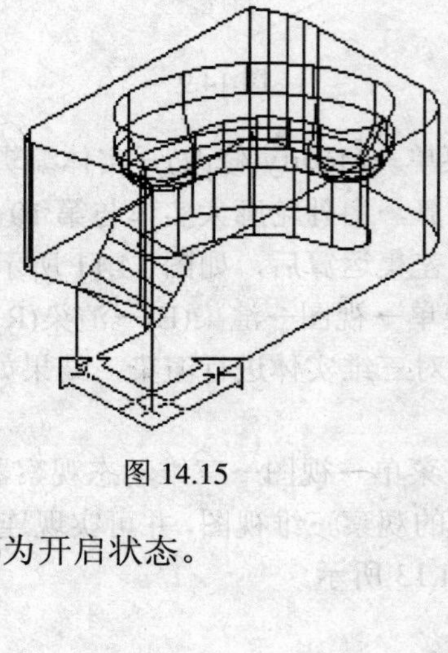

图 14.15

① 确认屏幕下方状态栏上的正交开关(ORTHO)为开启状态。

② 利用 COPY 命令，沿 X 轴和 Y 轴分别正交复制两实体，如图 14.16 所示。

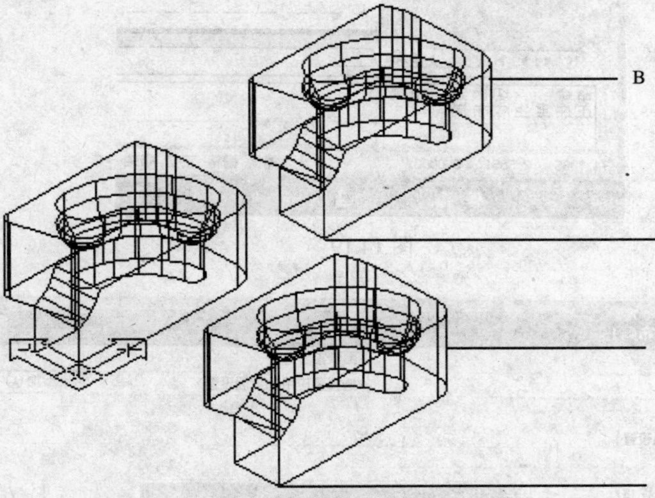

图 14.16

(4) 三维旋转。把图 14.16 中 A 实体绕 X 轴旋转 90°，过程如下：菜单→修改→三维操作→三维旋转→选实体 A→X(绕 X 轴旋转)→X 轴上的点(图 14.16 中的 O 点)→90°

(5) 三维旋转。把图 14.16 中 B 实体绕 Y 轴旋转 90°，过程如下：菜单→修改→三维操作→三维旋转→选实体 B→Y(绕 Y 轴旋转)→Y 轴上的点(图 14.16 中的 C 点)→90°。完成第 4、第 5 步后，结果如图 14.17。

(6) 沿同一方向(俯视)观察这三个三维实体。过程如下：菜单→视图→三维视图→俯视(T)，结果如图 14.18 所示。

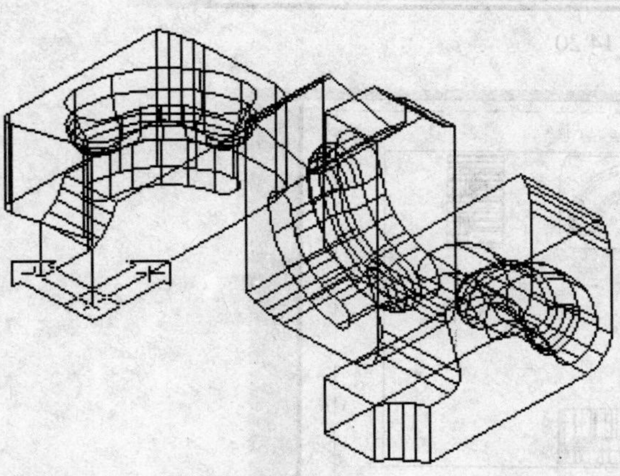

图 14.17

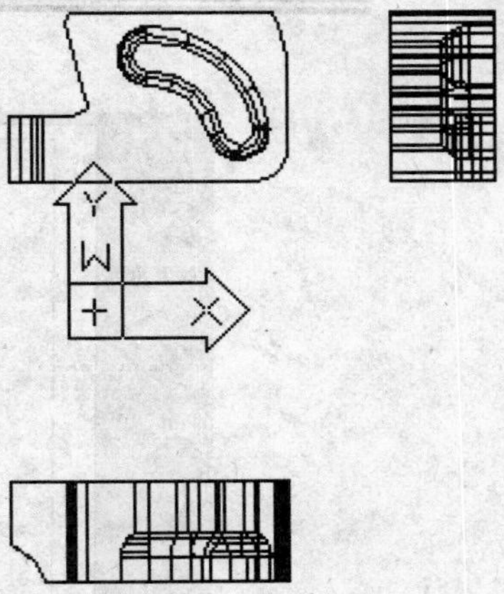

图 14.18

(7) 建立一个布局(图纸空间)。作法如下：在图形屏幕下方的模型空间与布局的标签下，左击布局 1，如图 14.19 所示，接着出现 图 14.20 所示对话框，左击对话框中 OK 按钮后，出现如图 14.21 所示的一个布局(图纸空间)。

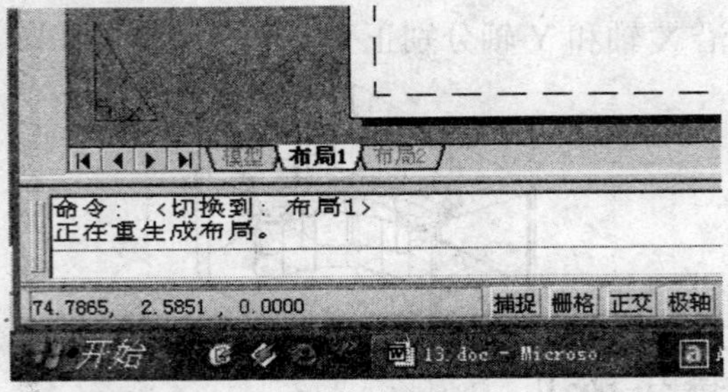

图 14.19

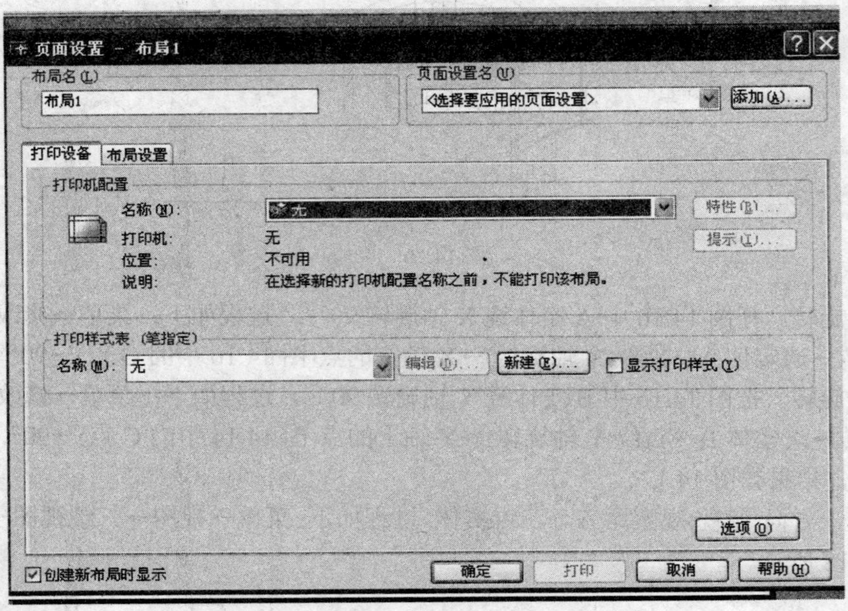

图 14.20

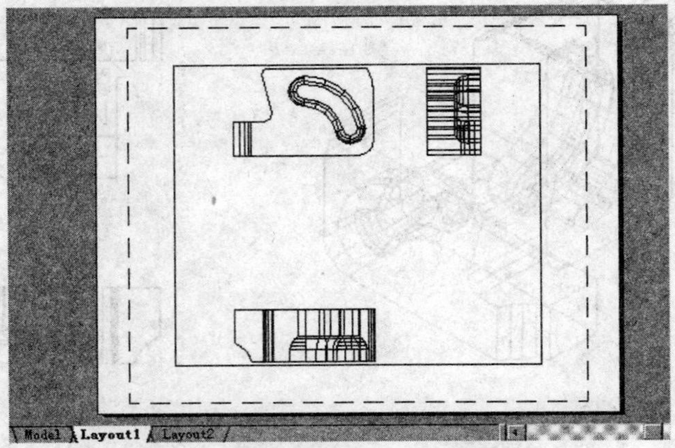

图 14.21

(8) 进入浮动模型空间，以便把三个三维实体的轮廓投影到图纸空间(布局)中。在图纸空间的绘图窗口可以设置一个或多个浮动视口，之所以称为浮动视口是因为可以根据需要确定视口的大小和位置。如果用户要修改图纸空间的浮动视口的视图或者对其中的模型进行编辑，就必须从该视口进入模型空间。因为，在图纸空间中不能编辑在模型空间中创建的模型。用户从图纸空间中的浮动视口进入模型空间时，这个模型空间称为浮动模型空间。完成了第 7 步的工作后，我们创建了一个图纸空间。现在我们要对模型空间中的三个实体进行操作，把它们的轮廓投影到图纸空间中，就必须进入浮动模型空间中去，具体操作如下：在屏幕下方的状态栏上，左击图纸按钮，出现 MODEL(模型空间)，即进入浮动模型空间，如图 14.22 所示。

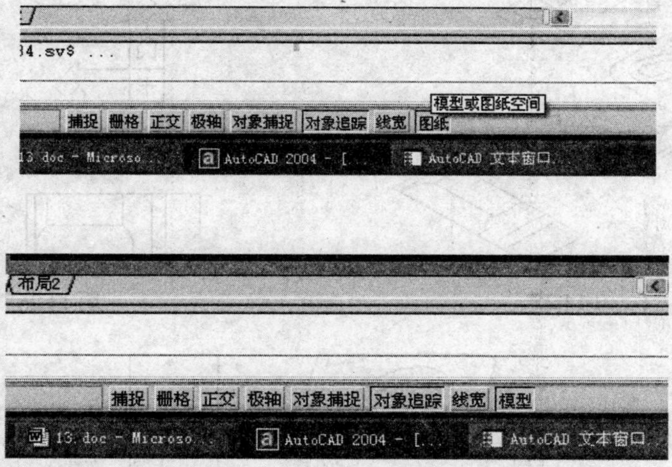

图 14.22　浮动模型空间

(9) 在浮动模型空间中，把三个三维实体向图纸空间投影，其作法如下：菜单→绘图→实体→设置→轮廓→选择目标(选图纸空间中三个实体)后，按三次回车选默认值，得到三实体投影到图纸空间上的轮廓图。

(10) 在图形屏幕下方的模型空间与布局的标签下，左击模型，回到模型空间，如图 14.23 所示。

(11) 菜单→视图→三维视图→西南等轴测，如图 14.24 所示。

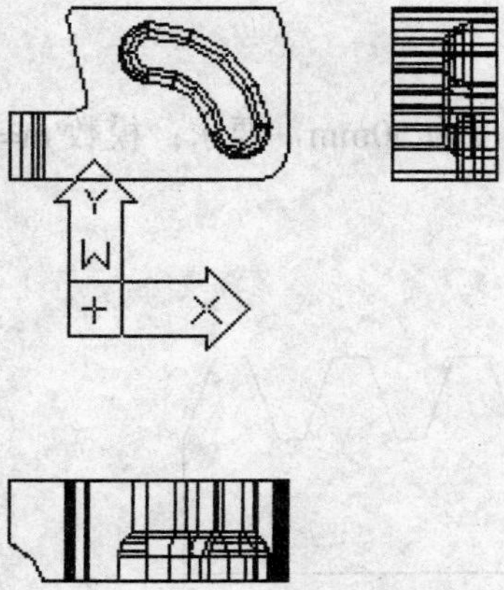

图 14.23

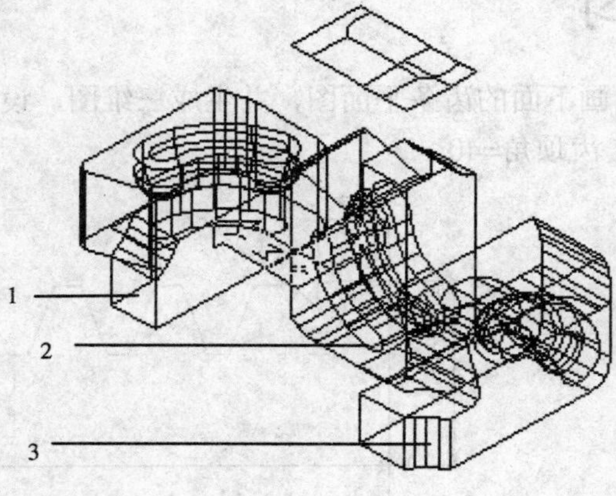

图 14.24

(12) 命令：erase→选目标(选图 14.24 中 1，2，3)，擦去了模型空间中的三个三维实体，结果如图 14.25 所示。

(13) 命令：Plan→W，回到世界坐标系，如图 14.26 所示。

(14) 擦去图 14.26 中的内孔轮廓线后，如图 14.27 所示，完成全图。

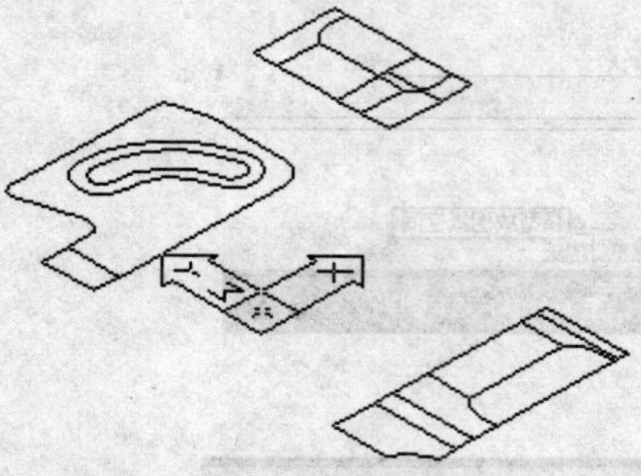

图 14.25

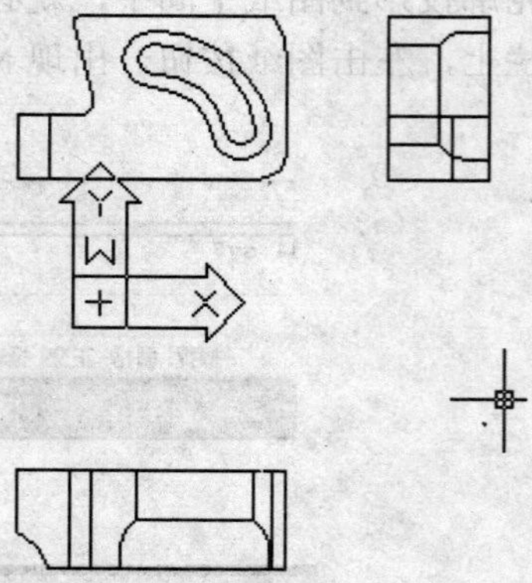

图 14.26

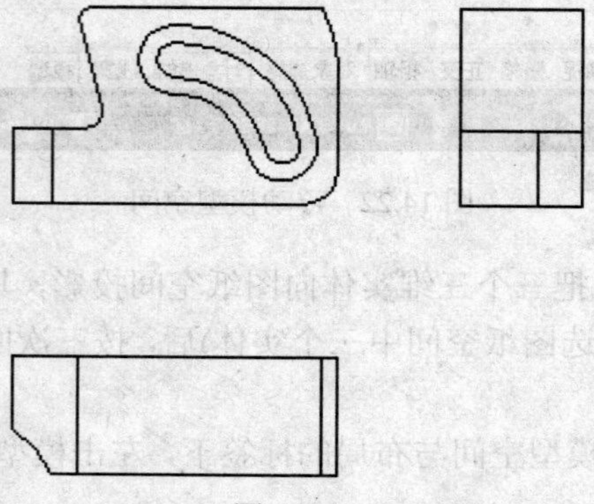

图 14.27

■ 练习

(1) 画下面的齿条平面图，并生成三维图，设齿条厚度为 50mm，要求：模数 m=10，齿数 Z=8，齿顶角=40。

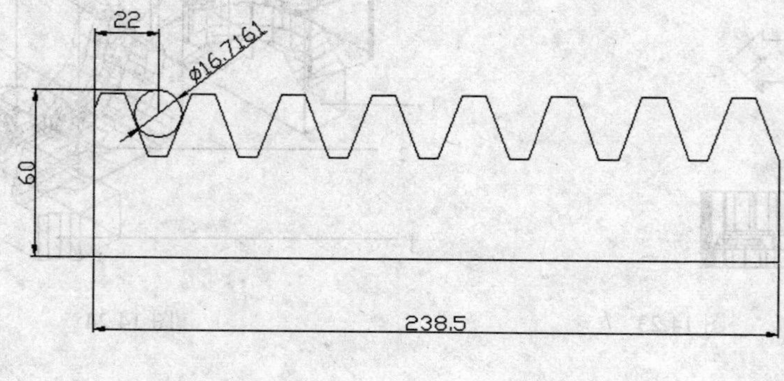

(2) 作下面的零件工作图，并由此生成三维图。

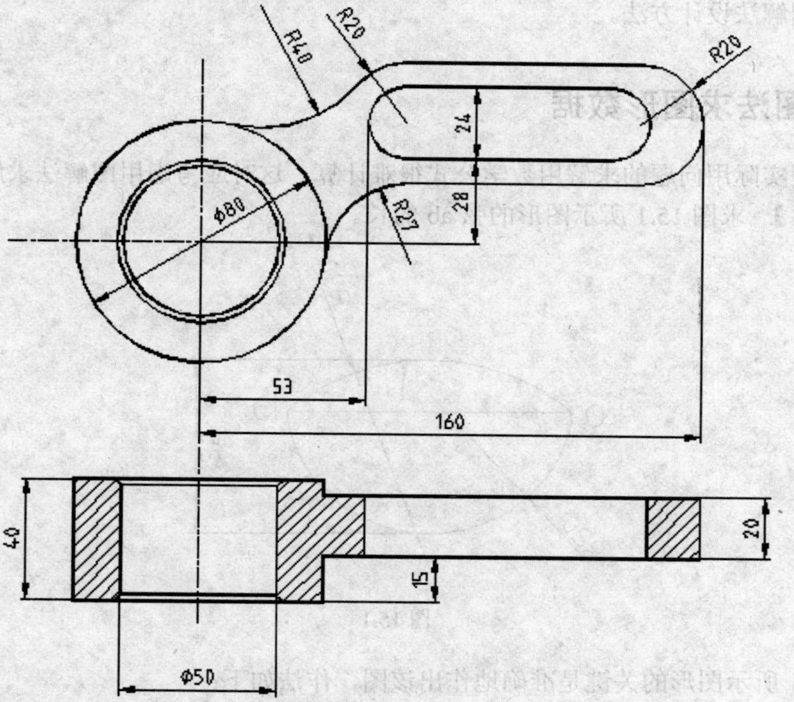

15　工程图解法设计

工程设计中常采用两种设计方法：解析法及图解法。解析法常用于有确定的数学模型的设计；图解法常用于数学模型建立有困难，而通过精确作图可以得到满意的设计数据或效果的情况，从而避免了建立复杂数学模型的研究工作，简化设计过程。工程中的许多实际应用问题的数学模型是很难建立的，而通过图解法往往可以完成解析法难以完成的工作。本章主要介绍工程图解法设计方法。

15.1　作图法求图形数据

许多工程实际用问题的求解用数学公式很难计算，这时应考虑用图解法求解。

【例 15.1】 求图 15.1 所示图形的弦 ab 的长。

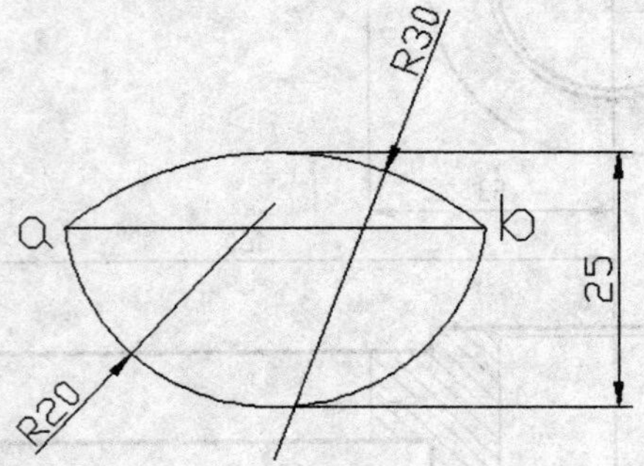

图 15.1

求图 15.1 所示图形的关键是准确地作出该图，作法如下：

(1) 作 R20 圆。

命令：Circle

指定圆的圆心或[三点(3P)/两点(2P)/相切、相切、半径(T)]:

指定圆的半径或[直径(D)]: 20

(2) 利用捕捉象限点，作 25 长的垂线 cd，如图 15.2 所示。

命令：Line

指定第一点：qua

于　(捕捉 C 点)

指定下一点或[放弃(U)]: @0，25

指定下一点或[放弃(U)]: 回车

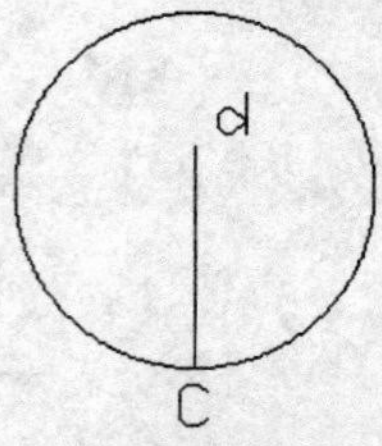

图 15.2

(3) 作 R30 的圆，以象限点为基点，移动至直线端点 d 点，如图 15.3 所示。

命令：Circle

指定圆的圆心或[三点(3P)/两点(2P)/相切、相切、半径(T)]:

指定圆的半径或[直径(D)]<20.0000>: 30

命令：Move

选择对象：L (选择 R=30 的圆)

找到 1 个

选择对象：回车

指定基点或位移：qua

于 (捕捉 R=30 的圆的 90° 象限点位置)

指定位移的第二点或<用第一点作位移>: end

于 (捕捉 d 点)

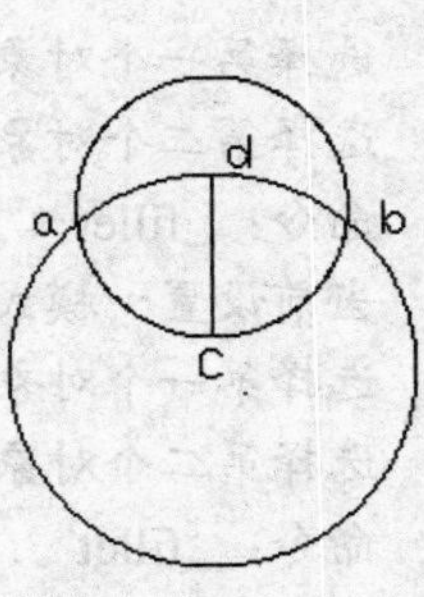

图 15.3

(4) 连接 ab。

命令：Line

指定第一点：INT

于 (捕捉 a 点)

指定下一点或[放弃(U)]: INT

于 (捕捉 b 点)

指定下一点或[放弃(U)]: 回车

(5) 求直线 ab 长。

命令：List

选择对象：L

找到 1 个

选择对象：回车

LINE 图层：0

空间：模型空间

句柄=D4

自点，X= 825.6884 Y=506.0990 Z=0.0000

到点，X= 865.3747 Y=506.0990 Z=0.0000

长度=39.6863，在 XY 平面中的角度=0

增量 X=39.6863，增量 Y=0.0000，增量 Z=0.0000

可以看出，弦 ab 的长度为 39.6863mm。

【例 15.2】 如图 15.4 所示，求 a，b，c 三线延伸后所形成的三角形的面积。

由于该题的三根直线没有构成三角形，也应该通过准确作图构造出三角形，做法如下：

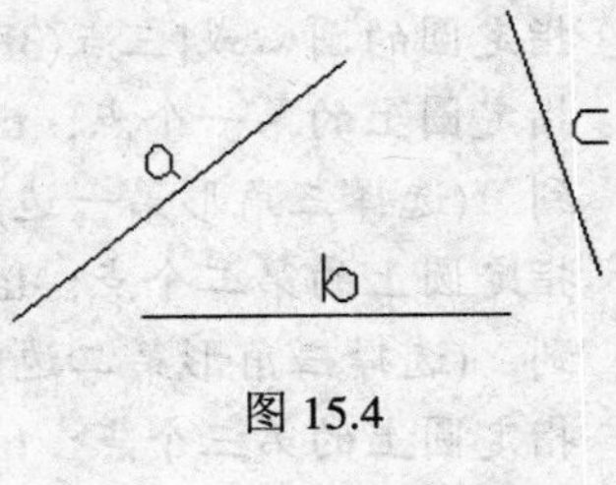

图 15.4

(1) 倒圆。

命令：FILLET

当前设置：模式=修剪，半径=5.0000

选择第一个对象或[多段线(P)/半径(R)/修剪(T)/多个(U)]: R

指定圆角半径<5.0000>: 0

选择第一个对象或[多段线(P)/半径(R)/修剪(T)/多个(U)]：选择 a
选择第二个对象：选择 b
命令：_fillet
当前设置：模式=修剪，半径=0.0000
选择第一个对象或[多段线(P)/半径(R)/修剪(T)/多个(U)]：选择 a
选择第二个对象：选择 c
命令：_fillet
当前设置：模式=修剪，半径=0.0000
选择第一个对象或[多段线(P)/半径(R)/修剪(T)/多个(U)]：选择 b
选择第二个对象：选择 c
结果如图 15.5 所示。

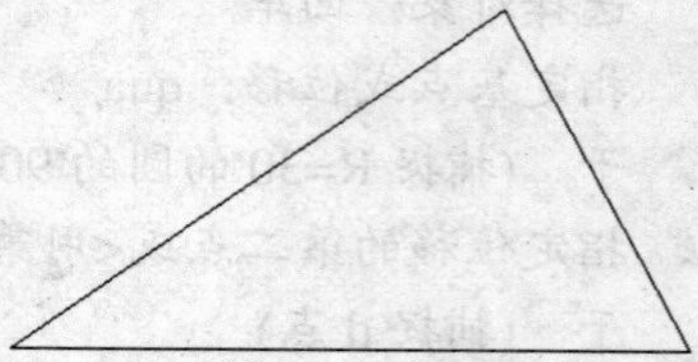

图 15.5

(2) 构造边界：略。
(3) 用 List 求面积：略。

【例 15.3】 如图 15.6 所示，求正三角形的内接正六边形的面积。作法如下：
(1) 作正三角形。
命令：_polygon 输入边的数目<4>：3
指定正多边形的中心点或[边(E)]：e
指定边的第一个端点：
指定边的第二个端点：
(2) 作内切圆，如图 15.7 所示。

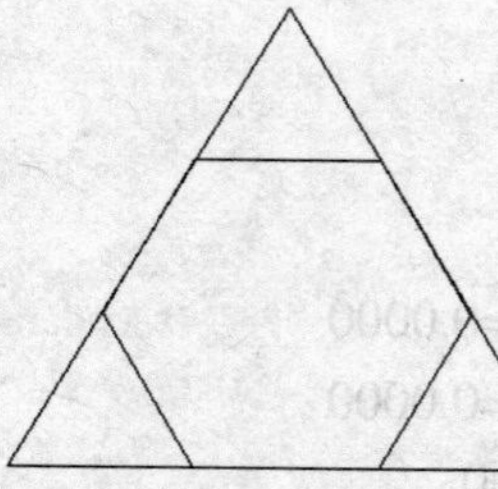

图 15.6

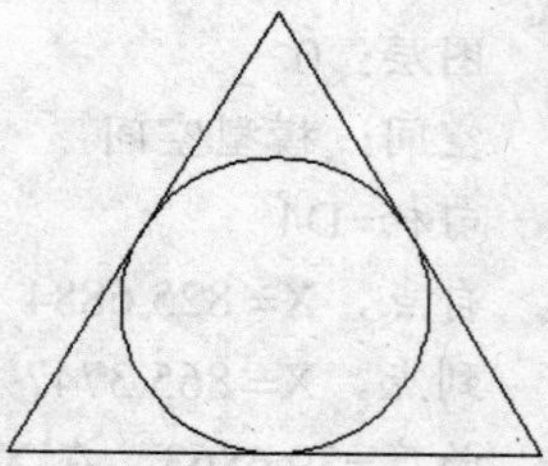

图 15.7

命令：Circle
指定圆的圆心或[三点(3P)/两点(2P)/相切、相切、半径(T)]：3p
指定圆上的第一个点：tan
到 (选择三角形第一边)
指定圆上的第二个点：tan
到 (选择三角形第二边)
指定圆上的第三个点：tan
到 (选择三角形第三边)
(3) 作外切于圆的正六边形，如图 15.8 所示。

命令：_polygon

输入边的数目<3>：6

指定正多边形的中心点或[边(E)]：cen

于 （捕捉圆心 0)

输入选项[内接于圆(I)/外切于圆(C)]<I>：C

指定圆的半径：<正交 关> mid

于 （捕捉三角形底边中点)

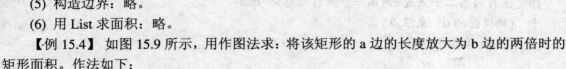

(4) 擦除圆：略。

(5) 构造边界：略。

(6) 用 List 求面积：略。

图 15.8

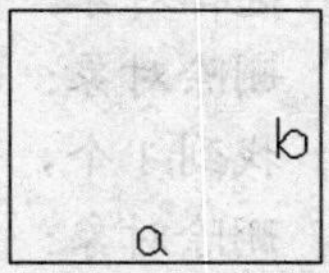

图 15.9

【例 15.4】 如图 15.9 所示，用作图法求：将该矩形的 a 边的长度放大为 b 边的两倍时的矩形面积。作法如下：

(1) 以矩形的右下角为圆心，以 b 为半径作圆，如图 15.10 所示。

命令：Circle

指定圆的圆心或[三点(3P)/两点(2P)/相切、相切、半径(T)]：end

于 （捕捉矩形的右下角点)

指定圆的半径或[直径(D)]<28.8923>：end

于 （捕捉 b 边的另一点)

(2) 移动矩形，如图 15.11 所示。

命令：Move

选择对象： （选择矩形)

找到 1 个

选择对象：回车

指定基点或位移：end

于 （捕捉矩形的左下角点)

指定位移的第二点或<用第一点作位移>：qua

于 （捕捉圆的 180° 象限点)

(3) 拉伸→C 窗→R→排除圆，结果如图 15.12 所示。

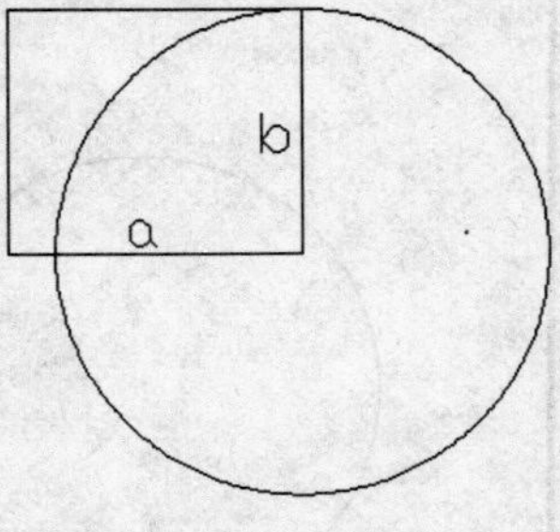

图 15.10

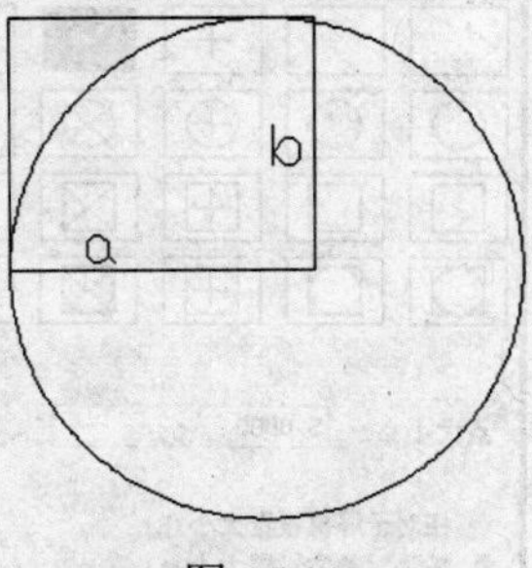

图 15.11

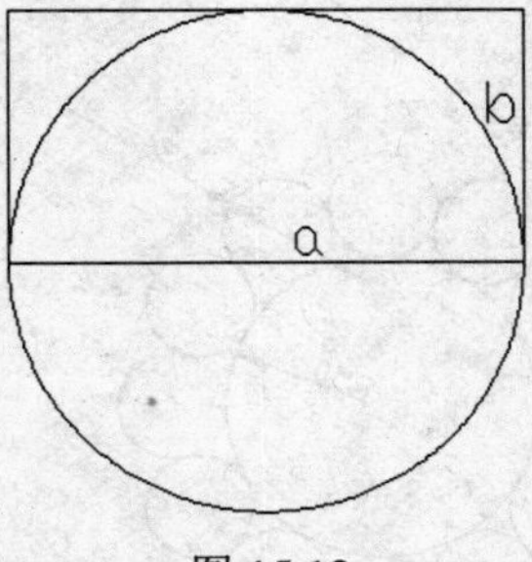

图 15.12

命令：_stretch

以交叉窗口或交叉多边形选择要拉伸的对象…

选择对象：指定对角点：(用交叉窗口选中矩形和圆的右半部)
找到 2 个
选择对象：R
删除对象：(选择圆)
找到 1 个，删除 1 个，总计 1 个
删除对象：回车
指定基点或位移：end
于 (选择矩形右下角点)
指定位移的第二个点或<用第一个点作位移>：qua
于 (捕捉圆的 0° 象限点)
(4) 用 List 求面积：略。

15.2 工程图解法参数设计

【例 15.5】 如图 15.13 所示，求作 12 个圆与已知圆(R=50)两两相切，设计该 12 个圆的半径(答案 R=17.4599)。

作法如下：

(1) 画 R=50 的圆。
命令：Circle
指定圆的圆心或[三点(3P)/两点(2P)/相切、相切、半径(T)]:
指定圆的半径或[直径(D)]<54.3359>：50

(2) 设置点标记。菜单→格式→点样式，出现如图 15.14 所示对话框，选择一种点标记。

(3) 把圆 12 等分。由下拉菜单→绘图→点绘制→定数等分。
命令：_divide
选择要定数等分的对象：选择 R=50 的圆
输入线段数目或[块(B)]：12
得如图 15.15 所示结果。

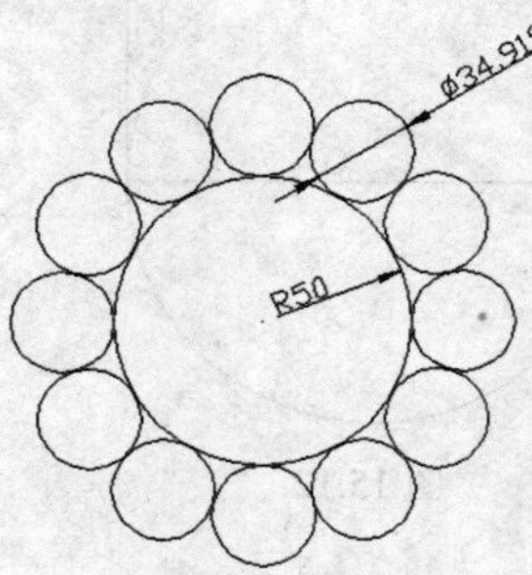

图 15.13

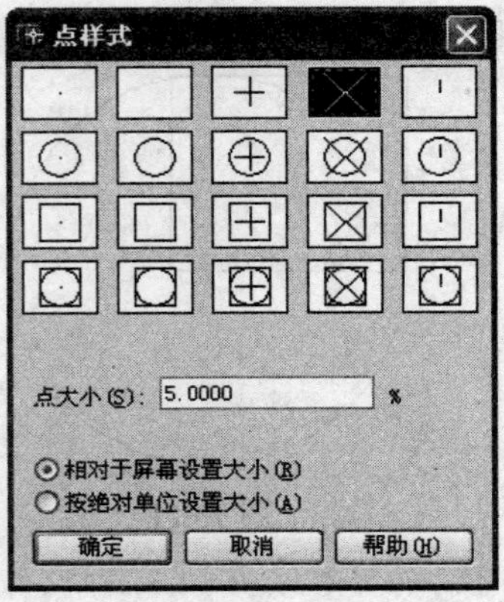

图 15.14 “点样式”对话框

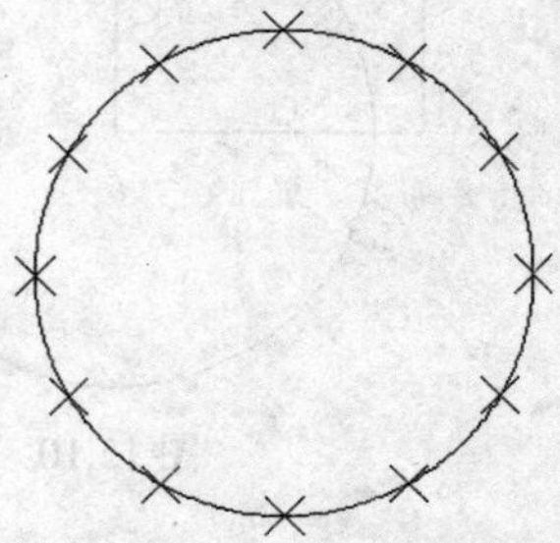

图 15.15 把圆 12 等分

(4) 过圆心做两条射线，如图 15.16 所示。

命令：_xline 指定点或[水平(H)/垂直(V)/角度(A)/二等分(B)/偏移(O)]：cen

于 (捕捉圆心)

指定通过点：Nod

于 (捕捉点标记)

指定通过点：Nod

于 (捕捉点标记)

指定通过点：回车

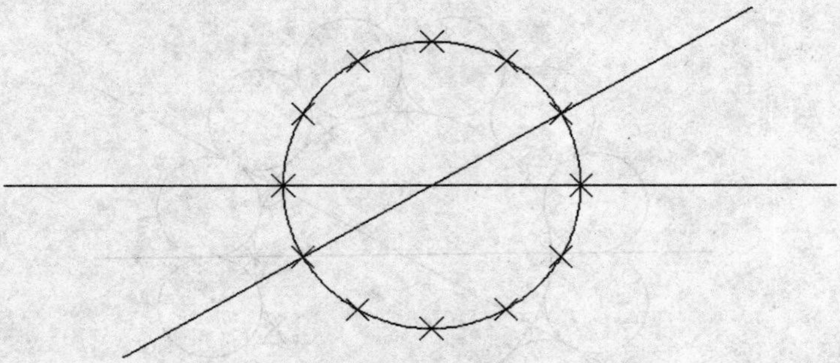

图 15.16 作射线

(5) 作小圆，如图 15.17 所示。

命令：Circle

指定圆的圆心或[三点(3P)/两点(2P)/相切、相切、半径(T)]：3p

指定圆上的第一个点：tan

到 (选择第一根射线)

指定圆上的第二个点：tan

到 (选择圆)

指定圆上的第三个点：tan

到 (选择第二根射线)

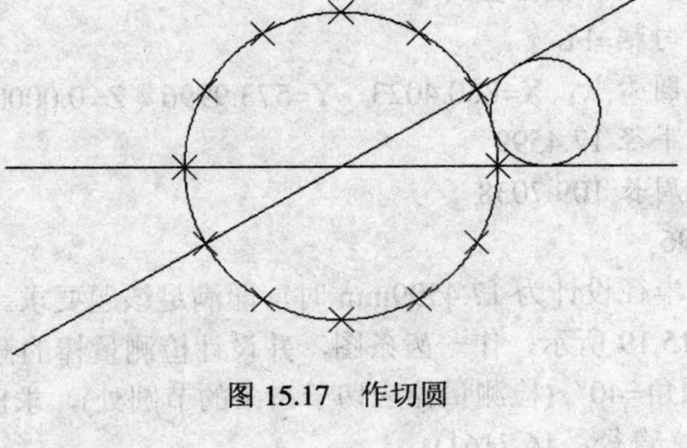

图 15.17 作切圆

(6) 阵列圆，如图 15.18 所示。

命令：-Array

选择对象：(选择小圆)

找到 1 个
选择对象：回车
输入阵列类型[矩形(R)/环形(P)]<R>：P
指定阵列的中心点或[基点(B)]：cen
于 (捕捉大圆圆心)
输入阵列中项目的数目：12
指定填充角度(+=逆时针，-=顺时针)<360>：回车
是否旋转阵列中的对象？[是(Y)/否(N)]<Y>：回车

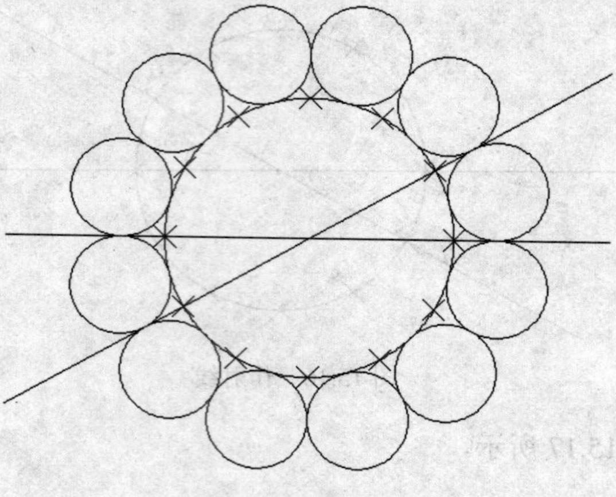

图 15.18 阵列圆

(7) 查看小圆半径。
命令：list
选择对象：(选择小圆)
找到 1 个
选择对象：回车

CIRCLE　　图层：0
　　　　　空间：模型空间
　　　　　句柄=F6
　　　　　圆心点，X=860.4023　Y=573.9996　Z=0.0000
　　　　　半径 17.4599
　　　　　周长 109.7038
　面积　957.7096

可以看出，当小圆半径设计为 17.4599mm 时，即满足该题要求。

【例 15.6】 如图 15.19 所示，作一齿条图，并设计检测量棒的截面直径。要求：模数 m=10，齿数 Z=8，齿顶角=40°(检测量棒应切于齿条的节圆处)，求出该齿条的截面面积(答案：面积：11593.4727；直径：16.7161)。

作法如下：

(1) 建立红色草图层。

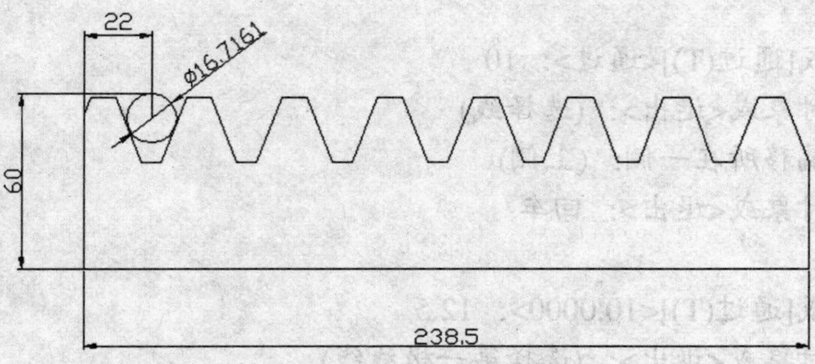

图 15.19

命令：-Layer

当前图层：0

输入选项[?/生成(M)/设置(S)/新建(N)/开(ON)/关(OFF)/颜色(C)/线型(L)/线宽(LW)/打印(P)/冻结(F)/解冻(T)/锁定(LO)/解锁(U)/状态(A)]：N　(设新层)

输入新图层的名称列表：1

输入选项[?/生成(M)/设置(S)/新建(N)/开(ON)/关(OFF)/颜色(C)/线型(L)/线宽(LW)/打印(P)/冻结(F)/解冻(T)/锁定(LO)/解锁(U)/状态(A)]：C

新颜色[真彩色(T)/配色系统(CO)]<7 (白色)>：1　(红色)

输入图层名列表，这些图层使用颜色 1 (红色)<0>：1　(红色赋给 1 层)

输入选项[?/生成(M)/设置(S)/新建(N)/开(ON)/关(OFF)/颜色(C)/线型(L)/线宽(LW)/打印(P)/冻结(F)/解冻(T)/锁定(LO)/解锁(U)/状态(A)]：回车

(2) 在红色草图层上画三根水平线，如图 15.20 所示(齿顶高 1 个模数=10mm，齿根高 1.25 个模数=12.5mm)。

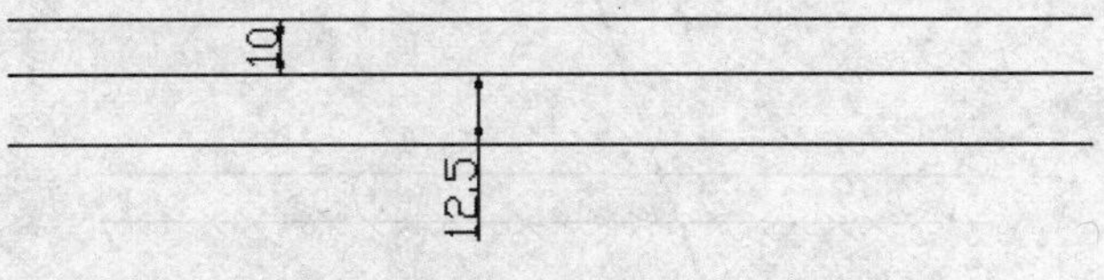

图 15.20

命令：-LAYER

当前图层：0

输入选项[?/生成(M)/设置(S)/新建(N)/开(ON)/关(OFF)/颜色(C)/线型(L)/线宽(LW)/打印(P)/冻结(F)/解冻(T)/锁定(LO)/解锁(U)/状态(A)]：S

输入要置为当前的图层名或<选择对象>：1

输入选项[?/生成(M)/设置(S)/新建(N)/开(ON)/关(OFF)/颜色(C)/线型(L)/线宽(LW)/打印(P)/冻结(F)/解冻(T)/锁定(LO)/解锁(U)/状态(A)]：回车

命令：Line

指定第一点：

指定下一点或[放弃(U)]：@400，0

指定下一点或[放弃(U)]：回车

命令：OFFSET

指定偏移距离或[通过(T)]<通过>: 10

选择要偏移的对象或<退出>: (选择线)

指定点以确定偏移所在一侧: (上侧)

选择要偏移的对象或<退出>: 回车

命令：OFFSET

指定偏移距离或[通过(T)]<10.0000>: 12.5

选择要偏移的对象或<退出>: (选择第一根线线)

指定点以确定偏移所在一侧: (下侧)

选择要偏移的对象或<退出>: 回车

(3) 在节圆线(中间线)上，按四分之一周节测量(即 1/4*PI*M)如图 15.21 所示。在设置好点标记后，由下拉菜单→绘图→点绘制→定距等分。

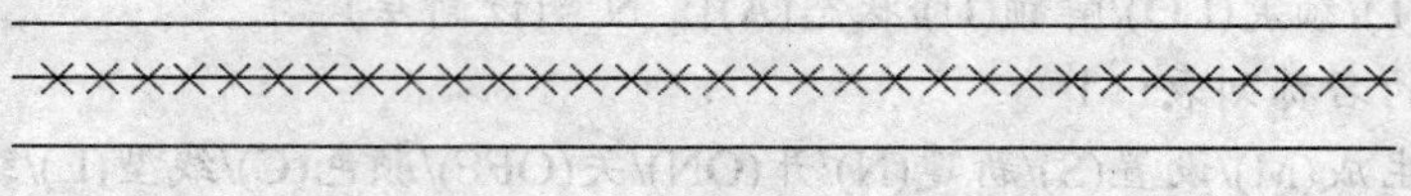

图 15.21

命令：_measure

选择要定距等分的对象：

指定线段长度或[块(B)]: (* (/ 1.0 4) pi 10)

(4) 过节点画 70° 线，并延伸到下边线，如图 15.22 所示。

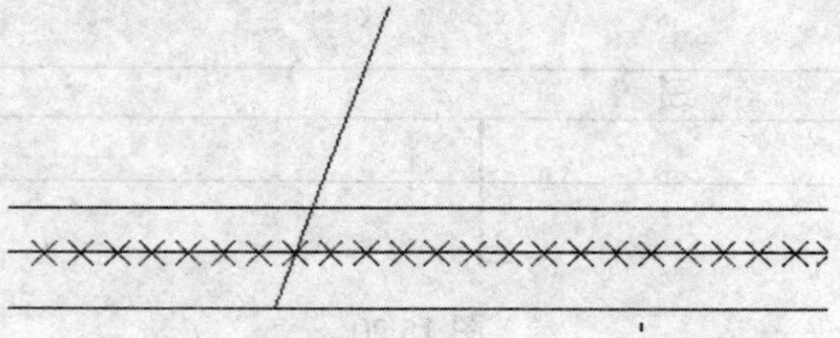

图 15.22

命令：Line

指定第一点：Nod

于 (捕捉点标记)

指定下一点或[放弃(U)]: @50<70

指定下一点或[放弃(U)]: 回车

命令：Extend

当前设置：投影=UCS，边=无

选择边界的边...

选择对象：(选择最下面一根线)

找到 1 个

选择对象：回车

选择要延伸的对象，或按住 Shift 键选择要修剪的对象，或[投影(P)/边(E)/放弃(U)]：(选择 70° 线)

选择要延伸的对象，或按住 Shift 键选择要修剪的对象，或[投影(P)/边(E)/放弃(U)]：回车

(5) 镜像、拷贝后得线 2，3，如图 15.23 所示。

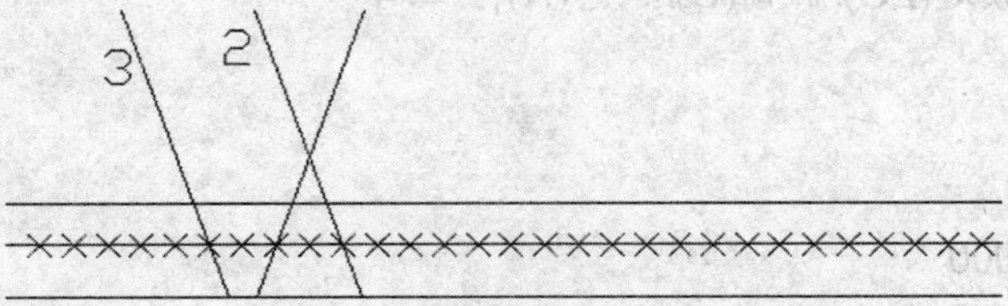

图 15.23

命令：Mirror
选择对象：(选择 70° 线)
找到 1 个
选择对象：回车
指定镜像线的第一点：Nod
于 (捕捉点标记)
指定镜像线的第二点：<正交 开> (选择竖直方向上一点)
是否删除源对象？[是(Y)/否(N)]<N>：回车
命令：copy
选择对象：L
找到 1 个
选择对象：回车
指定基点或位移，或者[重复(M)]：Nod
于 (捕捉点标记)
指定位移的第二点或<用第一点作位移>：Nod
于 (捕捉点标记)

(6) 进入 0 层，利用目标捕捉功能，画一个完整的齿形如图 15.24 所示。

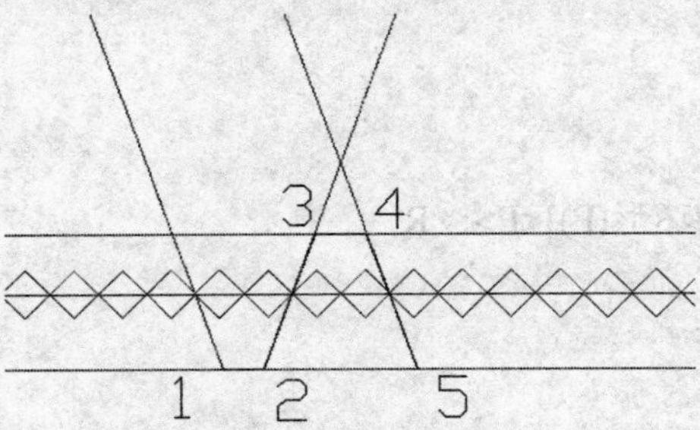

图 15.24

命令：-Layer

当前图层：1

输入选项[?/生成(M)/设置(S)/新建(N)/开(ON)/关(OFF)/颜色(C)/线型(L)/线宽(LW)/打印(P)/冻结(F)/解冻(T)/锁定(LO)/解锁(U)/状态(A)]：s

输入要置为当前的图层名或<选择对象>：0

输入选项[?/生成(M)/设置(S)/新建(N)/开(ON)/关(OFF)/颜色(C)/线型(L)/线宽(LW)/打印(P)/冻结(F)/解冻(T)/锁定(LO)/解锁(U)/状态(A)]：回车

命令：Pline

指定起点：int

于 (捕捉 1 点)

当前线宽为 0.0000

指定下一个点或[圆弧(A)/半宽(H)/长度(L)/放弃(U)/宽度(W)]：int

于 (捕捉 2 点)

指定下一点或[圆弧(A)/闭合(C)/半宽(H)/长度(L)/放弃(U)/宽度(W)]： int

于 (捕捉 3 点)

指定下一点或[圆弧(A)/闭合(C)/半宽(H)/长度(L)/放弃(U)/宽度(W)]：int

于 (捕捉 4 点)

指定下一点或[圆弧(A)/闭合(C)/半宽(H)/长度(L)/放弃(U)/宽度(W)]：int

于 (捕捉 5 点)

指定下一点或[圆弧(A)/闭合(C)/半宽(H)/长度(L)/放弃(U)/宽度(W)]：回车

(7) 通过阵列，画十个齿的齿形(距离为捕捉 5 个节点间的距离)，如图 15.25 所示。

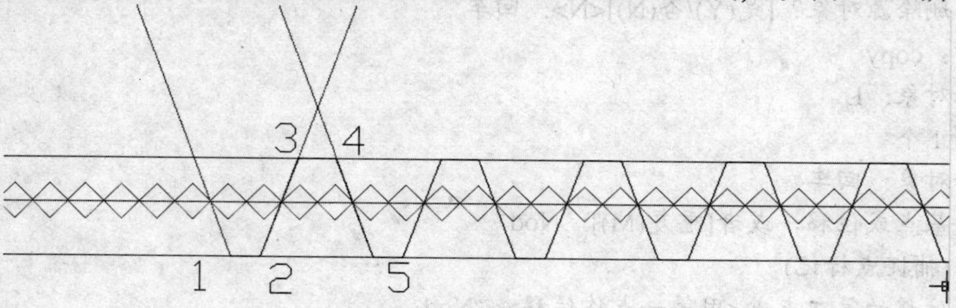

图 15.25

命令：-Array

选择对象：L

找到 1 个

选择对象：回车

输入阵列类型[矩形(R)/环形(P)]<P>：R

输入行数(---)<1>：1

输入列数(|||)<1> 10

指定列间距(|||)：Nod

于 (捕捉第一个点标记)

指定第二点：Nod

于 (捕捉第五个点标记)

(8) 在一个齿内，利用圆在节点处相切，可找到圆心并可作出量棒截面圆，如图 15.26 所示。

(9) 测量量棒直径：可以用标注命令测量量棒直径，如图 15.26 所示。

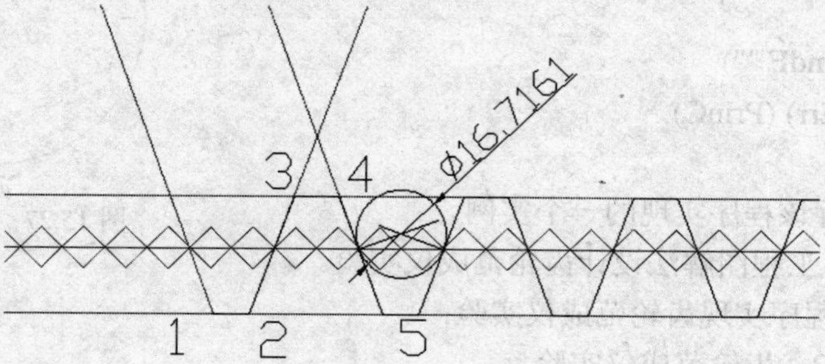

图 15.26

(10) 求齿条的截面积：略。

15.3 工程图解法曲线设计

【例 15.7】 编制一段程序作齿形的渐开线。

```
; JKX.LSP   渐开线生成
; [ak=0-0.6r R=Rb/Cos(Ak) A=tgAk-Ak]
(Defun C：JKX (/ cp m z r0 ra rf rb n ak da p)
        (SetQ cp (GetPoint "\n 基圆圆心：")
:
      )
      (SetQ z (GetInt "\n 齿数："))
      (SetQ r0 (* 0.5 m z)；分度圆半径
            ra (+ r0 m)
            rf (- r0 (* 1.25 m))
            rb (* r0 (Cos (* 20 (/ pi 180))))；基圆半径
             n (GetInt "\n 切线数量：")
            ak 0
            da (/ 0.8 n)；作压力角为 0.8 弧度(45 度)左右的渐开线
      )
      (VL-CmdF "circle" cp rb "pline")
      (Repeat (1+ n)
            (SetQ p (Polar cp
                              (- (/ (Sin ak) (Cos ak)) ak)；渐开线展角
```

```
                    (/ rb (Cos ak))；渐开线向径
                )
            )
            (VL-CmdF p)
            (SetQ ak (+ ak da))
        )
        (VL-CmdF "")
        ；(ReErr) (PrinC)
)
```

图 15.27　作齿形的渐开线

图 15.27 是执行该程序实现的一个实例。

【例 15.8】 用工程图解法设计齿轮范成仪实验。

以下是用一段程序实现齿轮范成仪实验：

```
；GEAR-C.LSP  齿轮范成仪实验
；[ak=0-0.6r R=Rb/Cos(Ak) A=tgAk-Ak]渐开线极坐标方程
(Defun C：Gear-C (/ z r0 rd n ak da)
        (PrinC "\n 程序化的齿轮范成仪... m=10，中心位于 0，0...")
        (SetQ m 10)
        (SetQ z (GetInt "\n 选择齿数(3-35)：")
                r0 (* 0.5 m z)；分度圆半径
                rb (* r0 (Cos (* 20 (/ pi 180))))；基圆半径
        )
        (InitGet 7 " ")
        (SetQ n (GetInt "\n 齿廓生成折线数<200>："))
        (If (= "" n) (SetQ n 200))
        (SetQ ak 0 da (/ Pi n))；da 步进量
        (VL-CmdF "erase" "all" "")
        (VL-CmdF "zoom" "c" (List (+ 0 (* 0.5 z m)) 0) (* 3 m)
                "color" 1
                "circle" '(0 0) r0；分度圆
                "color" 2
                "circle" '(0 0) (+ r0 m)；齿顶圆
                "color" 3
                "circle" '(0 0) (- r0 (* 1.25 m))；齿根圆
                "color" 196
                "circle" '(0 0) rb；基圆
        )
        (Repeat n
                (SetQ ak (+ ak da)
                        p1 (Polar '(0 0) (- (/ (Sin ak) (Cos ak)) ak)
```

```
                    (/ r0 (Cos ak)); P1 为齿条刀具的插入点
            )
        )
        (If (Or (<= ak (* 0.35 Pi)) (>= ak (* 0.65 Pi)))
            (VL-CmdF "insert" "bgl" p1 1 1
                                (AngToS (/ (Sin ak) (Cos ak)))
                     "point"    p1
            )
        )
    )
)
```

图 15.28 是该程序运行结果的一个实例。

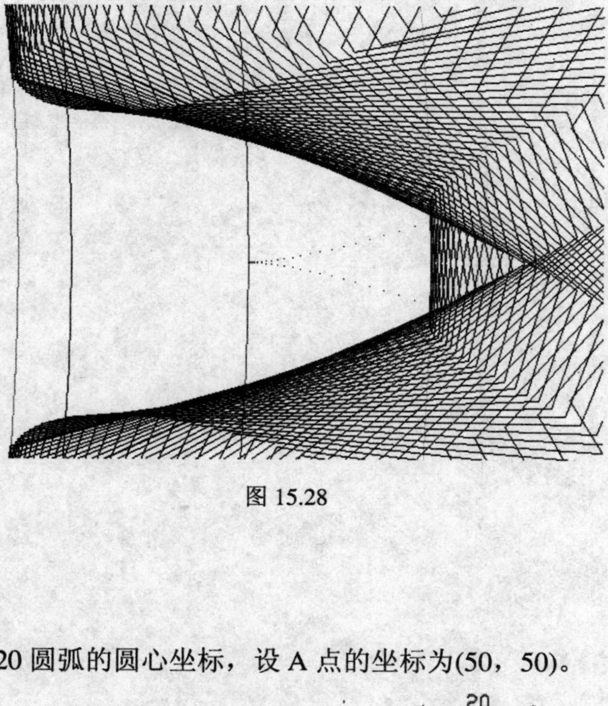

图 15.28

■ 练习

(1) 作下图并求 R20 圆弧的圆心坐标，设 A 点的坐标为(50，50)。

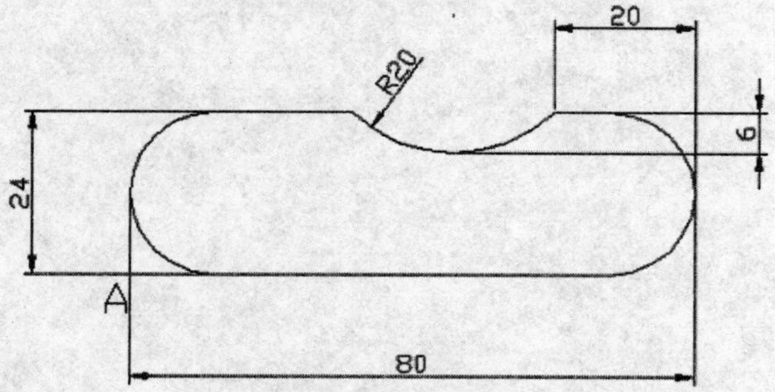

(2) 设计 9 个半径相同的圆，与半径为 69 的圆，两两相切，求半径。

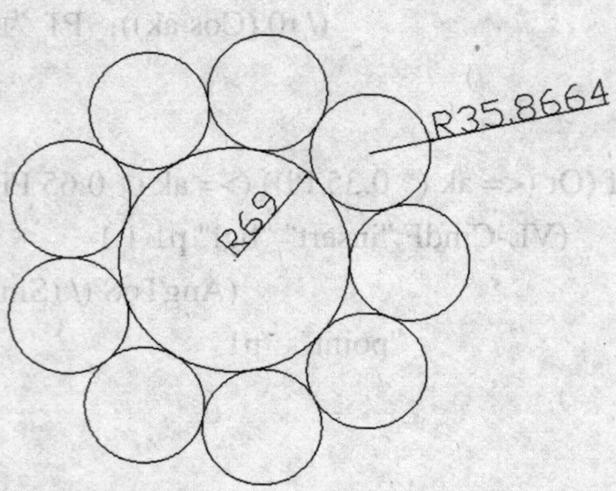

(3) 编程实现，根据一条描述凸轮运动规律的曲线，设计盘形凸轮。

16 参数化绘图程序设计技术

16.1 参数化图形的特点及应用

所谓参数化图形就是通过设计者编写一段程序，将确定图形位置和结构尺寸的独立参数设置为变量，并用这些变量将图形的各个坐标点直接或间接地表示出来，给参数赋予不同的值即可绘出不同的图形，用这样的程序绘出的图形称为参数化图形，通常也称为变参数图形，这种绘图的方法称为参数化绘图。例如，我们希望绘制带线宽的任意矩形，除了线宽外要决定矩形的形状和位置还需要三个参数即：长、宽及基准点。我们可以编制如下一段 LISP 程序：

```
(defun box (x y p1 lw)
  (setq p2 (polar p1 0 x)
     p3 (list (+ (car p1) x) (+ (cadr p1) y))
     p4 (polar p3 pi x)
  )
  (command "pline" p1 "w" lw "" p2 p3 p4 "c")
)
```

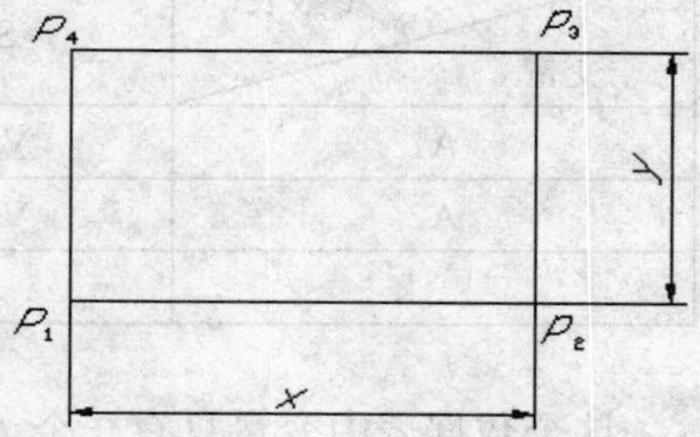

图 16.1 参数化绘矩形

该函数中，x 为矩形长，y 为矩形宽，p1 为左下角点，lw 为线宽(如图 16.1 所示)。

程序编好后，调用函数时只要赋给参数不同的值，就可以得到不同的矩形，比如，调用：

(box 100 50 ‘(20 20) 0.4)

即可绘出基点在(20 20)，长 100mm，宽 50mm，线粗 0.4mm 的矩形。

工程图形的绘制常用两种方法：一种方法是用键盘直接输入 AutoCAD 的绘图命令进行绘图，常称为直接绘图法；另一种方法是通过编制程序实现参数化绘图，常称为参数绘图法。直接绘图法要求用户要十分熟悉 AutoCAD 的绘图命令，否则绘图速度较慢，而且图形文件占用空间大，一般一张较复杂的图形要占几百 KB 的空间。参数绘图法是通过程序自动绘制的，绘图速度快，占用空间小，修改图形方便，对用户的计算机水平要求不高。通过两种绘图方法的比较可知，直接绘图法常用于单件小批量或非标图形的绘制，参数化绘图常用于绘制形状类似、尺寸不同、批量较大的常用件、标准件或专业性较强的图形的绘制。这种方法也常用于智能系统、专家系统、CAD/CAM 集成系统等领域，本章讨论的主要内容就是参数化绘图程序设计技术。

由于在工程设计中，60%～80%的图形是通过修改已有的设计而形成新的设计的，而且多数是通过修改设计参数(如参数优化)来完成的，所以参数化绘图程序设计具有广阔的应用领域和十分有价值的开发前景。

16.2 常用工程数据库的建立及检索

计算机辅助设计离不开数据库，微机 CAD 建立数据库的方法有很多，本章主要介绍用 AutoLISP 函数表的形式建立数据库。工程数据，特别是机械工程数据大多数是用表格的形式提供的。例如各种螺纹规格数据、公差与配合数据、形位公差数据等都是一些表格。仔细分析一下这些表格，有些是由一个变量决定的数据，我们称为单变量数据；有些是由两个变量决定的数据，我们称为双变量数据；还有一些是由三个或更多的变量决定的数据，我们称为多变量数据。下面着重介绍单变量和双变量数据库的建立及检索。

16.2.1 单变量数据库的建立及检索

单变量数据表的结构，如表 16.1 所示。

表 16.1 单变量数据表

参数表 / 变量	S1	S2	S3	……
A1	V11	V12	V13	……
A2	V21	V22	V23	……
……	……	……	……	……

这个数据表中变量只有一个 A(A1、A2 是变量所取的两个不同的值)，S1、S2、S3 是由变量 A 决定的三个不同的参数，当 A 取 A1 值时，S1、S2、S3 的值分别为 V11、V12、V13。可以看出 A 的一个取值，惟一对应参数 S1、S2、S3 的一个取值，所以称为单变量数据表。

【例 16.1】图 16.2 是国家标准塑料注射模大型模架零件带头导柱的工作示意图，表 16.2 是它的数据表，建立该零件的数据库。

表 16.2 带头导柱尺寸系列及偏差表(GB/T 12555.8－90)

单位：mm

d(f7)		*d*1(k6)		$D^{0}_{-0.2}$	$S^{0}_{-0.1}$	$L1^{-0.3}_{-1.0}$	$L^{0}_{-1.5}$
基本尺寸	极限偏差	基本尺寸	极限偏差				
50	−0.025 −0.050	50		56	8	56～224	112～450
63	−0.030 −0.060	63	+0.021 +0.002	70	10	71～315	140～670
71		71		80			
80	−0.036 −0.071	80	+0.025 +0.003	90		112～355	224～750
*L*1	56，71，90，112，125，140，160，180，200，224，280，315，355						
L	112，125，140，160，180，200，240，280，315，355，400，450，500，530，560，600，630，670，710，750						

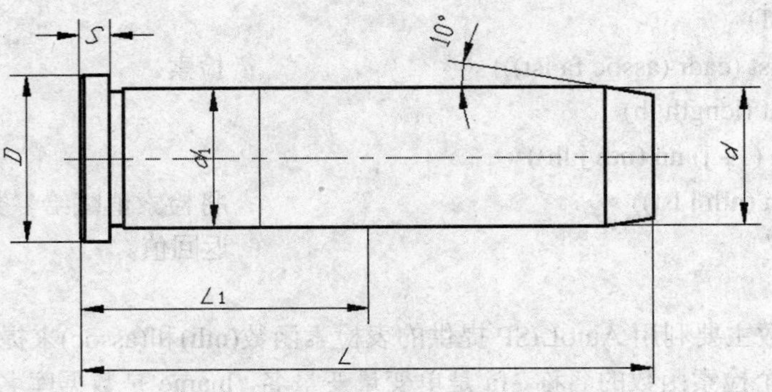

图 16.2　带头导柱

从表 16.2 中可以看出，这是一个典型的单变量数据库，表中的所有尺寸值只由导柱的直径 *d* 这个基本尺寸决定，利用 LISP 函数可建立该数据库如下：

```
;***** 带头导柱 *****
(defun data21a ()
  (setq data21 '((D21gc1 D21gc2 D121 D121GC1 D121GC2 DD21 S21)
    ((50 (-0.025 -0.050 50 +0.018 +0.002 56 8))
      (63 (-0.030 -0.060 63 +0.021 +0.002 70 10))
      (71 (-0.030 -0.060 71 +0.021 +0.002 80 10))
      (80 (-0.036 -0.071 80 +0.025 +0.003 90 10))
  )))
)
```

这个数据库是以一个函数的形式建立的，该函数的功能是把一个复合表赋给数据库名。这个复合表的结构如下：

((参数表表头)(数值表))

参数表是：(D21gc1　D21gc2　D121　D121GC1　D121GC2　DD21　S21)，共 7 个参数，每个参数对应数值表中一个值。比如当 d=50 时，D21gc1=－0.025，D21gc2=－0.050，D121=50，D121GC1=＋0.018，D121GC2=＋0.002，DD21=56，S21=8。表 16.2 中 *L* 和 *L*1 是一个范围值，可通过对话框选定，故可不列入该数据库中。

数值表是一个包含所有数据的大表，它又由 4 个子表所组成，如：

(50　(－0.025　－0.050　50　＋0.018　＋0.002　56　8))

就是其中的一个子表。每个子表由两个元素组成，如上面这个子表中，第一个元素是一个数原子为 50，第二个元素是一个表，该表又由 7 个数原子组成，即：－0.025、－0.050、50、＋0.018、＋0.002、56、8。对于这个单变量数据库，我们可以利用下面这个单变量提取函数 fget1 来检索。

```
;****单变量提取函数****(fa-变量　lname 数据库名)
(defun fget1 (fa lname / lh lst j nn)
  (setq lh (car (eval (read lname)))          ;分离参数表表头。
        lst (cadr (eval (read lname)))        ;分离数值表。
```

```
    j -1)
  (setq lst (cadr (assoc fa lst)))          ; 检索。
  (repeat (length lh)
  (setq j (1+ j) nn (nth j lh))
  (set nn (nth j lst))                      ; 将检索值赋给参数表中相应参数。
  lst)                                      ; 返回值。
)
```

这个提取函数主要利用 AutoLISP 提供的表检索函数(nth)和(assoc)来提取数据。在这个函数中，fget1 是这个检索函数的名称，fa 是单变量变量名，lname 是数据库名称字符串。例 16.1 中 fa 代表 *d* 的值，lname 为“data21”。假如我们要利用这个检索函数来检索当 *d*=50mm，对应的数据表中的值时，可以这样来调用这个函数：

```
(data21a)
(fget1 50 "data21")
```

则返回一个表：(−0.025 −0.050 50 +0.018 +0.002 56 8)，执行结果参数表中各参数即被赋值为：D21gc1=−0.025，D21gc2=−0.050，D121=50，D121GC1=+0.018，D121GC2=+0.002，DD21=56，S21=8，实现了单变量数据检索的目的。

16.2.2 双变量数据库的建立及检索

双变量数据表的结构如表 16.3 所示。

表 16.3 双变量数据表

参数表 / 变量		S1	S2	S3	……
A1	B1	V111	V112	V113	……
	B2	V121	V122	V123	……
	……	……	……	……	……
A2	B1	V211	V212	V213	……
	B2	V221	V222	V223	……
	……	……	……	……	……
……	……	……	……	……	……

这个数据表中有两个变量 A 和 B(A1、A2 是变量 A 取的两个值，B1、B2 是变量 B 取的两个值)，S1、S2、S3 是由变量 A、B 共同决定的三个不同的参数。比如，当 A 取 A1，B 取 B2 时，S1、S2、S3 的值分别为 V121、V122、V123$_3$，显然这是一个双变量数据表。

同样也用一个例子来说明双变量数据库的建库方法。机械工程中的形状和位置公差表是一个较复杂的大型数据表，分析这些数据表结构可知，这是一个典型的双变量数据表，这些表中的每一个公差值都是由主参数(长度或直径)和公差等级这两个变量决定的。可参阅表 16.4、表 16.5、表 16.6，这只是国标中形位公差的一部分。

表 16.4　平行度、垂直度、倾斜度公差值(微米)(GB1184-80)

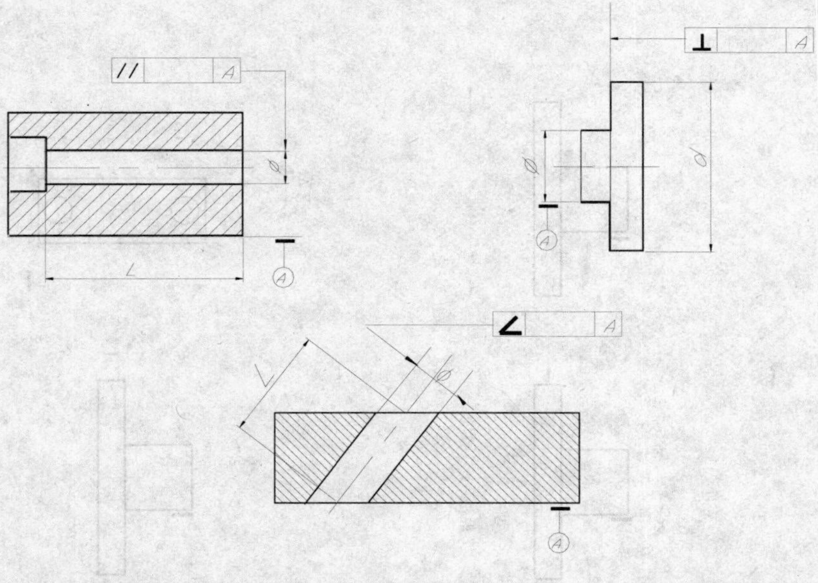

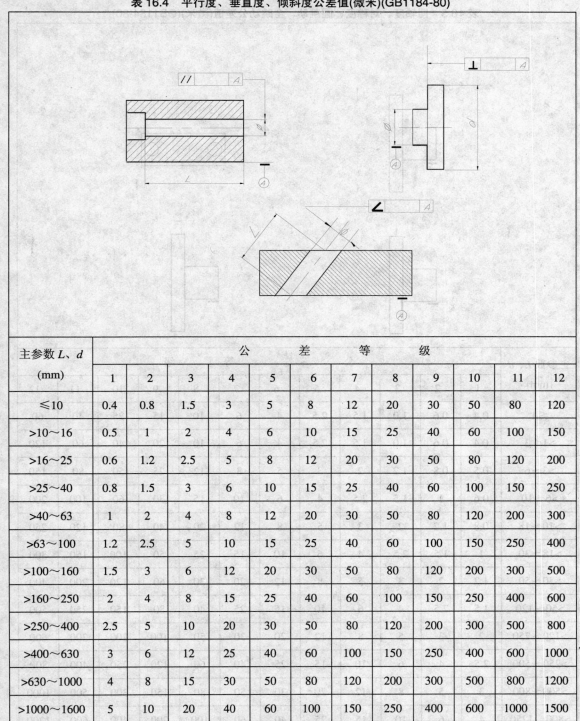

主参数 L、d (mm)	公差等级										
	1	2	3	4	5	6	7	8	9	10	11	12
≤10	0.4	0.8	1.5	3	5	8	12	20	30	50	80	120
>10～16	0.5	1	2	4	6	10	15	25	40	60	100	150
>16～25	0.6	1.2	2.5	5	8	12	20	30	50	80	120	200
>25～40	0.8	1.5	3	6	10	15	25	40	60	100	150	250
>40～63	1	2	4	8	12	20	30	50	80	120	200	300
>63～100	1.2	2.5	5	10	15	25	40	60	100	150	250	400
>100～160	1.5	3	6	12	20	30	50	80	120	200	300	500
>160～250	2	4	8	15	25	40	60	100	150	250	400	600
>250～400	2.5	5	10	20	30	50	80	120	200	300	500	800
>400～630	3	6	12	25	40	60	100	150	250	400	600	1000
>630～1000	4	8	15	30	50	80	120	200	300	500	800	1200
>1000～1600	5	10	20	40	60	100	150	250	400	600	1000	1500

表 16.5 同轴度、对称度、圆跳动、全跳动公差值(微米)(GB1184-80)

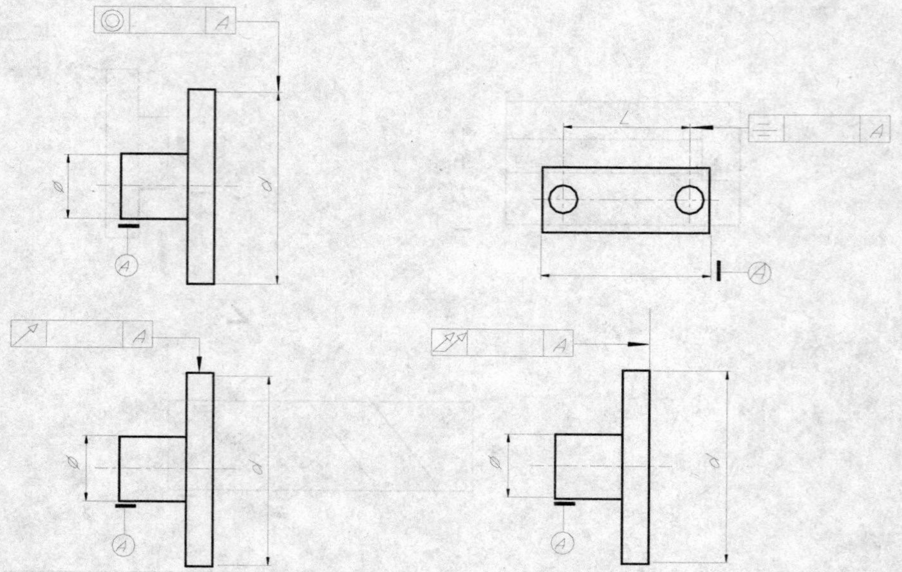

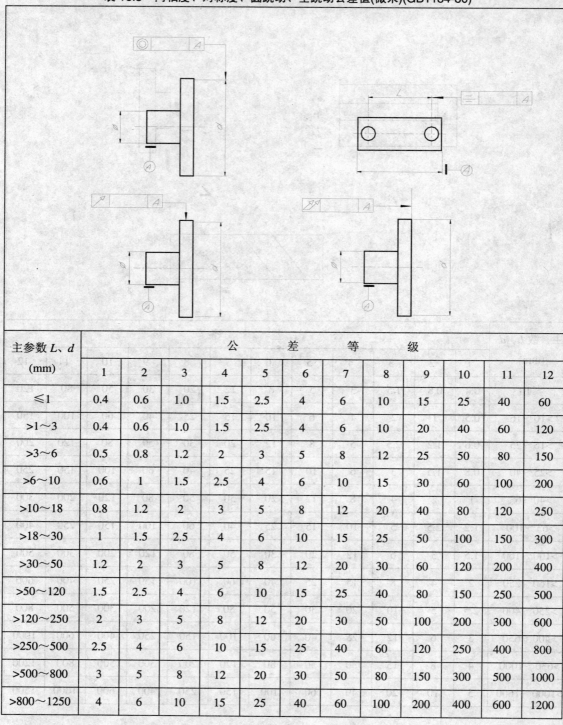

主参数 *L*、*d* (mm)	公	差		等		级						
	1	2	3	4	5	6	7	8	9	10	11	12
≤1	0.4	0.6	1.0	1.5	2.5	4	6	10	15	25	40	60
>1～3	0.4	0.6	1.0	1.5	2.5	4	6	10	20	40	60	120
>3～6	0.5	0.8	1.2	2	3	5	8	12	25	50	80	150
>6～10	0.6	1	1.5	2.5	4	6	10	15	30	60	100	200
>10～18	0.8	1.2	2	3	5	8	12	20	40	80	120	250
>18～30	1	1.5	2.5	4	6	10	15	25	50	100	150	300
>30～50	1.2	2	3	5	8	12	20	30	60	120	200	400
>50～120	1.5	2.5	4	6	10	15	25	40	80	150	250	500
>120～250	2	3	5	8	12	20	30	50	100	200	300	600
>250～500	2.5	4	6	10	15	25	40	60	120	250	400	800
>500～800	3	5	8	12	20	30	50	80	150	300	500	1000
>800～1250	4	6	10	15	25	40	60	100	200	400	600	1200

表 16.6　直线度、平面度公差值(微米)(GB1184-80)

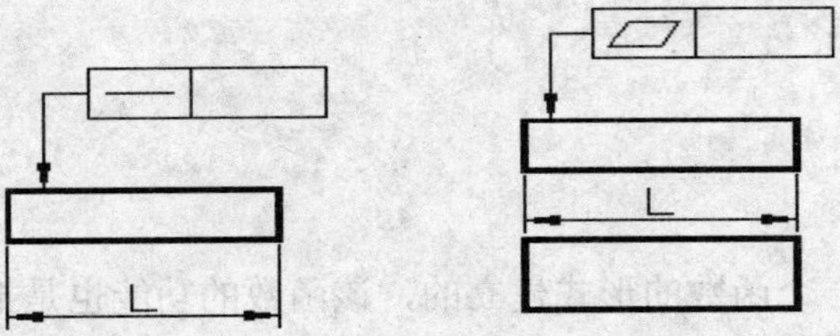

主参数 L (mm)	公差等级											
	1	2	3	4	5	6	7	8	9	10	11	12
≤10	0.2	0.4	0.8	1.2	2	3	5	8	12	20	30	60
>10～6	0.25	0.5	1	1.5	2.5	4	6	10	15	25	40	80
>16～25	0.3	0.6	1.2	2	3	5	8	12	20	30	50	100
>25～40	0.4	0.8	1.5	2.5	4	6	10	15	25	40	60	120
>40～63	0.5	1	2	3	5	8	12	20	30	50	80	150
>63～100	0.6	1.2	2.5	4	6	10	15	25	40	60	100	200
>100～160	0.8	1.5	3	5	8	12	20	30	50	80	120	250
>160～250	1	2	4	6	10	15	25	40	60	100	150	300
>250～400	1.2	2.5	5	8	12	20	30	50	80	120	200	400
>400～630	1.5	3	6	10	15	25	40	60	100	150	250	500
>630～1000	2	4	8	12	20	30	50	80	120	200	300	600
>1000～1600	2.5	5	10	15	25	40	60	100	150	250	400	800

【例 16.2】　建立公差等级在 5～8 级的直线度、平面度、同轴度的形位公差数据库。

我们同样可以利用 LISP 函数建立该数据库：

```
;(形位公差数据库<5～8 级>：直线度—zxd；平行度，垂直度—czd；同轴度—tzd)
(defun xwgca ()
 (setq xwgc
  '((zxd czd tzd)
   ((1 ((5 (2 5 2.5)) (6 (3 8 4)) (7 (5 12 6)) (8 (8 20 10))))
    (2 ((5 (2.5 6 2.5)) (6 (4 10 4)) (7 (6 15 6)) (8 (10 25 10))))
    (3 ((5 (3 8 3)) (6 (5 12 5)) (7 (8 20 8)) (8 (12 30 12))))
    (4 ((5 (4 10 4)) (6 (6 15 6)) (7 (10 25 10)) (8 (15 40 15))))
    (5 ((5 (5 12 5)) (6 (8 20 8)) (7 (12 30 12)) (8 (20 50 20))))
    (6 ((5 (6 15 6)) (6 (10 25 10)) (7 (15 40 15)) (8 (25 60 25))))
    (7 ((5 (8 20 8)) (6 (12 30 12)) (7 (20 50 20)) (8 (30 80 30))))
    (8 ((5 (10 25 10)) (6 (15 40 15)) (7 (25 60 25)) (8 (40 100 40))))
    (9 ((5 (12 30 12)) (6 (20 50 20)) (7 (30 80 30)) (8 (50 120 50))))
    (10 ((5 (15 40 15)) (6 (25 60 25)) (7 (40 100 40)) (8 (60 150 60))))
```

```
        (11 ((5 (20 50 20)) (6 (30 80 30)) (7 (50 120 50)) (8 (80 200 80))))
        (12 ((5 (25 60 25)) (6 (40 100 40)) (7 (60 150 60)) (8 (100 250 100))))
      )
    )
  )
)
```

这个数据库也是以一个函数的形式建立的，该函数的功能也是把一个复合表赋给数据库名。这个复合表的结构如下：

((参数表表头)(数值表))

其中的参数表表头(zxd czd tzd)中的三个参数，分别表示直线度(或平面度)、垂直度(或平行度、倾斜度)、同轴度(或对称度、圆跳动、全跳动)。与单变量数据库的不同之处，只是数值表的结构不同。数值表也是包含所有数据的一个大表，它由 12 个子表所组成，之所以是 12 个子表，主要是按形位公差表中主参数的尺寸范围分为常用的 12 个等级。比如表：

(1 ((5 (2 5 2.5)) (6 (3 8 4)) (7 (5 12 6)) (8 (8 20 10))))

它就是 12 个子表中的一个子表，每个这样的子表由两个元素组成，在上面这个子表中，第一个元素是一个数原子为 1；第二个元素是一个表，该表又由表及里地由 4 个子表组成，如：(5(2 5 2.5))就是又一个子表，这个子表又由两个元素组成，第一个元素是数原子 5，第二个元素又是一个表即(2 5 2.5)。这个表中的三个值就代表主参数为第一等级的，公差等级为 5 级的直线度，垂直度和同轴度的值。而(6 (3 8 4))、(7 (5 12 6))、(8 (8 20 10))则分别代表公差等级为 6 级、7 级、8 级的这些公差值。显然与单变量数据库比较，双变量数值表中除多嵌套了一层子表外，其余结构均是相同的。

对于这个数据库我们用下面的形位公差提取函数来检索。

```
;  **********************
;  形位公差提取函数
;  xwbz=形位标志：1=直线度；2=平行，垂直度；3=同轴度
;  tj=公差等级(5～8)；ldt=长度或直径尺寸
(defun xwget (xwbz tj ldt / lb1 j)
   (setq lb1 (cond ((<= xwbz 2) (list 10 16 25 40 63 100 160 250 400 630 1000 1600))
                   ((= xwbz 3) (list 1 3 6 10 18 30 50 120 250 500 800 1250))
   ))
   (setq j  －1 ld1 0)
   (while (< ld1 ldt)
   (setq j (+ j 1))
   (setq ld1 (nth j lb1))
   )；while
   (xwgca)
   (fget2 (+ j 1) tj "xwgc")
   (cond ((= xwbz 1) (* 0.001 zxd))
         ((= xwbz 2) (* 0.001 czd))
```

```
        ((= xwbz 3) (* 0.001 tzd))
    )       ; end cond
  )         ; end defun
```

形位公差提取函数 xwget 有三个形参：xwbz：形位公差种类标志；tj：公差等级；ldt：主参数(长度或直径)尺寸。

这个函数实现的功能分为三步，第一步由公差种类和主参数尺寸确定所查形位公差属 12 个等级中的哪一级；第二步，利用双变量检索函数 fget2 检索出公差值(毫米)；第三步再将公差值乘以 0.001 化为微米值。双变量检索函数 fget2 如下：

```
(defun fget2 (sl fa lname / lh lst j nn)
  (setq lh (car (eval (read lname)))                  ; 分离参数表表头
        lst (cadr (eval (read lname)))                ; 分离数值表
        j  -1)
  (setq lst (cadr (assoc fa (cadr (assoc sl lst)))))  ; 检索
  (repeat (length lh)
  (setq j (1+ j) nn (nth j lh))
  (set nn (nth j lst))                                ; 将检索值赋给参数表中相应参数
  lst))                                               ; 返回值
```

该函数与单变量提取函数只有一句有差别：单变量提取函数中第二句为：(setq lst (cadr (assoc fa lst)))，将返回一个由变量 fa 对应的子表。而双变量提取函数中第二句为：(setq lst (cadr (assoc fa (cadr (assoc sl lst)))))，这是一个两层子表结构，先返回一个由变量 sl 对应的一个子表，再由这个子表中返回由变量 fa 对应的一个子表，即整句执行完后将返回由变量 sl 和变量 fa 共同决定的一个子表。例如，利用 fget2 检索当主参数长度 L 小于 10mm，公差等级为五级的三类形位公差值，可做如下调用：

```
(xwgca)
(fget2 1 5 "xwgc")
```

则返回一个表(2 5 2.5)，执行结果参数表中代表形位公差的三个参数依次被赋值为：zxd(直线度)=2，czd(垂直度)=5，tzd(同轴度)=2.5。这样就检索出主参数 L≤10mm，公差等级=5，两个参数决定的三类形位公差值(zxd，czd，tzd)。

三变量数据库的建立和检索，很容易由二变量数据库的建库及检索方法中得到启示，无非是在数据库中多嵌套一层子表，检索函数中多检索一层子表而已。

16.3 参数化图形编程技术

参数化图形程序通常包含数据的输入、图形绘制程序、尺寸标注程序及技术条件的写入程序等内容，下面将逐一说明。

16.3.1 数据的输入

绘制参数化图形的第一步工作就是输入数据，即给必要的非导出参数赋值。一般输入数据的界面是通过对话框。要实现对话框的功能，需要用 DCL 语言编制一个对话框程序以及一个用 LISP 语言编制的对话框驱动程序，这两类程序的编制方法，可参阅 7(章)的相关章节。

16.3.2 图形绘制程序的编制

图形绘制程序在参数化程序中占有最大的比重。编制绘图程序的方法很多，各有优缺点，下面介绍几种常用的方法。

16.3.2.1 逐点绘制法

通过 LISP 函数依次给出图形中各点的坐标位置，这些坐标除基点要用实际数据外，其余点都用参数形式给出。这种方法是最基本的一种作图方法，简单易懂，但程序较冗长。本章开头绘制图 16.1 的程序就是这种方法的一个实例。

16.3.2.2 利用映射作对称绘制

许多图形是轴对称的，为了提高绘图效率，缩短程序，我们只需绘制一半的图形，然后利用映射命令(mirror)即可映射出另一半的图形。最先绘制的那一半的图形的各点的坐标是参数化形式给出的，映射后另一半图形的各点坐标没有给出，但在进行后面的标注时我们往往要用到这些点的坐标，我们编制以下两个函数，求得各对称点的坐标。

```
;  ******************水平对称函数
(defun hsym (p i n a0 / xx yy)
  (repeat n   (setq xx (read (strcat p (itoa i) p))
                  yy (read (strcat p (itoa i))))
              (set xx (list (car (eval yy))
                            (－ (* (cadr a0) 2) (cadr (eval yy)))))
              (setq i (1+ i))
  )
)
;  *****************垂直对称函数
(defun vsym (p i n a0 / xx yy)
  (repeat n (setq xx (read (strcat p (itoa i) p))
                 yy (read (strcat p (itoa i))))
            (set xx (list (－ (* (car a0) 2) (car (eval yy)))
                          (cadr (eval yy))))
            (setq i (1+ i))
  ))
```

hsym 被称为水平对称函数，用于求以水平线为对称轴的对称点的坐标。例如，已知 P1、P2、P3、P4、P5 点坐标后，执行：

```
(hsym "p" 1 5 a0)
```

即可求得以过 a0 点的水平线为对称轴的对应于 P1、P2、P3、P4、P5 的对称点 P1P、P2P、P3P、P4P、P5P 的坐标，并且这些对称点的名称是由 hsym 函数自动命名的。

vsym 被称为垂直对称函数，用于求以铅垂线为对称轴的对称点的坐标，使用方法与 hsym

相同。

16.3.2.3 利用子图拼合法进行拼装

有许多零件的图形可由一些基本图块(称为子图)拼装而成,用这种方法绘制图形称为子图拼合法。我们可以利用 LISP 程序建立各种基本图块的参数化图库，绘制零件图时，将需要的子图调入，很快就可拼出所需图形。图 16.3 是一个塑料注射模有肩导柱的图形。

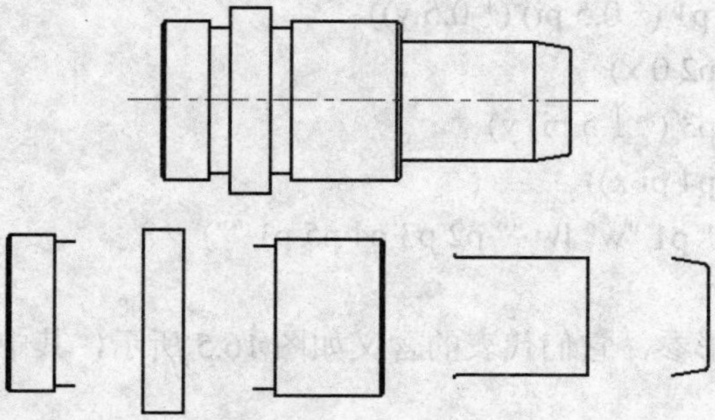

图 16.3 有肩导柱

从图 16.3 中可以看出，有肩导柱这个图形可以由 5 个基本图块拼装而成，其中图块 1 和图块 3 的图形结构是完全一样的，只是图块 3 尺寸大一点并旋转了 180°，因此，有肩导柱这个零件由四种类型的基本图块拼装而成，我们利用 AutoLISP 函数分别建立这四种基本图块的参数化绘图程序如下：

函数 box2 ：绘制图块 1 和图块 3 的参数化绘图程序。

```
(defun box2 (sp x y ang ang1 lw y1 t1 / p1 p2 p3 p4 p5 p6 p7)
(setq p1 (polar sp (+ (* 0.5 pi) ang1) (* 0.5 y))
      p2 (polar p1 (+ pi ang1) (— x 1))
      p3 (polar p2 (+ (* 1.5 pi) ang1) (* 0.5 y))
      p4 (polar sp (+ pi ang1) x)
      p5 (polar p4 (+ (* 0.5 pi) ang1)
          (— (* 0.5 y) (/ (sin (* 0.017453 ang)) (cos (* 0.017453 ang)))))
      p6 (polar sp (+ (* 0.5 pi) ang1) (* 0.5 y1))
      p7 (polar p6 ang1 t1)
)
(command "pline" sp "w" lw "" p1 p2 p3 "")
(setq ss (ssadd (entlast)))
(command "pline" p6 "w" lw "" p7 "")
(ssadd (entlast) ss)
(command "pline" p2 "w" lw "" p5 p4 "")
(ssadd (entlast) ss)
(command "mirror" ss "" sp p4 "")
```

```
)
```

在函数 box2 中有 8 个形参，它们所代表的含义如图 16.4 所示，其中形参 ang1 表示当前图形绕基点(sp)转动的角度(弧度表示)，图示位置 ang1=0(弧度)。形参 ang 为倒角端的倒角度数(度表示)。形参 LW 表示绘图线条的线粗。

函数 box1 ：绘制图块 2 的参数化绘图程序。

```
(defun box 1 (X Y P1 LW / P2 p3 p4 p5)
   (setq p2 (polar p1 (* 0.5 pi) (* 0.5 y))
         p3 (polar p2 0 x)
         p4 (polar p3 (* 1.5 pi) y)
         p5 (polar p4 pi x))
(command "pline" p1 "w" lw "" p2 p3 p4 p5 p1 "")
)
```

函数 box1 中有 4 个形参，它们代表的含义如图 16.5 所示，其中形参 LW 表示绘图线条的线粗。

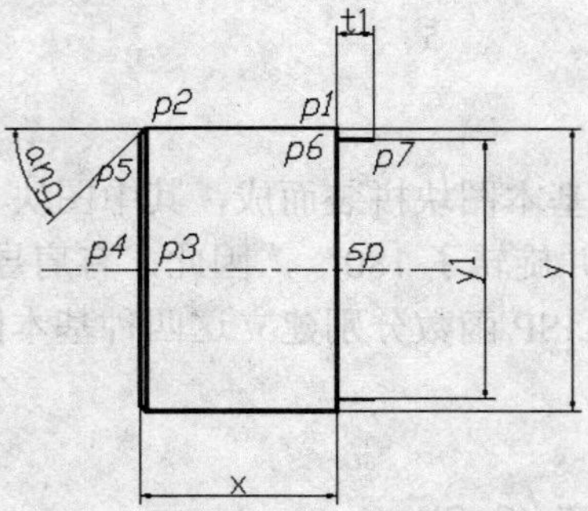

图 16.4　子图块一

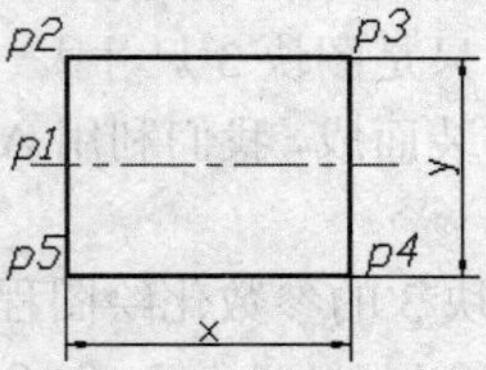

图 16.5　子图块二

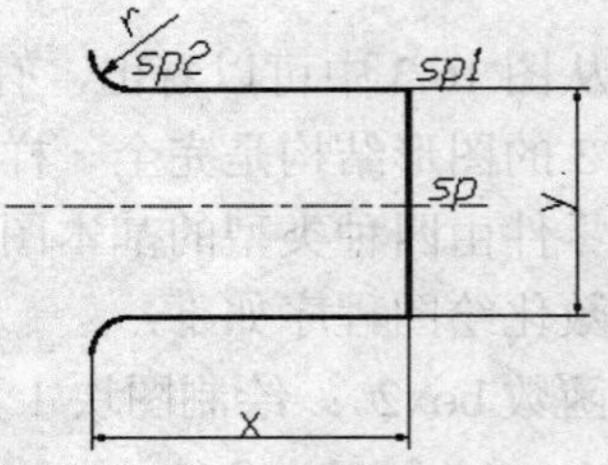

图 16.6　子图块四

函数 lr32：绘制图块 4 的参数化绘图程序。

```
(defun lr32 (sp x y r kkbz / so1 sp1 sp2 sp0 angl)
(setq angl (cond ((= kkbz 1) 0)
                 ((= kkbz 2) pi)
                 ((= kkbz 3) (* 0.5 pi))
                 (t (* 1.5 pi)))
)
(setq sp0 (polar sp (+ (* 0.5 pi) angl) x)
      sp1 (polar sp angl (* 0.5 y))
      sp2 (polar sp1 (+ (* 0.5 pi) angl) (－ x r))
      so1 (polar sp2 angl r)
) ·
(command "pline" sp "w" 0.4 "" sp1 sp2 "a" "ce" so1 "a" －90 "")
(setq ss (entlast))
(command "mirror" ss "" sp sp0 "")
```

```
)
```

函数 lr32 中有 5 个形参，它们代表的含义如图 16.6 所示。其中形参 kkbz 表示当前图形放置的方位，如 kkbz=1 表示图形在基点 sp 上方，kkbz=2 表示图形在 sp 下方，kkbz=3 表示图形在 sp 左方，kkbz=4 表图形在 sp 右方，图 16.6 所示的位置 kkbz=3。

函数 tsr：绘制图块 5 的参数化绘图程序：

```
(defun tsr (sp y h ang r lw fx / p1 p2 p3 p4 o1 ang1)
(setq ang1 (cond ((= fx 1) (* 0.5 pi))
                 ((= fx 2) (* 1.5 pi))
                 ((= fx 3) pi)
                 (t 0)))
(setq p1 (polar sp (+ (* 0.5 pi) ang1) (* 0.5 y))
    p2 (polar p1 (- ang1 (* 0.017453 ang)) (/ (- h r) (cos (* 0.017453 ang))))
    o1 (polar p2 (- ang1 (* 0.5 pi)) r)
    p3 (polar o1 ang1 r)
    p4 (polar sp ang1 h))
(command "pline" p1 "w" lw "" p2 "a" "a" -90 "c" o1 "l" p3 p4 "")
(setq ss (entlast))
(command "mirror" ss "" sp p4 "")
)
```

函数 tsr 中有 7 个形参，它们代表的含义如图 16.7 所示。其中形参 lw 表示线粗，fx 表示当前图形方位，如 fx=1 表示图形在基点 sp 的上方，fx=2 表示图形在 sp 下方，fx=3 表示图形在 sp 左方，fx=4 表示图形在 sp 右方，图 16.7 所示的位置 fx=4。

基本图块的参数化图库如果建立得越多，拼装图形就越方便。

16.3.2.4 尺寸标注

在参数化绘图程序中，标注尺寸应该尽量自动化，进行尺寸标注常用两种方法：

第一种方法是在 AutoLISP 程序中用 command 函数调用 AutoCAD 的各种标注命令进行标注。例如，通过下列程序可实现尺寸变量的设置，并对图 16.8 中 100mm 的尺寸进行标注：

```
(command "dimtxt" 5 "dimasz" 3.5 "dimgap" 2)
(setq p1 '(100 100) p2 '(200 100) p3 '(100 80))
```

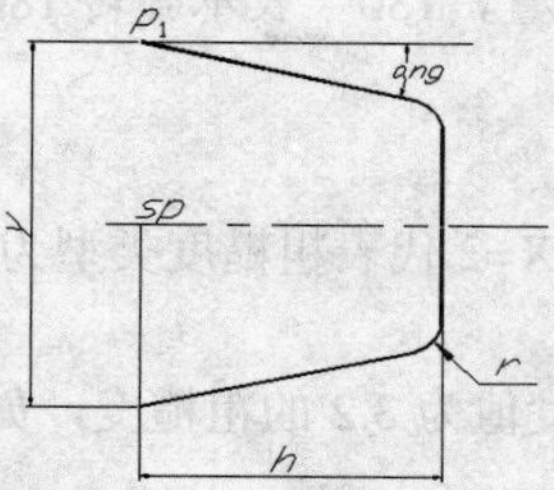

图 16.7 子图块五

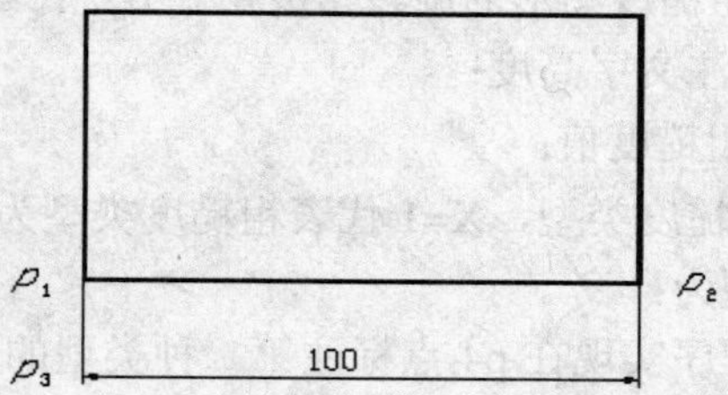

图 16.8 尺寸标注示例

```
(command "dimlinear" p1 p2 "t" 100 p3)
```

第二种方法用用户自己开发的函数进行标注，比如用户可以开发形位公差标注、公差配合标注、粗糙度、基准、焊接符等的标注函数。标注函数的开发一方面可以加快标注速度，更重要的是使标注符号规范化、标准化，从而提高图纸的质量。下面是用户开发的一个标粗糙度的函数：

```
(DEFUN GB131 (HP CT H AT X / hp1 hp2 hp3 hp4 hp5 cta)
(IF (>= CT 300) (SETQ CTA（－ CT 360)) (SETQ CTA CT))
(SETQ CTA (/ (* CTA PI) 180)
HL (/ (* 2.8 H) 1.717)
HP1 (POLAR HP (+ CTA (/ (* PI 2) 3)) HL)
HP2 (POLAR HP (+ CTA (/ PI 3)) HL)
HP3 (POLAR HP (+ CTA (/ PI 3)) (* 2 HL)))
(COMMAND "PLINE" HP3 "W" (* 0.05 H) (* 0.05 H) HP HP1 "")
(COND ((= X 2) (COMMAND "PLINE" HP1 HP2 ""))
      ((= X 3) (PROGN (SETQ HC (/ (* 2.8 H) 3)
                            PC (POLAR HP (+ CTA (* 0.5 PI)) HC)
                            HP5 (POLAR HP (+ CTA (/ PI 3)) (* 0.5 HL)))
               (COMMAND "PLINE" HP5 "A" "CE" PC "A" 359 ""))))
(IF (AND (>= CTA (/ PI －3)) (<= CTA (/ (* 120 PI) 180)))
              (PROGN (SETQ HP4 (polar HP2 (+ CTA (* 0.5 PI)) 2)
                            CTA (/ (* CTA 180) PI))
               (COMMAND "ATTDEF" "" AT "" "" "R" HP4 H CTA))
              (PROGN (SETQ HP4 (POLAR HP2 (+ CTA (/ PI 2)) (+ 2 H))
                           CTA (/ (* 180 (－ CTA PI)) PI))
               (COMMAND "ATTDEF" "" AT "" "" HP4 H CTA)))
               (COMMAND "PLINE" HP3 "W" 0 0 HP3 "")
               (COMMAND "RESUME")
)
```

该函数定义中有 5 个形参，它们的含义如下：

HP：粗糙度的插入点；

CT：粗糙度图形的旋转角度，如 0° 表示水平放置，180° 表示旋转 180° 向下放置；

H：标注文字高度；

AT：粗糙度值；

X：粗糙度类型，X=1 代表粗糙度类型为：√；X=2 代表粗糙度类型为：▽；X=3 代表粗糙度类型为：○√。

下列程序实现在 p4 点标注第二种类型的，粗糙度值为 3.2 的粗糙度，如图 16.9 所示。

```
(setq p4 '(150 150) )
(gb131 p4 0 10 "3.2" 2)
```

标注程序的编制，在参数化程序的设计中是一个较困难的工作，需要开发者长期地积累和研制，开发的标注函数越多，越适用，编制标注程序就越方便，越迅速。

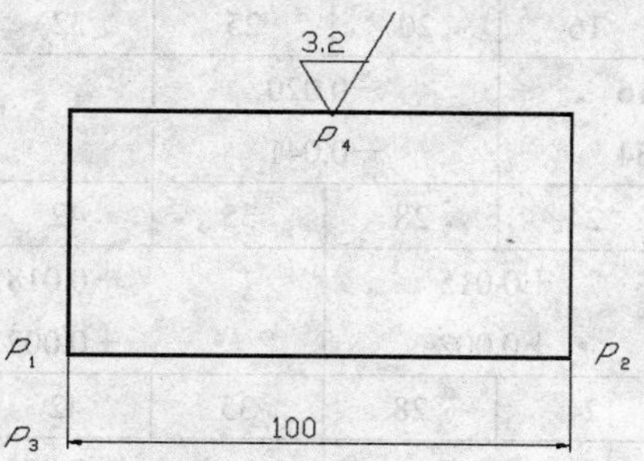

图 16.9　粗糙度标注不例

16.3.2.5　技术条件的写入

参数化程序中，写技术条件也常用 command 函数调用 AutoCAD 的 text 命令来写入；另外也可把一些使用频率较高的常用技术条件建为图块，程序中插入到指定位置上。标注技术条件或填写明细表、标题栏等也常可以利用属性进行写入，利用属性的提取便于统计。

16.4　参数化图形编程实例

图 16.10 是国标塑料注射模标准零件有肩导柱 I 型的标记示例。图 16.11 是国标塑料注射模标准零件有肩导柱 II 型的标记示例。表 16.7 是国标塑料注射模标准零件有肩导柱的尺寸数据。

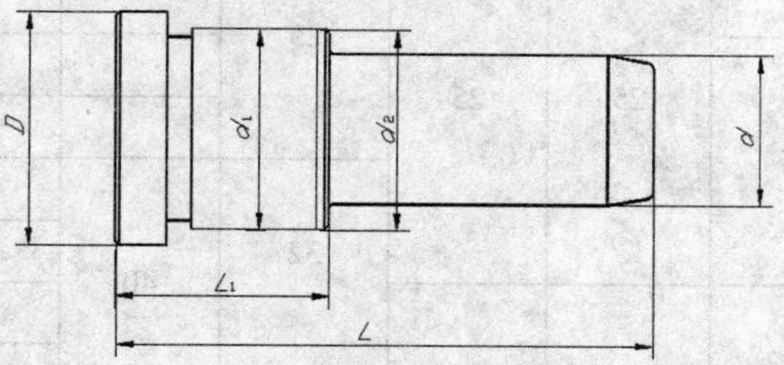

图 16.10　有肩导柱 I 型标记示例

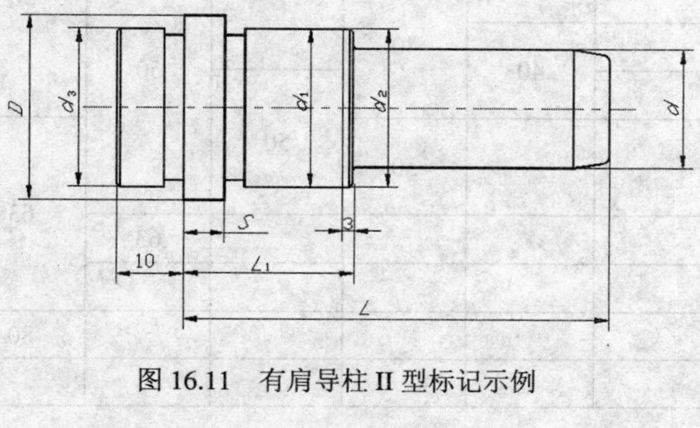

图 16.11　有肩导柱 II 型标记示例

表 16.7 有肩导柱(GB41616.5—84)

D	基本尺寸	12	16	20	25	32	40	50	63
	极限偏差	−0.016 −0.034		−0.020 −0.041		−0.025 −0.050			−0.030 −0.060
d_1	基本尺寸	18	24	28	35	42	50	63	80
	极限偏差	+0.012 +0.001	+0.015 +0.002		+0.018 +0.002			+0.021 +0.002	
d_2	基本尺寸	18	24	28	35	42	50	63	80
	极限偏差	−0.032 −0.050	−0.040 −0.061		−0.050 −0.075			−0.060 −0.090	
$D^{0}_{-0.2}$		22	28	32	40	48	56	71	90
d_3	基本尺寸	18	24	28	35	42	50	63	80
	极限偏差	−0.016 −0.034	−0.020 −0.041		−0.025 −0.050			−0.030 −0.060	
$S^{0}_{-0.1}$		4	6			8			10
$L^{0}_{-1.5}$		$L1^{-1.0}_{-2.0}$							
40		20			25				
50			25	25					
63									
71		25							
80									
90					32	40			
100									
112		32	2	32					
125					40		50		
140						50			
160				40				63	
180			40						
200					50				80
224				50			63	80	
250									
315						63			100
355									
400							80	100	
500									125

下列程序是根据该零件的数据库编制的参数化绘图程序，这些程序中先用两个对话框进行数据输入。第一个对话框先选择绘有肩导柱 I 型或是 II 型，每选择一种型号对应一个图标控件。型号选好后再在下拉列表中选直径 *d*，如图 16.12(a)、(b)所示。第二个对话框中通过下拉列表选有肩导柱的长度 *L*，并选择是绘装配图还是绘零件图(绘装配图的程序中不用画图框及标尺寸)，如图 16.12(c)所示。数据输入完后调用绘图程序，如果是绘零件图程序再调用尺寸标注程序。

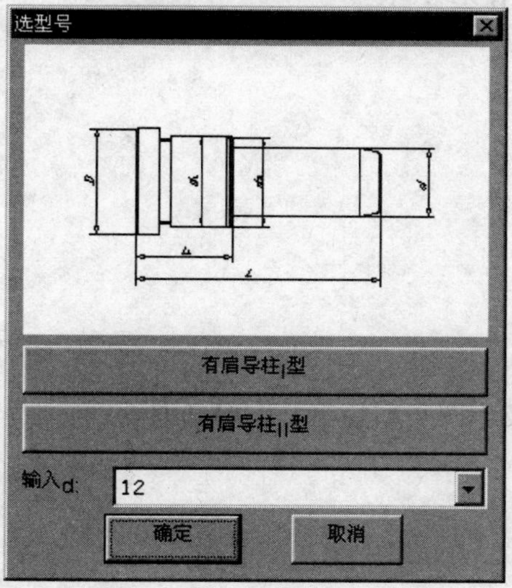

(a) I 型

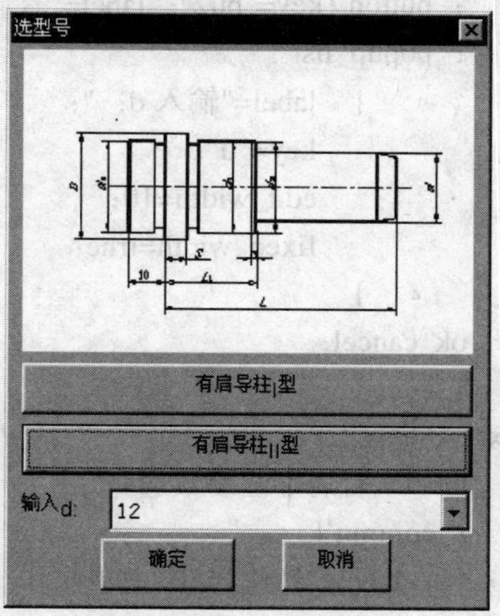

(b) II 型

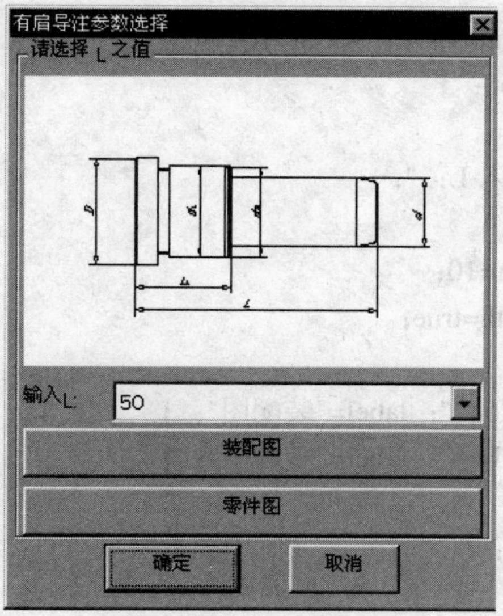

(c) 第二个对话框

图 16.12　有肩导柱对话框

图 16.12 的对话框程序为：

```
first: dialog {                              //选型号及 d 的第一个对话框
    label="选型号";
    : image
    {key="img1"; color=－2; width=10;
     aspect_ratio=1.66; }
    : button {key="bu1"; label="有肩导柱 I 型"; }
    : button {key="bu2"; label="有肩导柱 II 型"; }
    : popup_list
         {  label="输入 d: ";
            key="d";
            edit_width=10;
            fixed_width=true;
         }
    ok_cancel;
    }
next: dialog {                           //选 L 及作图类型的第二个对话框
    label="有肩导注参数选择";
    : column {
       label="请选择 L 之值";
       width=10;
       aspect_ratio=1;
    : image
      {key="img2"; color=－2; width=10;
       aspect_ratio=1.66; }
    : popup_list
         {  label="输入 L: ";
            key="L";
            edit_width=10;
            fixed_width=true;
         }
      : button {key="bu3"; label="装配图"; }
      : button {key="bu4"; label="零件图"; }
      }
           ok_cancel;
    }
```

图 16.12 对话框的驱动程序为：

```
(defun first()                                  ; 第一个对话框的驱动程序
  (if (> (setq index (load_dialog "yjdz")) 0)
     (progn
```

```
(new_dialog "first" index)
(fill "img1" "a01")
(load "yjdz")                                       ；装入绘图程序
(action_tile "bu1" "(setq m 1)(fill \"img1\"\"a01\")")  ；一个按钮对应一个图像
(action_tile "bu2" "(setq m 2)(fill \"img1\"\"bo1\")")
(start_list "d")                                    ；激活直径列表框
(setq dlst '("12" "16" "20" "25" "32" "40" "50" "63"))
(mapcar 'add_list dlst)
(end_list)
(action_tile "d" "(setq d17 $value)")               ；此时 d17 的值是列表框顺序号
(start_dialog)                                      ；  的字符串，如："3"
(setq d17 (read d17))
(setq d17 (nth d17 dlst) d17 (read d17))            ；此时 d17 的值是列表框中
(lz13aa)                                            ；   的直径值
(fget1 d17 "lz13a")                                 ；检索 d17 对应的长度系列
(next)                                              ；打开下一个对话框
)
)
)
(defun fill (ikey isld)                             ；刷新并填充新的图像子程序
(start_image ikey)
(fill_image 0 0 (dimx_tile ikey)(dimy_tile ikey) -2)    ；刷新图像按钮
(slide_image 0 0 (dimx_tile ikey) (dimy_tile ikey) isld)；填充图像按钮
(end_image)
)
(defun next()                                       ；第二个对话框的驱动程序
(new_dialog "next" (load_dialog "yjdz"))
(if (= m 1)(fill "img2" "a01") (fill "img2" "bo1"))
(start_list "L")                                    ；d17 对应的长度系列表
(mapcar 'add_list Lza)
(end_list)
(action_tile "L" "(setq L $value)")
(tgc2a)
(fget1 d17 "tgc2")                                  ；检索 d17 对应的数据
(action_tile "bu3" "(setq nx1 1)")                  ；绘装配图
(action_tile "bu4" "(setq nx1 2)")                  ；绘零件图
(start_dialog)
(setq l (read l))
(setq l (nth l lza) l (read l))
```

```
  (unload_dialog index)
  (cond ((and (= m 1) (= nx1 1)) (tgtx1 1 1))         ；执行绘有肩导柱 I 型装配图程序
        ((and (= m 1) (= nx1 2)) (tgtx1 0 1))         ；执行绘有肩导柱 I 型零件图程序
        ((and (= m 2) (= nx1 1)) (tgtx1 1 2))         ；执行绘有肩导柱 II 型装配图程序
        ((and (= m 2) (= nx1 2)) (tgtx1 0 2))         ；执行绘有肩导柱 II 型零件图程序
  )
)
；有肩导柱参数化绘图程序：
(defun tgtx1 (flag1 flag2)
(command "color" "bylayer")
(command "erase" "c" '(0 0) '(1200 1200) "")
(txsz)                                                 ；绘图环境设置
(setq ni (length lza))
(setq lli 1000)
(while (> lli l)
(setq ni (－ ni 1))
(setq lli (nth ni lza))
(setq lli (read lli))
(setq l1 (nth ni lzb))                                 ；从数据库中取出 L1 的长度
)
(cond ((> l 250) (setq cof 0.5))
      ((= d17 12) (setq cof 2))
      ((and (< d17 32) (< l 71)) (setq cof 2))
      (t (setq cof 1.0))
)                                                      ；确定绘图比例系数
(setq llen (+ (* 1.1 cof l) 123))
(setq j 5 llb 0)
(while (> llen llb)
      (setq j (－ j 1))
      (setq llb (nth J '(1189 841 594 420 297)))
)；end while
(setq N0 J)                                            ；取出图号
(setq j 0 )
(if (= flag1 0) (tkz n0 0))                            ；画图框
(setq Xmax ll Ymax bb )
(setq bsx (/ (－ ll (* cof L)) 2.0) bsy (/ (- bb (* cof d17)) 2.0))
(setq bsp (list (+ bsx 10) (+ bsy (/ (* cof d17) 2.0) 25)))
(setq tdw17 3)
(setq tdh17 1)
```

```
(setq bps1 (polar bsp 0 (* cof tdw17)))
(setq bps2 (polar bsp 0 (* cof (+ s tdw17))))
(command "layer" "s" 0 "")
(if (= flag2 2) (progn
(box2 bsp (* cof (－ 10 tdw17)) (* cof dx) 45 0 0.4 (* cof (－ dx (* 2 tdh17))) (* cof tdw17))
(box1 (* cof s) (* cof d) bps1 0.4)
)
(box2 bps2   (* cof s) (* cof d) 45 0 0.4 0 0)
)
(setq bps3 (polar bps2 0 (* cof tdw17)))
(box2 bps3 (* cof (－ l1 s tdw17)) (* cof dx) 45 pi 0.4 (* cof (－ dx (* 2 tdh17))) (* cof
tdw17))
(setq bps4 (polar bps1 0 (－ (* cof l) (* cof (/ d17 3.0)))))
(if (= d17 16) (progn
(lr32 bps4 (* cof (－ l l1 (/ d17 3.0))) (* cof (+ 2.0 d17)) 1 3)
(setq p16 (polar bps4 (* 0.5 pi) (/ (* cof (+ 2.0 d17)) 2.0)))
(setq p17 (polar bps4 (* 1.5 pi) (/ (* cof (+ 2.0 d17)) 2.0)))
(tsr bps4 (* cof (+ 2.0 d17)) (* cof (/ d17 3.0)) 10 2 0.4 4)
)
(progn
(lr32 bps4 (* cof (- l l1 (/ d17 3.0))) (* cof d17) 1 3)
(setq p16 (polar bps4 (* 0.5 pi) (/ (* cof d17) 2.0)))
(setq p17 (polar bps4 (* 1.5 pi) (/ (* cof d17) 2.0)))
(tsr bps4 (* cof d17) (* cof (/ d17 3.0)) 10 2 0.4 4)
)
)
(setq p1 (polar bsp pi (* cof 12)))
(setq p2 (polar bps1 0 (* cof (+ l 4))))
(command "layer" "s" 1 "")
(command "line" p1 p2 "")
(cond ((= flag1 0) (tgtx2)))                          ；如要标尺寸，进入标尺寸子程序
)
(defun tgtx2 ()                                        ；标注程序
(setvar "cmdecho" 0)
(setvar "blipmode" 0)
(setq scal (+ 10 (/ 6 (+ n0 1.0))))
(setq sca (* scal 0.3))
(command "layer" "s" 0 "")
(setq p3 (polar bps1 0 (* cof l1)))
```

```
(setq p4 (polar p3 pi 3))
(setq p5 (polar bps1 0 (* cof l)))
(setq p5a (polar p5 (* 0.5 pi) 40))
(setq p6 (polar bps1 pi (* cof 10)))
(setq p6p (polar p6 0 1))
(setq p7 (polar bsp (* 0.5 pi) (* cof (* 0.5 dx))))
(setq p8 (polar bsp (* 1.5 pi) (* cof (* 0.5 dx))))
(setq p8p (polar p8 0 (* cof tdw17)))
(setq p8pp (polar p8p pi (* cof 10)))
(setq p9 (polar bps1 (* 0.5 pi) (* cof (* 0.5 d))))
(setq p10 (polar bps1 (* 1.5 pi) (* cof (* 0.5 d))))
(setq cp1 (polar p10 (* 1.5 pi) (* 0.9 scal)))
(setq cp2 (polar p10 (* 1.5 pi) (* 2.0 scal)))
(setq cp3 (polar p10 (* 1.5 pi) (* 3.0 scal)))
(setq cp4p (polar cp1 0 (* cof l1)))
(setq cp4 (polar cp4p (* 1.5 pi) 2))
(setq cp5 (polar cp1 0 (* cof l)))
(setq p10p1 (polar p10 0 (* cof s)))
(setq p10p2 (polar p10 0 (* cof l1)))
(setq p10p3 (polar p10 0 (* cof l)))
(setq p11 (polar p3 pi (* cof (/ (— l1 s) 3.0))))
(setq p12 (polar p11 (* 0.5 pi) (/ (* cof dx) 2.0)))
(setq p12p1 (polar bps3 (* 0.5 pi) (* cof 0.5 dx)))
(setq p12p (polar p12p1 0 7))
(setq p13 (polar p11 (* 1.5 pi) (/ (* cof dx) 2.0)))
(setq p14 (polar p4 (* 0.5 pi) (/ (* cof dx) 2.0)))
(setq p14p (polar p14 0 10))
(setq p15 (polar p4 (* 1.5 pi) (/ (* cof dx) 2.0)))
(setq p15p (polar p15 0 3))
(setq p17p (polar p17 0 (* cof (/ d17 3.0))))
(setq p17p1 (polar p17 pi SCAL))
(setq cp6 (polar p17 0 (* 2.9 scal)))
(cond ((and (= d17 16) (< l 71)) (setq cp6p (polar cp6 (* 0.5 pi) (+ 5 (* cof d17)))))
      ((and (= d17 16) (>= l 71)) (setq cp6p (polar cp6 (* 0.5 pi) (+ 3 (* cof d17)))))
      (t (setq cp6p (polar cp6 (* 0.5 pi) (+ 1 (* cof d17)))))
)
(jzn cp6p "A" 1)
(setq cp7 (polar p15 0 (* 1.2 scal)))
(setq p6p1 (polar p6p (* 0.5 pi) (* 0.5 dx cof)))
```

```
(setq p6p2 (polar p6p (* 1.5 pi) (* 0.5 dx cof)))
(setq cp8 (polar p6p1 pi (* 1.1 scal)))
(setq cp8P (polar CP8 (* 1.5 PI) (+ 1 (* cof dx))))
(setq p18 (list (+ (car cp8) 5) (cadr p9)))
(setq p19 (list (－ (car cp8) 5) (cadr p9)))
(cond ((and (= flag2 2) (= cof 1)) (setq cp9 (polar p9 pi (* 3.1 scal))))
      ((and (= flag2 2) (= cof 2)) (setq cp9 (polar p9 pi (* 4.1 scal))))
      ((and (= flag2 2) (= cof 0.5)) (setq cp9 (polar p9 pi (* 2.5 scal))))
      ((and (= flag2 1)) (setq cp9 (polar p9 pi (* 1.1 scal))))
)
(setq cp10 (polar p16 pi (* 1.5 scal)))
(if (= l 40) (progn
          (setq cp11 (polar p16 (* 0.017453 170) (* 1.5 scal)))
          (setq cp13 (polar p16 (* 0.017453 160) (* 1.3 scal)))
          (setq cp12 (polar p16 (* 0.017453 175) (* 1.5 scal))))
          (progn
          (setq cp11 (polar p16 (* 0.017453 170) (* 1.8 scal)))
          (setq cp12 (polar p16 (* 0.017453 175) (* 1.8 scal)))
          (setq cp13 (polar p16 (* 0.017453 160) (* 1.6 scal)))))
(setq cp14 (polar p5 (* 0.017453 290) (* 3.1 scal)))
(setq cp15 (list (+ (car cp14) 2) (+ (cadr cp14) 2)))
(setq cp16 (polar cp14 0 (* 2.0 scal)))
(setq cp17 (list (+ (car cp14) 2) (- (cadr cp14) (+ 2.0 sca))))
(setq cp18 (polar p16 (* 0.017453 350) (/ (* cof (/ d17 3.0)) (cos (* 0.017453 10)))))
(setq cp19 (polar cp18 (* 0.25 pi) scal))
(setq cp20 (polar cp19 0 7))
(setq cp21 (list (+ (car cp19) 2) (+ (cadr cp19) 1)))
(setq cp22 (polar cp18 (* 0.25 pi) 5))
(setq cp23 (polar p16 (* 0.35 pi) 14))
(setq cp24 (polar cp23 pi 7))
(setq cp25 (list (+ (car cp24) 2) (+ (cadr cp24) 1)))
(setq cp26 (polar p16 (* 0.35 pi) 5))
(command "line" p14 p15 "")
(dim-l p10 p10p1 cp1 (rtos s 2 0) "0" "－0.1" "" sca 1)        ；标注尺寸及偏差子程序
(dim-l p10 p10p2 cp2 (rtos l1 2 0) "－1.0" "－2.0" "" sca 0)
(dim-l p10 p10p3 cp3 (rtos l 2 0) "0" "－1.5" "" sca 0)
(dim-l p15 p15p cp4 "3" "" "" "" sca 1)
(dim-l p17 p17p cp5 (rtos (/ d17 3) 2 0) "" "" "" sca 0)
(dim-l p16 p17 cp6 (strcat "%%c" (rtos d17 2 0)) (rtos gc71 2 3) (rtos gc72 2 3) "" sca 0)
```

```
(dim-l p14 p15 cp7 (strcat "%%c" (rtos dx 2 0)) (rtos gc91 2 3) (rtos gc92 2 3) "" sca 0)
(dim-l p12 p13 p12 (strcat "%%c" (rtos dx 2 0)) (rtos gc81 2 3) (rtos gc82 2 3) "" sca 0)
(if (= flag2 1)
(dim-l p9 p10 cp9 (strcat "%%c" (rtos d 2 0)) "0" "－0.2" "" sca 0)
)
(gb131 p14p 0 (* 0.7 sca) "0.8" 2)          ；标粗糙度子程序
(gb131 p17p1 180 (* 0.7 sca) "0.4" 2)
(gb131 p12p 0 (* 0.7 sca) "0.8" 2)
(if (= flag2 2) (progn
(dim-l p6p1 p6p2 cp8 (strcat "%%c" (rtos dx 2 0)) (rtos gc101 2 3) (rtos gc102 2 3) "" sca 0)
(dim-l p9 p10 cp9 (strcat "%%c" (rtos d 2 0)) "0" "－0.2" "" sca 0)
(dim-l p8pp p8p cp2 "10" "" "" "" sca 0)
(setq p23 (polar cp9 pi 2))
(command "line" p9 p18 "")
(command "line" p19 p23 "")
(gb131 cp8 0 (* 0.7 sca) "0.8" 2)
(jzn cp8p "B" 2)                            ；标基准子程序
)
)
(command "line" p5 cp14 cp16 "")
(command "pline" cp22 "w" 1.5 0 cp18 "")
(command "line" cp22 cp19 cp20 "")
(command "pline" cp26 "w" 1.5 0 p16 "")
(command "line" cp26 cp23 cp24 "")
(command "text" cp15 (* 1.2 sca) 0 "2-中心孔 B")
(command "text" cp17 sca 0 "GB145-59")
(command "text" cp21 sca 0 "R2")
(command "text" cp25 sca 0 "R0.5")
(command "line" p16 cp11 "")
(command "zoom" "w" p3 p5a)
(command "dim" "ang" (osnap cp10 "nea") (osnap cp11 "nea") cp12 "10%%d" cp13)
(command "exit")
command "zoom" "p")
(setq p20 (polar p12 (* 0.5 pi) (* 2.0 scal)))
(setq p21 (polar p20 0 (* 2.0 scal)))
(setq t6 (xwget 3 6 (－ 11 s 5)))
(if (= flag2 1)
(xw p12 p20 p21 p21 "tz" (strcat "%%c" (rtos t6 2 3)) "A" sca)      ；标形位公差子程序
(xw p12 p20 p21 p21 "tz" (strcat "%%c" (rtos t6 2 3)) "A-B" sca)
```

```
)
(setq xp14 (list (－ xmax (* 3 scal)) (－ ymax (* 2.2 scal)))
      xp15 (polar xp14 0 scal))
(command "text" "c" xp14 (* 0.7 scal) 0 "其余")
(gb131 xp15 0 (* 0.7 sca) "3.2" 1)
(setq njsp 0)
(while (= njsp 0)
(setq xp16 (getpoint "给出<技术条件>位置中点：")
      xp17 (list (－ (car xp16) 30) (－ (cadr xp16) 14))
      xp17a (polar xp17 0 16)
      xp17b (polar xp17a 0 12)
      xp17c (polar xp17b 0 16)
      xp181 (polar xp17 (* 1.5 pi) 9)
      xp18 (polar xp181 0 4)
      xp18a (polar xp18 0 7)
      xp18b (polar xp18a 0 7)
      xp18c (polar xp18b 0 17)
      xp18d (polar xp18 (* 1.5 pi) 9)
      xp18e (polar xp18d 0 13)
      xp19 (polar xp17 (* 1.5 pi) 27)
      xp19a (polar xp19 0 33))
(command "text" "m" xp16 7 0 "技术条件")
(setq sjs0 (entlast))
(command "text" xp17 5 0 "1.材料：")
(setq sjs1 (entlast))
(command "text" xp17a 3.5 0 "T8A，")
(setq sjs1a (entlast))
(command "text" xp17b 5 0 "热处理")
(setq sjs1b (entlast))
(command "text" xp17c 3.5 0 "HRC50-55")
(setq sjs1c (entlast))
(command "text" xp18 5 0 "或")
(setq sjs2 (entlast))
(command "text" xp18a 3.5 0 "20")
(setq sjs2a (entlast))
(command "text" xp18b 5 0 "钢渗碳")
(setq sjs2b (entlast))
(command "text" xp18c 3.5 0 "0.5-0.8，")
(setq sjs2c (entlast))
```

```
(command "text" xp18d 5 0 "淬硬")
(setq sjs2d (entlast))
(command "text" xp18e 3.5 0 "HRC50-60")
(setq sjs2e (entlast))
(command "text" xp19 5 0 "2.倒角不大于")
(setq sjs3 (entlast))
(command "text" xp19a 3.5 0 "0.5x45%%d")
(setq sjs3a (entlast))
(initget 1 "y n")
(setq ch (strcase (getkword "技术要求的书写位置是否合理? (Y/N)")))
(cond ((or (= ch "n") (= ch "n")) (setq njsp 0))
      ((or (= ch "y") (= ch "y")) (setq njsp 1)))
(if (= njsp 0)
   (command "erase" "m" sjs0 sjs1 sjs1a sjs1b sjs1c sjs2 sjs2a sjs2b sjs2c sjs2d sjs2e sjs3 sjs3a
   "")
))
(setq p0 (list (－  xmax 75 cc) (+ 42 cc)))
(if (= flag2 1) (command "text" "m" p0 8 0 "有肩导柱 I 型")
   (command "text" "m" p0 8 0 "有肩导柱 II 型"))
(setq p0 (list (－  xmax 56 cc) (+ cc 14)))
(cond ((= cof 2) (setq j 0))
      ((= cof 1) (setq j 1))
      ((= cof 0.5) (setq j 2))
)
(setq mj (nth j '("2：1" "1：1" "1：2")))
(command "attdef" "" mj "" "" "m" p0 4 0)
(setvar "cmdecho" 1)
(setvar "blipmode" 1)
(princ)
(command "color" "bylayer")
)
；****有肩导柱数据库
(defun tgc2a ()
  (setq tgc2 '((gc71 gc72 gc81 gc82 gc91 gc92 gc101 gc102 dx d s g40 g50 g63 g71 g80 g90
             g100 g112 g125 g140 g160 g180 g200 g224 g250 g315 g355 g400 g500)
  ((12 (－0.016  －0.034 0.012 0.001  －0.032  －0.050  －0.016  －0.034 18 22 4 20 20 20
       25 25 25 25 32 32 32 32 "" "" "" "" "" "" "" ""))
   (16 (－0.016  －0.034 0.015 0.002  －0.040  －0.061  －0.020  －0.041 24 28 6 "" 25 25
       25 25 25 25 32 32 32 32 40 40 "" "" "" "" "" ""))
```

```
    (20 (-0.020  -0.041 0.015 0.002  -0.040 -0.061  -0.020  -0.041 28 32 6 "" 25 25
         25 25 25 25 32 32 32 40 40 40 50 50 "" "" "" ""))
    (25 (-0.020  -0.041 0.018 0.002  -0.050  -0.075  -0.025  -0.050 35 40 6 "" 25 25
         25 25 32 32 32 40 40 40 40 50 50 50 "" "" "" ""))
    (32 (-0.025  -0.050 0.018 0.002  -0.050  -0.075  -0.025  -0.050 42 48 8 "" "" "" ""
         "" 40 40 40 40 50 50 50 50 50 50 63 "" "" ""))
    (40 (-0.025  -0.050 0.018 0.002  -0.050  -0.075  -0.025  -0.050 50 56 8 "" "" "" ""
         "" "" "" "" 50 50 50 50 50 63 63 63 63 80 ""))
    (50 (-0.025  -0.050 0.021 0.002  -0.060  -0.090  -0.030  -0.060 63 71 8 "" "" "" ""
         "" "" "" "" "" "" 63 63 63 80 80 80 80 100 ""))
    (63 (-0.030  -0.060 0.021 0.002  -0.060  -0.090  -0.030  -0.060 80 90 10 "" "" ""
         "" "" "" "" "" "" "" "" "" 80 80 80 100 100 100 125))
))))
; *******有肩导柱长度系列数据库
(defun lz13aa()
  (setq lz13a '((lza lzb)
    ((12 (("40" "50" "63" "71" "80" "90" "100" "112" "125" "140" "160") (20 20 20 25 25 25
         25 32 32 32 32)))
     (16 (("50" "63" "71" "80" "90" "100" "112" "125" "140" "160" "180" "200") (25 25 25
         25 25 25 32 32 32 32 40 40)))
     (20 (("50" "63" "71" "80" "90" "100" "112" "125" "140" "160" "180" "200" "224"
         "250") (25 25 25 25 25 25 32 32 32 40 40 40 50 50)))
     (25 (("50" "63" "71" "80" "90" "100" "112" "125" "140" "160" "180" "200" "224"
         "250") (25 25 25 25 32 32 32 40 40 40 40 50 50 50)))
     (32 (("90" "100" "112" "125" "140" "160" "180" "200" "224" "250" "315") (40 40 40 40
         50 50 50   50 50 50 63)))
     (40 (("125" "140" "160" "180" "200" "224" "250" "315" "355" "400") (50 50 50 50 50
         63 63 63 63 80)))
     (50 (("160" "180" "200" "224" "250" "315" "355" "400") (63 63 63 80 80 80 80 100)))
     (63 (("200" "224" "250" "315" "355" "400" "500") (80 80 80 100 100 100 125)))
))))
; *****图形环境设置
(defun txsz ()
  (setq xmax 297 ymax 210)
  (command "erase" "w" '(0 0) '(297 210) ""
           "layer" "n" 1 "n" 2 "n" 3 "c" 1 1 "c" 2 7 "c" 3 7 "l" "center" 1 ""
           "layer" "n" 4 "n" 5 "n" 6 "c" 4 4 "c" 5 5 "c" 6 6 ""
           "ltscale" 10
           "setvar" "luprec" 1 "setvar" "auprec" 1
```

```
                "style" "standard" "txt" 0 0.8 0 "" "" ""
    (command "style" "hz" "txt，hzdx" 0 1 0 "n" "n" "n")
                "dim" "dimtih" "off" "dimtoh" "off" "dimtad" 1 "dimtxt" 3.5 "dimasz" 3.5
"dimexe" 3 "dimexo" 0 "exit")
  )
  ；*******画图框和标题栏
  (defun tkz (n0 hv01)
  (setq ll (cond ((= n0 0) 1189)
                 ((= n0 1) 841)
                 ((= n0 2) 594)
                 ((= n0 3) 420)
                 ((= n0 4) 297)
                 ((= n0 5) 210)))
  (setq bb (cond ((= n0 0) 841)
                 ((= n0 1) 594)
                 ((= n0 2) 420)
                 ((= n0 3) 297)
                 ((= n0 4) 210)
                 ((= n0 5) 148)))
  (if (= hv01 0)
    (progn (setq p1 (list 0 0)
                  p2 (List ll 0)
                  p3 (list ll bb)
                  p4 (List 0 bb)))
    (progn (setq p1 (list 0 0)
                  p2 (list bb 0)
                  p3 (list bb ll)
                  p4 (list 0 ll)))
  )；end if
  (setq cc (cond ((<= n0 2) 10) (t 5)))
  (setq p5 (list 25 cc)
        p6 (list (－ (car p2) cc) cc)
        p7 (list (car p6) (－ (cadr p3) cc))
        p8 (list 25 (cadr p7))
  )
  (setq xmax (－ (car p2) (car p1)))
  (setq ymax (－ (cadr p3) (cadr p2)))
  (setvar "cmdecho" 0)
  (command "layer" "s" 0 "")
```

```
(command "limits" p1 p3 "zoom" "a")
(command "erase" "w" p1 p2 "")
(box xmax ymax p1 0.4)
(box (－ xmax cc 25) (－ ymax (* 2 cc)) p5 0.4)
(setq scal 10)
(setq sca (* 0.35 scal))
(command "insert" "c：\\book\\btl" p6 1 "" "")            ；插入标题栏图块
(setvar "cmdecho" 1)
(princ)
)
；*******标注尺寸及偏差函数
(defun dim-l (fp1 fp2 fp3 at bt ct tol h locat / at bt ct pa)
  (setq s1 (strlen bt) s2 (strlen ct))
  (if (= bt ct) (setq pa 1))
  (if (equal (substr bt 2 s1) (substr ct 2 s2))
    (setq bt (substr bt 2 s1) ct (substr ct 2 s2) st1 (* (+ (strlen bt) 1) 0.7 h))
    (setq st1 (* (max s1 s2) 0.49 h)))
  (if (/= tol "") (setq at (strcat at tol "(")))
  (if (equal (substr at 1 1) "%") (setq st (* (- (strlen at) 2) 0.7 h))
    (setq st (* (strlen at) 0.7 h)))
    (setq cta (angle fp1 fp2) cta1 (angle fp1 fp3) dst (distance fp1 fp2)
          fp4 (polar fp1 cta (* 0.5 dst)))
  (cond ((and (>= cta (/ (* pi 2) 3)) (<=cta (/ (* pi 5) 3))) (setq cta (－ cta pi)))
        ((and (>cta (/ (* pi 5) 3)) (<=cta (* pi 2))) (setq cta (－ cta (* pi 2)))))
  (cond ((= locat －1) (setq fp4 (polar fp4 (+ pi cta) (+ st st1 2 (* 0.5 dst)))))
        ((= locat 1) (setq fp4 (polar fp4 cta (+ (* 0.5 dst) 2))))
        (t (setq fp4 (polar fp4 (+ pi cta) (* 0.5 (+ st st1))))))
  (if (and (> cta1 cta) (< cta1 (+ pi cta))) (setq cta3 (* 0.5 pi) xx 2) (setq cta3 (*－0.5 pi) xx
        -2))
    (setq cta2 (- cta1 cta) dst1 (abs (* (distance fp1 fp3) (sin cta2)))
          fp5 (polar fp4 (+ cta3 cta) (+ xx dst1))
          fp5 (polar fp5 cta st)
          fp6 (polar fp5 cta 2)
          fp7 (polar fp6 (+ cta (* 0.5 pi)) (+ (* 0.7 h) 1.5)))
  (command "dim" "dimasz" 4 "dimtxt" h "dimexe" 3 "exit")
  (command "style" "" "" 0 0.7 "" "n" "n")
  (command "dim1" "ali" fp1 fp2 fp3 " ")
  (command "attdef" "" at "" "" "r" FP5 h (/ (* cta 180) pi))
  (if (equal bt ct)
```

```
  (if (/= pa 1) (progn (setq bt (strcat "%%p" bt))
                       (command "attdef" "" bt "" "" fp6 h (/ (* cta 180) pi))))
                (progn (command "attdef" "" bt "" "" fp7 (* 0.7 h) (/ (* cta 180) pi))
                       (command "attdef" "" ct "" "" fp6 (* 0.7 h) (/ (* cta 180) pi))))
  (if (/= tol "") (progn (setq fp11 (polar fp6 cta (* 0.70 (+ st1 2))))
                       (command "attdef" "" ")" "" "" fp11 h (/ (* cta 180) pi))))
  (setq fp8 (polar fp1 (+ cta cta3) dst1)
        fp9 (polar fp2 (+ cta cta3) dst1))
  (cond ((= locat -1) (setq fp10 (polar fp4 (+ pi cta) 2) fp10 (polar fp10 (+ cta cta3) dst1)))
        ((= locat 1) (setq fp10 (polar fp4 cta (+ st st1 2)) fp10 (polar fp10 (+ cta cta3) dst1)))
        (t (setq fp10 fp9)))
                       (command "line" fp8 fp9 fp10 "")
  (command "resume"))
；双变量数据库检索函数*******************
(defun fget2 (sl fa lname / lh lst j nn)
  (setq lh (car (eval (read lname)))
       lst (cadr (eval (read lname)))
       j  -1)
  (setq lst (cadr (assoc fa (cadr (assoc sl lst)))))
  (repeat (length lh)
  (setq j (1+ j) nn (nth j lh))
  (set nn (nth j lst))
  lst))
；单变量数据库检索函数*******************
(defun fget1 (fa lname / lh lst j nn)
  (setq lh (car (eval (read lname)))
        lst (cadr (eval (read lname)))
        j  -1)
  (setq lst (cadr (assoc fa lst)))
  (repeat (length lh)
  (setq j (1+ j) nn (nth j lh))
  (set nn (nth j lst))
  lst))
；标形位公差函数*****************
(defun xw (hp1 hp2 hp3 hp4 fh at bt h / hp1 hp2 hp3 hp4 hp5 hp6 hp7 hp8 hp9 hp10 hp11
            hp12 hp13 hp14 cta at bt h)
(setq st (* (strlen at) h 0.62) st1 (* (strlen bt) h 0.63)
hp5 (polar hp4 (/ pi 2) h) hp5p (polar hp4 (/ (* pi 3) 2) h))
(if (= st1 0.0) (setq xx 3) (setq xx 4))
```

```
(cond ((< (car hp4) (car hp3)) (setq x (+ st st1 (* xx h))))
      ((= (car hp4) (car hp3)) (cond ((< (car hp4) (car hp2)) (setq x (+ st st1 (* xx h))))
      ((= (car hp4) (car hp2)) (if (< (car hp4) (car hp1)) (setq x (+ st st1 (* xx h)))
                                         (setq x 0)))
                     (t (setq x 0))))
      (t (setq x 0)))
(setq hp5 (polar hp5 pi x) hp5p (polar hp5p pi x)
     hp6 (polar hp5 0 (* 2 h)) hp6p (polar hp5p 0 (* 2 h))
     hp7 (polar hp6 0 (+ st h)) hp7p (polar hp6p 0 (+ st h))
     hp9 (list (+ (car hp5) h) (cadr hp4)) hp10 (polar hp9 0 (+ (* 1.5 h) (* st 0.5)))
         ld (strcat "D" (strcase fh)) cta (angle hp1 hp2)
     hp14 (polar hp1 cta h))
(load (strcat "c：/zsm/" ld))
(eval (list (read ld) 'hp9 'h))
(command "pline" hp14 "w" (* 0.25 h) 0 hp1 "")
(command "line" hp1 hp2 hp3 hp4 "")
(command "line" hp5 hp7 hp7p hp5p hp5 "" "line" hp6 hp6p "")
(command "attdef" "" at "" "" "m" hp10 h 0)
(if (/= bt "") (progn (setq hp8 (polar hp7 0 (+ st1 h)) hp8p (polar hp7p 0 (+ st1 h))
                          hp11 (polar hp10 0 (+ h (* 0.5 (+ st st1)))))
                     (command "line" hp7 hp8 hp8p hp7p "")
                     (command "attdef" "" (strcase bt) "" "" "m" hp11 h 0))))
；基准标志函数********8
 (defun jzn (bp at nz)
 (setq ang (cond ((= nz 1) 90)
                 ((= nz 2) 270)
                 ((= nz 3) 180)
                 (t 0)))
(setq bp1 (polar bp (* 0.017453 ang) (* 2 sca))
      bp0 (polar bp (* 0.017453 ang) (* 3 sca))
      bp2 (polar bp (* 0.017453 (+ ang 90)) (* 0.6 sca))
      bp3 (polar bp (* 0.017453 (－ ang 90)) (* 0.6 sca)))
(command "pline" bp2 "w" 0.3 "" bp3 "")
(command "pline" bp "w" 0.1 "" bp1 "")
(yun bp0 sca 0.1)
(command "ATTDEF" "" at "" "" "m" bp0 sca 0)
)
；*****矩 形****(x-径向 y-轴向 p1-左下角点 lw-线宽)
(defun box (x y p1 lw / p3)
```

```
        (setq p3 (list (+ (car p1) x) (+ (car p1) Y)))
        (command "pline" p1 "w" lw "" (polar p1 0 x) p3
                 (polar p1 (* 0.017453 90) y) p1 "")
)
```

图 16.13 是用以上程序生成的一个有肩导柱 II 型的零件工作图。

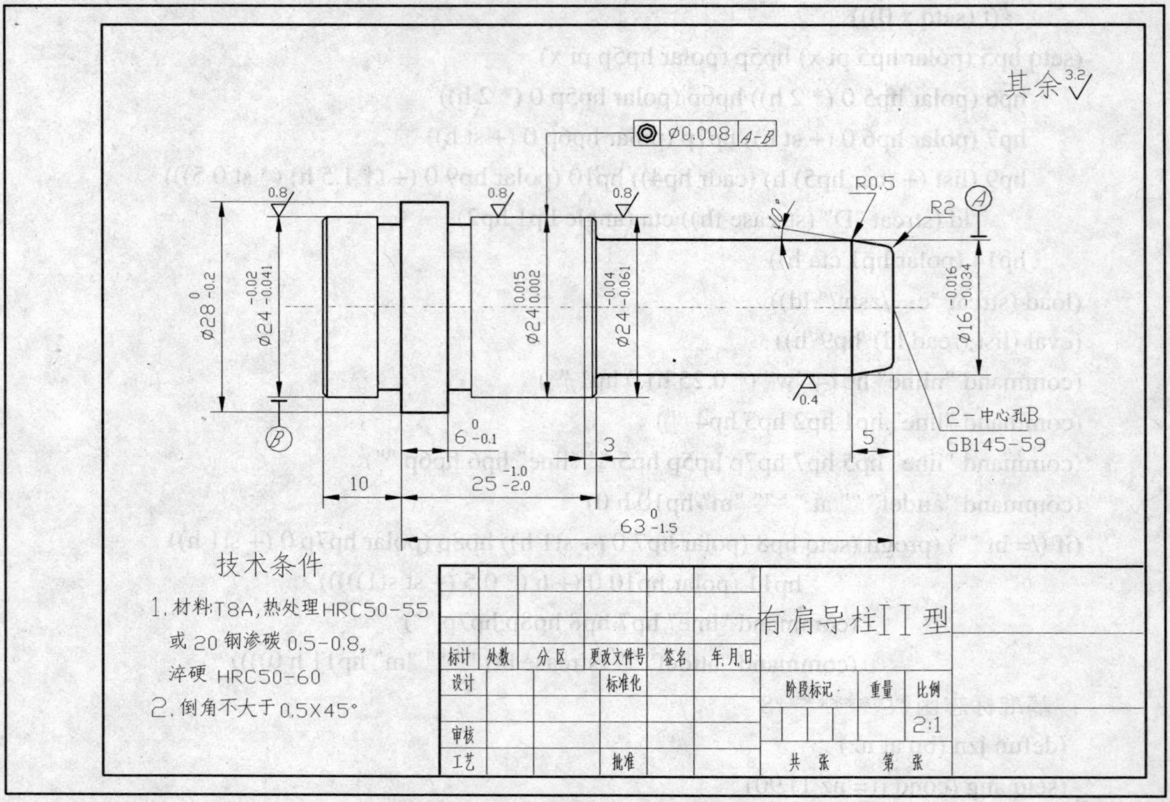

图 16.13 程序自动生成的有肩导柱 II 型零件工作图

■ 练习

如下图所示，编程序绘制参数化图形。要求用户输入 **D** 的值后，程序自动检索出 **D1,S,A** 之值，然后根据尺寸自动绘图。

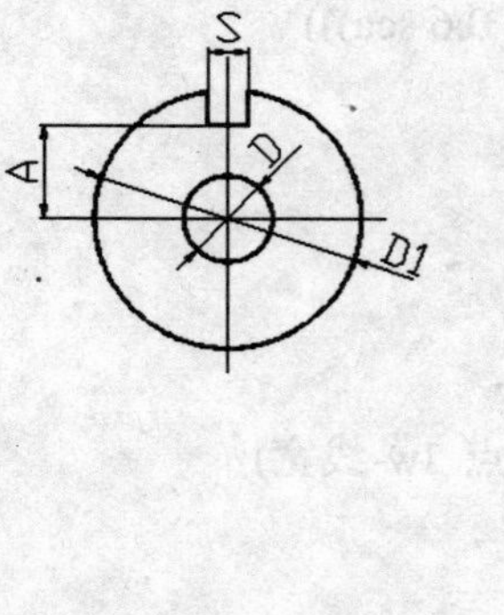

D	D1	S	A
10	20	3	7.5
12	22	3	8.5
14	25	4	10
16	35	4	12